手把手教你学系列丛书

手把手教你学单片机
（第 2 版）

周兴华　编著

北京航空航天大学出版社

内容简介

本书以实际编程及做实验为主线贯穿全书。完全摒弃教科书的方法，采用"程序完成后软件仿真→单片机烧录程序→试验板通电实验"的方法，以全新的方式边学边实验，将初学者领进单片机世界的大门。第 2 版增加了单片机的接口扩展和驱动内容。随书所附的光盘中提供了本书所有的实验程序文件，并增加了多媒体教学例程，可供读者在学习、实验时参考。

本书的读者对象是大中专学生、职业学校学生、广大电子制作爱好者。

图书在版编目(CIP)数据

手把手教你学单片机/周兴华编著. —2 版. —北京：北京航空航天大学出版社，2007.6
ISBN 978-7-81124-077-1

Ⅰ. 手… Ⅱ. 周… Ⅲ. 单片微型计算机 Ⅳ. TP368.1

中国版本图书馆 CIP 数据核字(2007)第 058388 号

© 2007，北京航空航天大学出版社，版权所有。

未经本书出版者书面许可，任何单位和个人不得以任何形式或手段复制或传播本书及其所附光盘内容。

侵权必究。

手把手教你学单片机(第 2 版)
周兴华　编著
责任编辑　胡晓柏

*

北京航空航天大学出版社出版发行

北京市海淀区学院路 37 号(100083)　发行部电话：010-82317024　传真：010-82328026
http://www.buaapress.com.cn　E-mail:bhpress@263.net
北京市松源印刷有限公司印装　各地书店经销

*

开本：787×1 092　1/16　印张：20.75　字数：531 千字
2007 年 6 月第 2 版　2011 年 1 月第 5 次印刷　印数：20 001～25 000 册
ISBN 978-7-81124-077-1　定价：29.00 元(含光盘 1 张)

第2版前言

作者从20世纪80年代初就开始了电子制作实践,从刚开始装收音机、耳塞机,到后来的对讲机、电视机等,一直到最后研究自动化控制,由于采用的是晶体管分立元件电路或集成电路—晶体管混合式电路,系统越来越复杂,调试、排故、修理也越来越麻烦。

自从单片机问世后,笔者就知道了它的巨大作用,单片机——单片微型计算机,即单片微电脑。如果用它来取代经典电子控制电路,具有体积小,元件省,功能强,可靠性高,应用灵活等优点。有人曾戏称,一条软件指令可取代好几个晶体管或数字逻辑单元,其实一点也不为过。

现在有很多的年青人(包括许多在校学自动化控制技术的学生),没有从事过电子制作实践,不清楚自动化控制系统是由什么构成的,更不清楚以前的自动化控制系统有多么复杂,故障率有多高,因此自然不明白单片机嵌入式系统所带来的自动化控制系统领域的巨大飞跃。难怪有人感叹,现在有些学自动化控制的学生,到了即将毕业时还不清楚单片机是这个专业的核心基础。

从20世纪70年代末期单片机的诞生之日起,因其具有体积小,功能强,应用面广等优点,便首先进入了自动化控制领域,并树立了它的核心地位。进入90年代中后期,随着单片机开发条件的成熟(集成开发环境的推出及PC机的普及)及开发工具、成本的大幅度下降,单片机开始以前所未见的速度取代着传统电子线路构成的经典系统,蚕食着传统数字电路与模拟电路固有的领地。同时,学习与应用单片机的新高潮正在工厂、学校及企事业单位大规模地兴起。

但是,学习单片机并不像学习传统数字电路或模拟电路那样比较直观,原因是除了"硬件"之外还存在一个"软件"的因素。正是这个"软件"因素的存在,使得许多初学者怎么也弄不懂单片机的工作过程,他们怎么也不明白为什么将几个数送来送去,就能控制一盏灯的亮/灭或一个电机的变速?由此对单片机产生一种、"敬畏"甚至"恐惧"感,阻碍了学习单片机的热情与兴趣,这就有社会上"单片机难学"一说。

作者多年来与众多的电子爱好者、在校学生打过交道,深知他们学习单片机中碰到的难处,作者本人也是从一个电子爱好者成长为工程师的,此过程自然少不了学习、探索、实践、进步这样一条规律,因此深切地知道,学单片机主要难在不得要领,难以入门。一旦找到学习的捷径,入了门,能初步掌握编程技术并产生实际效果,那么必然信心大增。接下来,再向新的深度、广度进军时,心里也不那么焦虑,比较坦然了,能够一步一个脚印地扩展自己的知识面。

从与这些朋友的交流来看,他们感兴趣的是单片机编程应用的实例,而且主要喜欢入门难度低、程序短且能立竿见影的初级实例。单纯讲指令太枯燥,很少有人能理解透彻,因此编写本书的思路是以实战(实际编程及做实验)为主线贯穿全书,中间再穿插介绍指令,这样,初学者有兴趣,易接受,能达到很好的学习效果。学习单片机,要理论、实践并重,光看书不动手,无疑是"纸上谈兵"!

考虑到初学者的接受能力及学习成本,学习时主要采用"程序完成后软件仿真→单片机烧录程序→试验板通电实验"的方法,而没有采用价格昂贵的在线仿真器(ICE)进行实验。这样整套实验器材(不包括 PC 机)只有几百元,对大部分已工作的爱好者来说,都有这个经济能力。

编写《手把手教你学单片机》的宗旨就是根据作者的亲身体验,以最实用的方法,最易入门的手法,将初学者领进单片机世界的大门,使这些仅稍懂硬件原理的人通过实践能理解软件的作用,让他们知道在单片机组成的系统中硬件与软件的区分并不绝对,硬件能做的工作,一般情况下软件也能完成;同样,软件的功能也可用硬件替代。等初步学会了单片机软件设计后,可将通常由硬件完成的工作交由软件实现,这样,系统的体积将减小,功耗和成本将大大降低,而功能得到提升与增强,使习惯于传统电路设计的人对单片机产生一种妙不可言的亲和感,感觉到真正找到了一种理想化的器件,真正感受、体会到现代微型计算机的强大作用,从而投身于单片机的领域中。

《手把手教你学单片机(第 2 版)》吸纳了第 1 版出版后读者来信来电反馈的意见,除了更正第 1 版中的一些错误后,根据初学者的反映意见增加了第 21 章,使读者能初步了解和使用单片机简单的接口扩展与驱动。另外,随书所附的光盘中,还增加了多媒体教学例程,使初学者可直接播放作者所做的屏幕录像,解决入门的难题。光盘中还提供了本书所有的实验程序文件,读者朋友在学习、实验时可参考。

参与本书编写工作的主要人员有周兴华、吕超亚、傅飞峰、周济华、沈惠莉、周渊、周国华、丁月妹、周晓琼、钱真、周桂华、刘卫平、周军、李德英、朱秀娟等,全书由周兴华统稿并审校。

本书的编写工作得到了北京航空航天大学何立民教授的关心与鼓励,北京航空航天大学出版社的策划编辑胡晓柏也做了大量耐心细致的工作,使本书得以顺利完成,在此表示衷心感谢。

由于作者水平有限,书中必定还存在不少缺点或漏洞,诚挚欢迎广大读者提出意见并不吝赐教。

周兴华

2007 年 4 月

本书所配的实验器材如下:

- TOP851 多功能编程器;
- LED 输出试验板;
- 数码管输出试验板;
- 16×2 字符型液晶显示模组;
- 5 V 高稳定专用稳压电源;
- 配套软件。

读者如自制或购买以上实验器材有困难时,可与作者联系,咨询购买事宜。联系方式如下:

地址:上海市闵行区莲花路 2151 弄 57 号 201 室(201103)

联系人:周兴华

电话(传真):021—64654216   13044152947

技术支持 E-mail:zxh2151@sohu.com;zxh2151@yahoo.com.cn

作者主页:http://www.hlelectron.com

目录

第1章 实验设备及器材使用介绍
1.1 单片机的发展史及特点 …… 1
1.2 单片机入门的有效途径 …… 2
1.3 实验工具及器材 …………… 3
  1.3.1 Keil C51 Windows 集成开发环境 …………………… 3
  1.3.2 TOP851 多功能编程器 …… 4
  1.3.3 LED 输出试验板 ………… 5
  1.3.4 LED 数码管输出试验板 … 6
  1.3.5 5 V 高稳定专用稳压电源 … 8
  1.3.6 16×2 字符型液晶显示模组 …………………………… 8

第2章 Keil C51 集成开发环境及 TOP851 多功能编程器
2.1 Keil C51 集成开发环境软件安装 ……………………………… 10
2.2 TOP851 烧录软件安装 ……… 11
2.3 TOP851 烧录软件操作 ……… 12
  2.3.1 文件操作和编辑 ………… 12
  2.3.2 选择型号 ………………… 16
  2.3.3 读/写单片机 …………… 17

第3章 初步接触 KeilC51 及 TOP851 软件并感受第一个演示程序效果
3.1 建立一个工程项目,选择芯片并确定选项 …………………… 19
3.2 建立源程序文件 …………… 21
3.3 添加文件到当前项目组中 … 22
3.4 编译(汇编)文件 …………… 23
3.5 检查并修改源程序文件中的错误 ……………………………… 24
3.6 软件模拟仿真调试 ………… 24
3.7 烧录程序(编程操作) ……… 25
3.8 观察程序运行的结果 ……… 27

第4章 单片机的基本知识
4.1 MCS-51 单片机的基本结构 … 28
4.2 80C51 基本特性及引脚定义 … 29
  4.2.1 80C51 的基本特征 ……… 29
  4.2.2 80C51 的引脚定义及功能 …………………………… 30
4.3 80C51 的内部结构 ………… 31
4.4 80C51 的存储器配置和寄存器 ……………………………… 33

第5章 汇编语言程序指令的学习
5.1 MCS-51 单片机的指令系统 … 37
5.2 汇编语言的特点 …………… 38
5.3 汇编语言的语句格式 ……… 38

第6章 数据传送指令的学习及实验
6.1 按寻址方式分类的数据传送指令 ……………………………… 40
  6.1.1 立即数寻址 ……………… 40
  6.1.2 直接寻址 ………………… 40
  6.1.3 寄存器寻址 ……………… 40
  6.1.4 寄存器间接寻址 ………… 40
  6.1.5 位寻址 …………………… 41
  6.1.6 变址寻址 ………………… 41
  6.1.7 相对寻址 ………………… 41

6.2 点亮/熄灭一个发光二极管的实验，
    自动循环工作………………… 41
  6.2.1 实现方法……………… 41
  6.2.2 源程序文件…………… 41
  6.2.3 程序分析解释………… 43
  6.2.4 小 结………………… 43
6.3 点亮/熄灭一个发光二极管的实验，
    点亮/熄灭时间自动发生变化
    （分3段），自动循环工作 …… 43
  6.3.1 实现方法……………… 43
  6.3.2 源程序文件…………… 44
  6.3.3 程序分析解释………… 45
  6.3.4 小 结………………… 45
6.4 P1口的8个发光二极管每隔2个
    右循环点亮实验………………… 46
  6.4.1 实现方法……………… 46
  6.4.2 源程序文件…………… 46
  6.4.3 程序分析解释………… 46
  6.4.4 小 结………………… 47
6.5 MCS-51内部的RAM和特殊功
    能寄存器SFR的数据传送指令
    …………………………………… 47
  6.5.1 以累加器为目的操作数…… 47
  6.5.2 以寄存器为目的操作数…… 47
  6.5.3 以直接地址为目的操作数……
    …………………………………… 47
  6.5.4 以寄存器间接地址为目的操
         作数………………………… 48
  6.5.5 16位数据传送 ………… 48
6.6 "跑马灯"实验………………… 48
  6.6.1 实现方法……………… 48
  6.6.2 源程序文件…………… 49
  6.6.3 程序分析解释………… 51
  6.6.4 小 结………………… 53
6.7 单片机的受控输出显示实验…… 53
  6.7.1 实现方法……………… 53
  6.7.2 源程序文件…………… 53
  6.7.3 程序分析解释………… 54
6.8 小 结…………………………… 55

第7章 算术运算指令的学习及实验
7.1 算术运算指令………………… 56
  7.1.1 加法指令……………… 56
  7.1.2 带进位加法指令……… 56
  7.1.3 带借位减法指令……… 56
  7.1.4 乘法指令……………… 57
  7.1.5 除法指令……………… 57
  7.1.6 加1指令……………… 57
  7.1.7 减1指令……………… 57
  7.1.8 二-十进制调整指令…… 58
7.2 52H、FCH 两数相加实验，结果
    从P1口输出…………………… 58
  7.2.1 实现方法……………… 58
  7.2.2 源程序文件…………… 58
  7.2.3 程序分析解释………… 59
7.3 FFH、03H 两数相乘实验，结果
    从P0、P1口输出……………… 60
  7.3.1 实现方法……………… 60
  7.3.2 源程序文件…………… 60
  7.3.3 程序分析解释………… 61
7.4 加1指令实验，让P1口的8个发
    光二极管模拟二进制的加法运算
    …………………………………… 61
  7.4.1 实现方法……………… 61
  7.4.2 源程序文件…………… 61
  7.4.3 程序分析解释………… 62
7.5 加1指令实验（不进行二-十进制
    调整）…………………………… 62
  7.5.1 实现方法……………… 62
  7.5.2 源程序文件…………… 63
  7.5.3 程序分析解释………… 64
7.6 加1指令实验（进行二-十进制调整）
    …………………………………… 64
  7.6.1 实现方法……………… 64
  7.6.2 源程序文件…………… 64
  7.6.3 程序分析解释………… 65
7.7 小 结…………………………… 66

第8章 逻辑运算指令的学习及实验
8.1 逻辑运算指令………………… 67

- 8.1.1 累加器 A 取反指令 …… 67
- 8.1.2 累加器 A 清 0 指令 …… 67
- 8.1.3 逻辑"与"指令 …… 67
- 8.1.4 逻辑"或"指令 …… 68
- 8.1.5 逻辑"异或"指令 …… 68
- 8.1.6 循环移位指令 …… 68
- 8.1.7 累加器半字节交换指令 …… 69
- 8.2 逻辑运算举例一 …… 69
  - 8.2.1 实现方法 …… 69
  - 8.2.2 源程序文件 …… 69
  - 8.2.3 程序分析解释 …… 71
- 8.3 逻辑运算举例二 …… 72
  - 8.3.1 实现方法 …… 72
  - 8.3.2 源程序文件 …… 72
  - 8.3.3 程序分析解释 …… 73
- 8.4 逻辑运算举例三 …… 73
  - 8.4.1 实现方法 …… 74
  - 8.4.2 源程序文件 …… 74
  - 8.4.3 程序分析解释 …… 74
- 8.5 小 结 …… 75

第 9 章 控制转移类指令的学习及实验
- 9.1 控制转移类指令 …… 76
  - 9.1.1 无条件转移指令 …… 76
  - 9.1.2 条件转移指令 …… 77
  - 9.1.3 比较转移指令 …… 77
  - 9.1.4 循环转移指令 …… 78
  - 9.1.5 子程序调用及返回指令 …… 78
- 9.2 散转程序实验 …… 79
  - 9.2.1 实现方法 …… 79
  - 9.2.2 源程序文件 …… 80
  - 9.2.3 程序分析解释 …… 82
  - 9.2.4 小 结 …… 83
- 9.3 统计含 58H 关键字的实验 …… 84
  - 9.3.1 实现方法 …… 84
  - 9.3.2 源程序文件 …… 84
  - 9.3.3 程序分析解释 …… 85

第 10 章 位操作指令的学习
- 10.1 位操作指令 …… 87
  - 10.1.1 位数据传送指令 …… 87
  - 10.1.2 位控制修正指令 …… 87
  - 10.1.3 位逻辑运算指令 …… 88
- 10.2 将 P1.0 的状态传送到 P2.0 的实验 …… 88
  - 10.2.1 实现方法 …… 88
  - 10.2.2 源程序文件 …… 88
  - 10.2.3 程序分析解释 …… 89
- 10.3 比较输入数大小的实验 …… 90
  - 10.3.1 实现方法 …… 90
  - 10.3.2 源程序文件 …… 90
  - 10.3.3 程序分析解释 …… 91
- 10.4 将累加器 A 中的立即数移出的实验 …… 91
  - 10.4.1 实现方法 …… 92
  - 10.4.2 源程序文件 …… 92
  - 10.4.3 程序分析解释 …… 92
- 10.5 实现逻辑函数的实验 …… 93
  - 10.5.1 实现方法 …… 93
  - 10.5.2 源程序文件 …… 93
  - 10.5.3 程序分析解释 …… 94

第 11 章 栈操作指令、空操作指令、伪指令及字节交换指令的学习
- 11.1 栈操作指令 …… 96
  - 11.1.1 堆栈指令 …… 96
  - 11.1.2 出栈指令 …… 96
- 11.2 空操作指令 …… 96
- 11.3 伪指令 …… 97
  - 11.3.1 汇编起始命令 …… 97
  - 11.3.2 汇编结束命令 …… 97
  - 11.3.3 等值命令 …… 97
  - 11.3.4 定义字节命令 …… 98
  - 11.3.5 定义字命令 …… 98
  - 11.3.6 预留存储区命令 …… 99
  - 11.3.7 定义位命令 …… 99
  - 11.3.8 定义数据地址命令 …… 99
- 11.4 字节交换指令 …… 99
- 11.5 查 0~9 平方表实验 …… 100
  - 11.5.1 实现方法 …… 100
  - 11.5.2 源程序文件 …… 100

11.5.3 程序分析解释……………… 102	13.2.2 中断响应………………… 127
11.6 利用 NOP 指令产生精确方波	13.3 令 LED 输出试验板上的蜂鸣器
实验…………………………… 104	发出 1 kHz 音频的实验…… 128
11.6.1 实现方法………………… 104	13.3.1 实现方法………………… 128
11.6.2 源程序文件……………… 104	13.3.2 源程序文件……………… 129
11.6.3 程序分析解释…………… 106	13.3.3 程序分析解释…………… 129
11.7 MCS-51 指令分类表………… 107	13.4 利用外中断方式进行数据采集
第 12 章　定时器/计数器及实验	实验…………………………… 130
12.1 定时器/计数器的结构及工作	13.4.1 实现方法………………… 130
原理…………………………… 111	13.4.2 源程序文件……………… 130
12.2 定时器/计数器方式寄存器和	13.4.3 程序分析解释…………… 131
控制寄存器…………………… 112	13.5 中断嵌套实验………………… 132
12.3 定时器/计数器的工作方式…… 113	13.5.1 实现方法………………… 132
12.3.1 方式 0 ………………… 113	13.5.2 源程序文件……………… 132
12.3.2 方式 1 ………………… 114	13.5.3 程序分析解释…………… 133
12.3.3 方式 2 ………………… 115	13.6 交通灯控制器实验…………… 134
12.3.4 方式 3 ………………… 115	13.6.1 实现方法………………… 134
12.4 定时器/计数器的初始化…… 116	13.6.2 源程序文件……………… 134
12.5 蜂鸣器发音实验……………… 117	13.6.3 程序分析解释…………… 136
12.5.1 实现方法………………… 117	13.7 键控计数实验………………… 138
12.5.2 源程序文件……………… 117	13.7.1 实现方法………………… 138
12.5.3 程序分析解释…………… 118	13.7.2 源程序文件……………… 138
12.6 定时器 T1 方式 2 计数实验	13.7.3 程序分析解释…………… 139
………………………………… 118	**第 14 章　汇编语言的程序设计及实验**
12.6.1 实现方法………………… 118	14.1 单片机应用系统的设计过程
12.6.2 源程序文件……………… 119	………………………………… 141
12.6.3 程序分析解释…………… 119	14.2 汇编语言程序设计步骤……… 142
12.7 定时器 T1 方式 1 定时实验	14.3 顺序程序设计………………… 142
………………………………… 120	14.4 右移循环流水灯实验………… 143
12.7.1 实现方法………………… 120	14.4.1 实现方法………………… 143
12.7.2 源程序文件……………… 120	14.4.2 源程序文件……………… 143
12.7.3 程序分析解释…………… 121	14.4.3 程序分析解释…………… 144
第 13 章　中断系统及实验	14.5 循环程序设计………………… 145
13.1 中断的种类…………………… 124	14.6 找数据块中最大数的实验…… 145
13.1.1 外中断…………………… 124	14.6.1 实现方法………………… 145
13.1.2 内中断…………………… 124	14.6.2 源程序文件……………… 146
13.2 MCS-51 单片机的中断系统	14.6.3 程序分析解释…………… 147
………………………………… 124	14.7 延时子程序的结构…………… 148
13.2.1 中断源及控制…………… 124	14.8 寻找 ASCII 码"$"的实验 … 149

目 录

- 14.8.1 实现方法 …………… 149
- 14.8.2 源程序文件 …………… 149
- 14.8.3 程序分析解释 ………… 150
- 14.9 子程序设计、调用及返回 …… 151
  - 14.9.1 子程序的结构特点 …… 151
  - 14.9.2 编写子程序时的注意要点 ………………… 151
  - 14.9.3 子程序的调用与返回 … 152
  - 14.9.4 子程序嵌套 …………… 152
- 14.10 使P0口的8个LED闪烁20次实验 ………… 152
  - 14.10.1 实现方法 …………… 152
  - 14.10.2 源程序文件 ………… 152
  - 14.10.3 程序分析解释 ……… 153
- 14.11 分支程序设计 ……………… 154
  - 14.11.1 单分支程序 ………… 154
  - 14.11.2 多分支程序 ………… 154
- 14.12 做简单的＋、－、×、÷实验 ………………… 156
  - 14.12.1 实现方法 …………… 156
  - 14.12.2 源程序文件 ………… 156
  - 14.12.3 程序分析解释 ……… 158
- 14.13 查表程序设计 ……………… 160
- 14.14 单片机演奏音乐的实验 …… 161
  - 14.14.1 实现方法 …………… 161
  - 14.14.2 源程序文件 ………… 161
  - 14.14.3 程序分析解释 ……… 163
- 14.15 数据排序实验 ……………… 164
  - 14.15.1 实现方法 …………… 164
  - 14.15.2 源程序文件 ………… 165
  - 14.15.3 程序分析解释 ……… 171

第15章 键盘接口技术及实验

- 15.1 独立式键盘 ………………… 172
- 15.2 行列式键盘 ………………… 173
- 15.3 独立式键盘接口的编程模式 ………………… 173
- 15.4 行列式键盘接口的编程模式 ………………… 174
- 15.5 键盘工作方式 ……………… 174
- 15.6 独立式键盘输入实验 ……… 175
  - 15.6.1 实现方法 …………… 175
  - 15.6.2 源程序文件 ………… 175
  - 15.6.3 程序分析解释 ……… 177
- 15.7 行列式键盘输入实验 ……… 178
  - 15.7.1 实现方法 …………… 178
  - 15.7.2 源程序文件 ………… 178
  - 15.7.3 程序分析解释 ……… 180
- 15.8 扫描方式的键盘输入实验 … 181
  - 15.8.1 实现方法 …………… 181
  - 15.8.2 源程序文件 ………… 181
  - 15.8.3 程序分析解释 ……… 182
- 15.9 定时中断方式的键盘输入实验 ………………… 183
  - 15.9.1 实现方法 …………… 183
  - 15.9.2 源程序文件 ………… 183
  - 15.9.3 程序分析解释 ……… 184

第16章 LED显示器接口技术及实验

- 16.1 LED数码显示器的构造及特点 ………………… 186
- 16.2 LED数码显示器的显示方法 ………………… 188
  - 16.2.1 静态显示法 …………… 188
  - 16.2.2 动态扫描显示法 ……… 189
- 16.3 静态显示实验 ……………… 190
  - 16.3.1 实现方法 …………… 190
  - 16.3.2 源程序文件 ………… 190
  - 16.3.3 程序分析解释 ……… 191
- 16.4 慢速动态显示实验 ………… 192
  - 16.4.1 源程序文件 ………… 192
  - 16.4.2 程序分析解释 ……… 193
- 16.5 快速动态显示实验 ………… 193
  - 16.5.1 源程序文件 ………… 193
  - 16.5.2 程序分析解释 ……… 194
- 16.6 实时时钟实验 ……………… 195
  - 16.6.1 实现方法 …………… 195
  - 16.6.2 源程序文件 ………… 195
  - 16.6.3 程序分析解释 ……… 198

第17章 字符型液晶(LCD)模块原理及设计学习

- 17.1 液晶显示器概述……………… 202
- 17.2 16×2字符型液晶显示模块(LCM)特性 ……… 203
- 17.3 16×2字符型液晶显示模块(LCM)引脚及功能 ……… 203
- 17.4 16×2字符型液晶显示模块(LCM)的内部结构 ……… 203
- 17.5 液晶显示控制驱动集成电路HD44780特点 ……… 204
- 17.6 HD44780工作原理 ……… 205
  - 17.6.1 DDRAM——数据显示用RAM ……… 206
  - 17.6.2 CGROM——字符产生器ROM ……… 207
  - 17.6.3 CGRAM——字型、字符产生器RAM ……… 208
  - 17.6.4 IR——指令寄存器 ……… 209
  - 17.6.5 DR——数据寄存器 ……… 209
  - 17.6.6 BF——忙碌标志信号 ……… 209
  - 17.6.7 AC——地址计数器 ……… 209
- 17.7 LCD控制器的指令 ……… 209
  - 17.7.1 清除显示器 ……… 210
  - 17.7.2 光标归位设定 ……… 210
  - 17.7.3 设定字符进入模式 ……… 210
  - 17.7.4 显示器开关 ……… 210
  - 17.7.5 显示光标移位 ……… 211
  - 17.7.6 功能设定 ……… 211
  - 17.7.7 CGRAM地址设定 ……… 211
  - 17.7.8 DDRAM地址设定 ……… 211
  - 17.7.9 忙碌标志BF或AC地址读取 ……… 212
  - 17.7.10 写数据到CGRAM或DDRAM中 ……… 212
  - 17.7.11 从CGRAM或DDRAM中读取数据 ……… 212
- 17.8 LCM工作时序 ……… 212
- 17.9 单片机驱动LCM的电路 ……… 213

第18章 体验第一个液晶程序的效果并建立模块化设计的相关子程序

- 18.1 体验第一个液晶程序的效果 ……… 215
  - 18.1.1 源程序文件 ……… 215
  - 18.1.2 程序分析解释 ……… 218
- 18.2 查询忙碌标志信号子程序 ……… 222
  - 18.2.1 源程序文件 ……… 222
  - 18.2.2 程序分析解释 ……… 222
- 18.3 写指令到LCM(IR寄存器)子程序 ……… 223
  - 18.3.1 源程序文件 ……… 223
  - 18.3.2 程序分析解释 ……… 223
- 18.4 写数据到LCM(DR寄存器)子程序 ……… 223
  - 18.4.1 源程序文件 ……… 223
  - 18.4.2 程序分析解释 ……… 224
- 18.5 清除显示屏子程序 ……… 224
  - 18.5.1 源程序文件 ……… 224
  - 18.5.2 程序分析解释 ……… 224
- 18.6 启动LCM子程序 ……… 224
  - 18.6.1 源程序文件 ……… 225
  - 18.6.2 程序分析解释 ……… 225
- 18.7 让字母"F"在显示屏的第2行第10列显示 ……… 227
  - 18.7.1 源程序文件 ……… 227
  - 18.7.2 程序分析解释 ……… 228
- 18.8 使LCM显示2行字符串(英文信息) ……… 229
  - 18.8.1 源程序文件 ……… 229
  - 18.8.2 程序分析解释 ……… 232
- 18.9 使LCM显示2行字符串(英文信息)并循环移动 ……… 233
  - 18.9.1 源程序文件 ……… 233
  - 18.9.2 程序分析解释 ……… 235

第19章 简单的液晶显示型自动化仪器的设计学习及实验

- 19.1 工业生产自动计数器 ……… 238
  - 19.1.1 实现方法 ……… 238

19.1.2 源程序文件……………… 238
19.1.3 程序分析解释……………… 246
19.2 设备运行状态自动显示器…… 249
19.2.1 实现方法……………… 250
19.2.2 源程序文件……………… 250
19.2.3 程序分析解释……………… 253
19.3 液晶显示计时时钟…………… 254
19.3.1 源程序文件……………… 254
19.3.2 程序分析解释……………… 260
19.4 让液晶显示屏显示自制图形"中"
　　…………………………………… 264
19.4.1 实现方法……………… 264
19.4.2 源程序文件……………… 264
19.4.3 程序分析解释……………… 266
19.5 液晶显示屏显示复杂的自制图形
　　…………………………………… 268
19.5.1 实现方法……………… 268
19.5.2 源程序文件……………… 268
19.5.3 程序分析解释……………… 271

第20章 Keil C51集成开发环境的设置及调试方法

20.1 工程项目的建立、源程序文件的建立及加载 …………………… 273
20.1.1 建立工程文件…………… 274
20.1.2 源程序文件的建立……… 276
20.1.3 添加文件到当前项目组中
　　…………………………………… 278
20.2 工程的详细设置……………… 280
20.2.1 Target 页面…………… 280
20.2.2 Output 页面…………… 281
20.2.3 Listing 页面…………… 282
20.2.4 C51 页面……………… 283
20.2.5 Debug 页面…………… 284
20.3 编译、连接…………………… 285
20.4 Keil C51集成开发环境软件的调试方法 ……………………… 286
20.4.1 常用调试命令…………… 286
20.4.2 断点设置……………… 286

20.4.3 在线汇编……………… 287
20.4.4 程序调试时的常用窗口
　　…………………………………… 287
20.5 外围接口工具………………… 289
20.5.1 P1口作为输入端口…… 289
20.5.2 P1口作为输出端口…… 290
20.5.3 外部中断INT0………… 291
20.5.4 定时器/计数器0……… 292

第21章 看门狗定时器使用及简单的接口扩展

21.1 看门狗定时器的使用………… 293
21.2 实验：P0～P3口的32个LED(发光管)依次流水点亮,形成"流水灯" ……………………………… 293
21.2.1 实现方法……………… 294
21.2.2 源程序文件……………… 294
21.2.3 程序分析解释……………… 295
21.3 模拟程序失控情况的"流水灯"实验 ……………………………… 297
21.3.1 源程序文件……………… 297
21.3.2 程序分析解释……………… 299
21.4 简单的接口功率扩展………… 300
21.5 常用的外部芯片扩展………… 302
21.5.1 数据存储器6264的扩展及应用实例 ………………… 303
21.5.2 用8255A可编程并行接口芯片扩展I/O口及应用实例
　　…………………………………… 307
21.5.3 用8155A可编程并行接口芯片扩展I/O口及应用实例
　　…………………………………… 310
21.5.4 扩展8位A/D转换芯片ADC0809及应用实例……
　　…………………………………… 314
21.5.5 扩展8位D/A转换芯片DAC0832及应用实例……
　　…………………………………… 317

参考文献……………………………… 320

第 1 章
实验设备及器材使用介绍

1.1 单片机的发展史及特点

自从 1945 年世界上第一台电子管数字计算机 ENIAC 在美国宾西法尼亚大学诞生至今，计算机技术取得了突飞猛进的发展。一方面，计算机向着高速、智能化的巨型超级机方向发展，运算速度已达数十万亿次每秒；另一方面，计算机则向着微型化的方向发展，一个纯单片的微型计算机的体积比人的指甲还小。一个典型的数字计算机系统应包括运算器、控制器、数据与程序存储器、输入/输出接口四大部分。如果将它们集成在一小块硅片上，就构成了微型单片计算机，简称单片机。

1975 年，美国德州仪器公司(Texas Instruments)的第一个单片机 TMS-1000 问世。迄今为止，仅 30 年时间，单片机技术已成为计算机技术的一个重要分支；单片机的应用领域也越来越广泛，特别是在工业自动化控制和智能化仪器仪表中扮演着极其重要的角色。

单片机除了具备一般微型计算机的功能外，为了增强实时控制能力，绝大部分单片机的芯片上还集成有定时器/计数器，某些增强型单片机还带有 A/D 转换器、D/A 转换器、语音控制、WDT、PWM 等功能部件。单片机在结构上的设计主要是面向控制的需要，因此，它在硬件结构、指令系统和 I/O 能力等方面均有其独特之处，其显著的特点之一就是具有非常有效的控制功能，为此，又称为微控制器 MCU(Micro Controller Unit)。所以，单片机不但与一般的微处理机一样，是一个有效的数据处理机，而且还是一个功能很强的过程控制机。

随着世界各大半导体厂商竞相研制和开发各种单片机，目前单片机的产品已达数百种系列，上千种型号。就字长而言，发展方向主要是 8 位和 32 位机，4 位机面临淘汰，16 位机形成不了气候。

单片机自诞生以来，由于其固有的优点——低成本、小体积、高可靠性、高附加值、通过更改软件就可改变控制对象等，已越来越成为电子工程师设计产品时的首选器件之一。过去一个复杂电路才能实现的功能，也许现在用一个纯单片机芯片就能实现。目前，单片机控制系统(也称嵌入式控制器)正以空前的速度取代着经典电子控制系统。学习单片机并掌握其设计使用技术，已成为当代大学生、电子工程师、电子爱好者的必备技能。

1.2 单片机入门的有效途径

对一个初学单片机的人来说,学习的方法和途径非常重要。如果按教科书式的学法,上来就是一大堆指令、名词,学了半天还搞不清这些指令起什么作用,能够产生什么实际效果,那么也许用不了几天就会觉得枯燥乏味而半途而废。所以学习与实践结合是一个好方法,边学习、边演练,这样用不了几次就能将用到的指令理解、吃透、扎根于脑海,甚至"根深蒂固"。

这本针对单片机入门级爱好者编著的书《手把手教你学单片机》,就是根据作者及一些从事单片机学习的朋友的经验,采用边学边练的循序渐进方式,逐步推进,直至掌握单片机的基本编程技术,进入单片机世界的殿堂。

现在学习单片机技术,已不像十多年前那么艰苦了。家用电脑(PC机)十分普及,因此借助于电脑,采用集成开发环境进行编程开发、模拟仿真非常有效,同时再辅以试验板进行实验,眼睛看得见,耳朵听得到,更能深刻理解指令是怎样转化成信号去控制电子产品的。

目前单片机品种很多,但最具代表性的当属 Intel 公司的 MCS-51 系列单片机。MCS-51 系列单片机以其典型的结构、完善的总线、SFR(特殊功能寄存器)的集中管理模式、位操作系统和面向控制功能的丰富指令系统,为单片机的发展奠定了良好的基础。凡是学过 MCS-51 系列单片机的人再去学用其他类型的单片机易如反掌,因此目前学校的教学及初学者入门学习大多采用 MCS-51 系列单片机教材。这里我们的学习内容也是 MCS-51 系列单片机,实验时采用 Atmel 公司的 89C51(也可使用飞利浦公司的 P89C51、华邦公司的 W78E51B、Hyundai 公司的 GMS97C51、Atmel 公司的 89S51 等)单片机。89C51 与 Intel 公司的 8031 引脚排列完全一致,内部具有 128 B RAM、5 个中断源、32 条 I/O 口线、2 个 16 位定时器、4 KB 可编程快闪存储器(可重复擦写 1000 次,数据保存达 10 年以上)、3 级程序加密锁定、工作电压 5 V、工作频率 0~24 MHz。MCS-51 单片机的内部基本结构如图 1-1 所示。

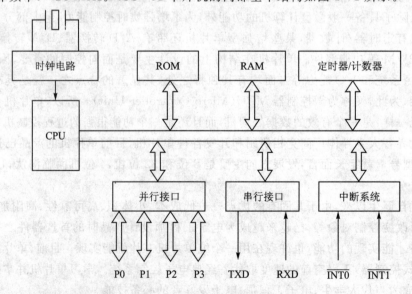

图 1-1 MCS-51 单片机的内部基本结构

1.3 实验工具及器材

初学者入门学习中必须用到的实验工具及器材如下所列：
① Keil C51 Windows 集成开发环境（已汉化）。
② TOP851 多功能编程器。
③ LED 输出试验板。
④ LED 数码管输出试验板。
⑤ 5 V 高稳定专用稳压电源。
⑥ 16×2 字符型液晶显示模组
⑦ 一台奔腾级及以上的家用电脑（PC 机）。
下面简介一下这些实验工具及器材。

1.3.1　Keil C51 Windows 集成开发环境

Keil C51 是目前世界上最优秀、最强大的 51 单片机开发应用平台之一。它集编辑、编译、仿真于一体，支持汇编、PL/M 语言和 C 语言的程序设计，界面友好，易学易用。它内嵌的仿真调试软件可以让用户采用模拟仿真和实时在线仿真两种方式对目标系统进行开发。软件仿真时，除了可以模拟单片机的 I/O 口、定时器、中断外，甚至可以仿真单片机的串行通信。图 1-2 为 Keil C51 的工作界面。

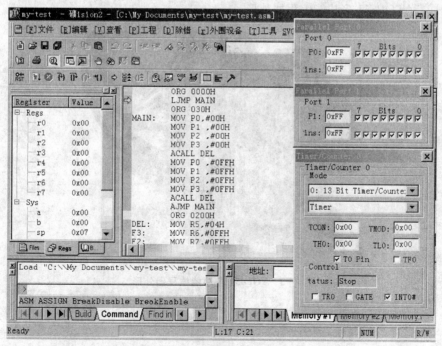

图 1-2　Keil C51 的工作界面

1.3.2 TOP851 多功能编程器

TOP851 多功能编程器具有体积小巧、功耗低、可靠性高的特点,是专为开发 51 系列单片机和烧写各类存储器而设计的普及机型。TOP851 采用 RS－232 串口与 PC 机连接通信,抗干扰性能好,可靠性能极高,特别适合烧写各种一次性(OTP)和电擦除器件。其烧写的器件有:EPROM,各厂家 2716－27C080;EEPROM,各厂家 28、29、39、49 系列 Flash 和 EEPROM;MPU/MCU,51 系列(Intel、Atmel、LG、Philips、Winbond 等);测试静态 RAM,6264－628256;串口存储器,24Cxxx;PLD,16v8x、20v8x、22v10A。

其主要特点有:
① 自动检测元件是否插好,如果插错了位置,则有提示。
② 过电流保护,超过限制的电流时,在 0.1 s 内切断电源,可以有效地保护编程器和器件不受损害。
③ 电源效率极高,静态电流仅 50 mA,机器不会过热。
④ 采用 40 针万能锁紧插座,无需适配器。
⑤ 通过标准口和 RS－232 串口与 PC 机连接,传送速度 115 200 bps,适合笔记本电脑和台式机使用。
⑥ 采用 DOS 软件和 Windows 中文软件,全新中文操作界面。
⑦ 塑料机壳,体积小,重量轻,功耗低(静态电流<50 mA)。
⑧ 可自动探测厂家和型号。
⑨ 自动探测机器速度,编程速度与计算机无关,适合 486 至 P－Ⅳ 机型使用。

图 1－3 为 TOP851 多功能编程器外形。

图 1－3　TOP851 多功能编程器外形

第1章 实验设备及器材使用介绍

1.3.3 LED 输出试验板

LED 输出试验板为多功能实验板,对初学者入门实习特别有效,使实验者眼睛看得见,耳朵听得到。板上标有 89C51 系列引脚标准标志,便于用户实验时识别。LED 输出试验板使用 5V 稳压电源供电。

其主要特点有:

① 可作 MCS-51 系列(8X31/51,8X32/52,8XC51/52 等单片机)与 89CX051 转接仿真使用。

② 可做单片机的输入/输出实验。当单片机的 I/O 口用短路块短接时,可做 I/O 口的模拟输出实验,用发光二极管模拟显示(低电平有效);当单片机的 I/O 口短路块断开时,可做模拟输入实验,即 I/O 口用导线输入高电平/低电平,或其他检测信号。

③ 可做音响实验。当 P1.7 输出音响信号时,把短路块 DP1.7 短接,则音响器发出音响;若非 P1.7 输出音响信号,则断开短路块 DP1.7,把音响输入端用导线与对应输出引脚连接即可。

图 1-4 为 LED 输出试验板结构图。图 1-5 为 LED 输出试验板外形。

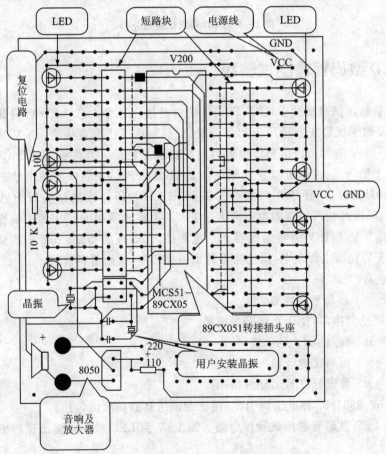

图 1-4 LED 输出试验板结构图

图 1-5　LED 输出试验板外形

1.3.4　LED 数码管输出试验板

　　LED 数码管输出试验板的 P0、P1、P2、P3 端口已接入 4 个七段 LED 数码管,使用方便,适用于初学者及教学试验或直接用于产品开发、成品制作等。可直接将＋5 V 接入"J3"座或接入交直流 8～12 V 电源。该试验板也可另外配接液晶显示。若将板上的 MCU 取下,插上 51 系列仿真器上的仿真头后,可以直接测试仿真 P0、P1、P2、P3 端口的输出状态。板上标有 89C51 系列引脚标准标志,便于用户实验时识别。LED 数码管输出试验板上已设计安装了 7805 三端稳压器,因此输入插座的电压应大于 8 V。而实验所用的 TOP851 编程器配带的电源适配器正好是 9 V,因此只需将编程器 9 V 电源插入 S2 板的 Φ3.5 mm 电源插座即可正常工作。如要用 5 V 稳压电源供电,则还需再焊出引线插座,反而显得麻烦。

　　其主要特点有:

　　① 与 MCS-51 产品系列兼容。

　　② 预留扩展空间接口,便于直接开发成品。

　　③ 预留 2×16 液晶(LCD)显示接口。

　　④ 测试用 4×3 行列式键盘输入。

　　⑤ 测试用 4×8 数码管(LED)显示指示。

　　⑥ 78E51/52、8951/52 标准引脚引出,便于调试仿真器和测试芯片。

　　图 1-6 为 LED 数码管输出试验板电路。图 1-7 为 LED 数码管输出试验板外形。

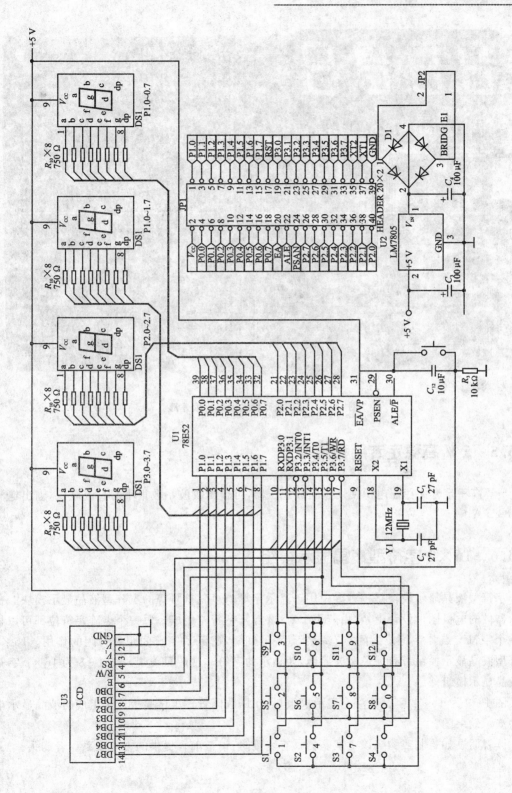

图1-6 LED数码管输出试验板电路图

图 1-7 LED 数码管输出试验板外形

1.3.5 5 V 高稳定专用稳压电源

5 V 高稳定专用稳压电源使用了集成稳压器,可输出纹波系数很小的直流电压,输出电流达 800 mA。

1.3.6 16×2 字符型液晶显示模组

字符型液晶显示模块是一种专门用于显示字母、数字、符号等的点阵型液晶显示模块。在显示器件的电极图形设计上,它由若干个 5×7 点阵字符位组成。每一个点阵字符位都可以显示一个字符。点阵字符位之间空有一个点距的间隔,起到了字符间距和行距的作用。16×2 字符型液晶显示模组带有绿色背光照明,使显示的字符非常醒目美观。图 1-8 为 16×2 字符型液晶显示模组外形。

图 1-9 为 16×2 字符型液晶显示模组与 LED 数码管输出试验板连接组成的液晶显示电子钟演示效果图。

读者朋友如自制或购买以上实验器材有困难时,请按前言提供的方式联系作者购买。

第 1 章 实验设备及器材使用介绍

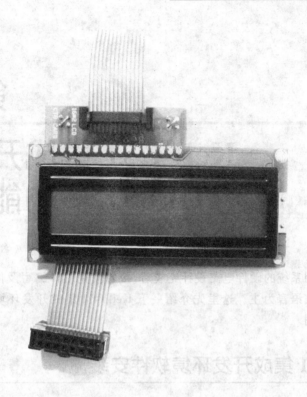

图 1-8 16×2 字符型液晶显示模组外形

图 1-9 液晶显示电子钟演示效果图

第 2 章

Keil C51 集成开发环境及 TOP851 多功能编程器

一个单片机应用系统的硬件电路设计完成后,接着便是软件编写及仿真调试。对于初学者入门学习应以汇编语言为主。这里先介绍一下 Keil C51 集成开发环境软件及 TOP851 烧录软件的安装及使用。

2.1 Keil C51 集成开发环境软件安装

读者可通过网上下载(见光盘说明)的方式获得 Keil C51 文件,将 Keil C51 设计软件安装程序(2K 代码限制)复制到硬盘的一个自建文件夹中(如 K51)。然后双击 Setup.exe 进行安装,在提示选择 Eval 或 Full 方式时,选择 Eval 方式安装,不需注册码,但有 2K 大小的代码限制。如读者购买了完全版的 Keil C51 软件,则选择 Full 方式安装,代码量无限制。安装结束后,如果想在中文环境中使用,可下载并安装 Keil C51 汉化软件,将汉化软件中的 uv2.exe 复制并粘贴到 C:\Keil\uv2 目录下并替换原先的文件即可。程序安装完成后,在桌面上会出现 Keil uVision2(汉化版)图标,双击该图标便可启动程序。启动后的界面如图 2-1 所示。

Keil C51 启动后界面主要由菜单栏(图 2-2)、工具栏(图 2-3)、源文件编辑窗口、工程窗口和输出窗口共 5 部分组成。工具栏为一组快捷工具图标,主要包括基本文件工具栏、建造工具栏和除错(DEBUG/调试)工具栏。基本文件工具栏包括新建、打开、复制、粘贴等基本操作。建造工具栏主要包括文件编译、目标文件编译连接、所有目标文件编译连接、目标选项和一个目标选择窗口。除错(DEBUG/调试)工具栏位于最后,主要包括一些仿真调试源程序的基本操作,如单步、复位、全速运行等。在工具栏下面,默认有 3 个窗口。左边的工程窗口包含一个工程的目标(target)、组(group)和项目文件。右边为源文件编辑窗口,编辑窗口实质上就是一个文件编辑器,可以在这里对源文件进行编辑、修改、粘贴等。下边的为输出窗口,源文件编译之后的结果显示在输出窗口中,会出现通过或错误(包括错误类型及行号)的提示。如果通过,则会生成"HEX"格式的目标文件,用于仿真或烧录芯片。关于 Keil C51 集成开发环境软件的使用,我们结合后面的具体实验再做介绍。

MCS-51 单片机软件 Keil C51 开发过程为:

① 建立一个工程项目,选择芯片,确定选项。

第 2 章　Keil C51 集成开发环境及 TOP851 多功能编程器

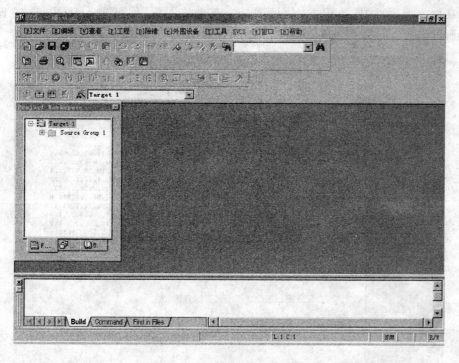

图 2-1　Keil C51 启动后界面

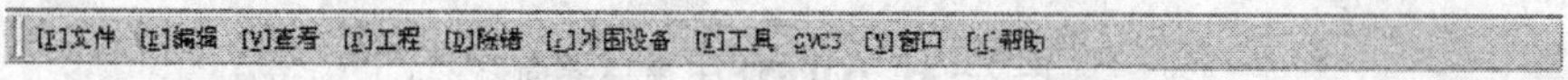

图 2-2　Keil C51 菜单栏

图 2-3　Keil C51 工具栏

② 建立汇编源文件或 C 源文件。
③ 用项目管理器生成各种应用文件。
④ 检查并修改源文件中的错误。
⑤ 编译连接通过后进行软件模拟仿真。
⑥ 编译连接通过后进行硬件模拟仿真。
⑦ 编程操作。
⑧ 应用。

2.2　TOP851 烧录软件安装

运行编程器所配光盘中的 TOP851，双击 Setup.exe，可安装 TOP851 烧录软件。安装完毕后在桌面上自动生成 TOP851 快捷图标。双击该图标，即可进入 TOP851 主窗口，如图 2-4 所示。

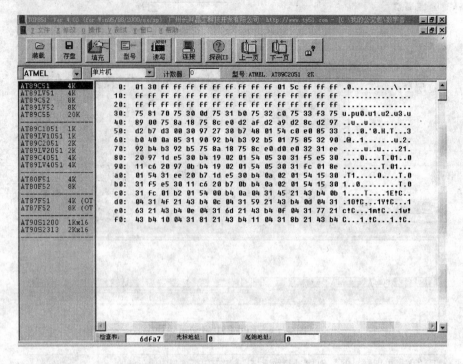

图 2-4　TOP851 主窗口界面

2.3　TOP851 烧录软件操作

2.3.1　文件操作和编辑

1. 文件操作

在主菜单中选择"文件"，弹出如图 2-5 所示的对话框。

文件菜单包括文件的存取操作，其格式有二进制和十六进制格式之分。选择了文件名后，再在图 2-6 格式对话框中选择。

确认了文件格式、起始地址后，数据装入缓冲区，显示如图 2-7 所示。

2. 修改文件数据

文件装载到文件窗口后，如果需要修改数据，可以用鼠标或者按方向键移动到相对的字节，直接键入数字即可。注意必须是 2 位十六进制数。

3. 定位数据起始地址

如果数据量比较大，要观察的数又不在窗口中，可以在数据窗口底部的"起始地址"右边键

第 2 章　Keil C51 集成开发环境及 TOP851 多功能编程器

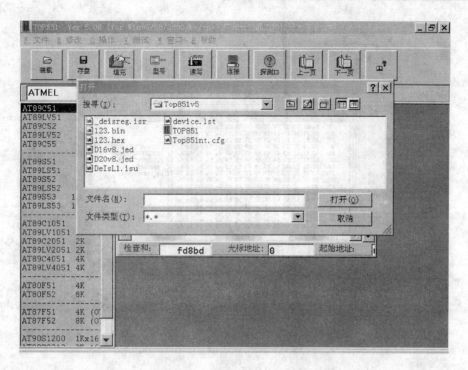

图 2-5　TOP851 文件对话框

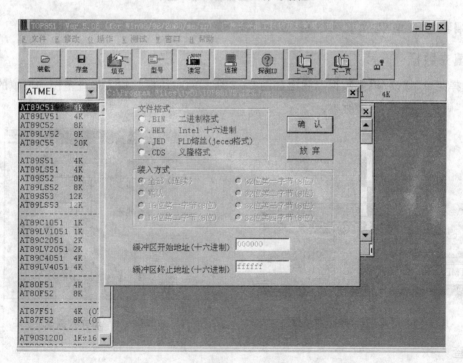

图 2-6　TOP851 格式对话框

入地址，按回车后，窗口会立即移到该地址处。

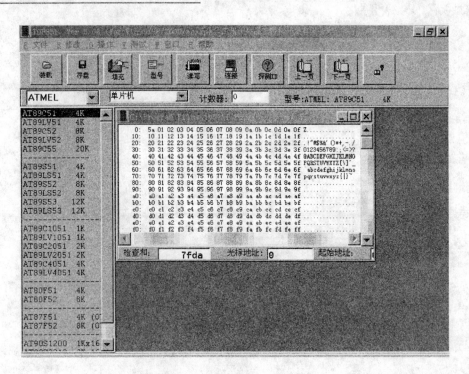

图 2-7 数据装入缓冲区

4. 编辑修改菜单

5. 填充数据

选择菜单"修改/填充数据",弹出如图 2-8 所示的对话框。输入地址范围和要填的数据,然后按"确认",如图 2-9 所示。

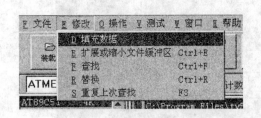

图 2-8 修改/填充数据对话框

图 2-9 填充数据确认

6. 查 找

此命令用来在数据窗口中查找指定的十六进制数,只能输入两个字符,不区分大小写。命令执行后,弹出如图 2-10 所示的标准查找对话框。

按"查找下一个"开始查找。可继续按"查找下一个"再次查找。

第 2 章 Keil C51 集成开发环境及 TOP851 多功能编程器

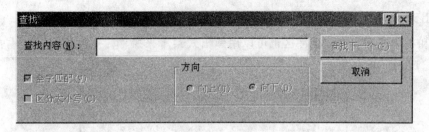

图 2-10 查找对话框

7. 替换字符

此命令进行文本字符的替换操作。命令执行后,弹出替换对话框如图 2-11 所示。

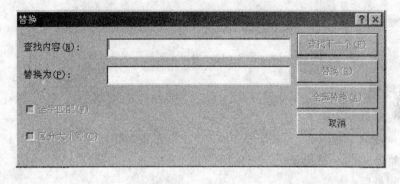

图 2-11 替换对话框

在"查找内容"框内键入要替换的文本,也可以从剪贴板中粘贴。先按"查找下一个"找到要替换的字符串的位置,再按"替换"执行替换。

注意,再次替换下一个也必须先按"查找下一个",再按"替换"执行替换。

8. 扩展或缩小文件缓冲区

文件缓冲区的大小通常与文件大小相同。如果要在其后添加数据,必须先扩展件缓冲区的最大地址。

选择菜单"修改/扩展或缩小文件缓冲区",弹出如图 2-12 所示的对话框。在"终止地址"右边输入最大地址,然后按"确认"。

图 2-12 填充数据对话框

9. 弹出式菜单

填充和扩展或缩小文件缓冲区也可以用弹出式菜单来操作。在文件窗口中右击,可以弹出如图 2-13 所示的菜单。

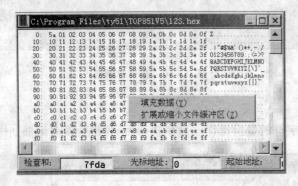

图 2-13 弹出式菜单

10. 编辑按键

Page Up:向上翻一页。

Page Down:向下翻一页。

Home:翻到最前。

End:翻到最后。

2.3.2 选择型号

① 选择菜单"操作/选择型号",弹出如图 2-14 所示的窗口。

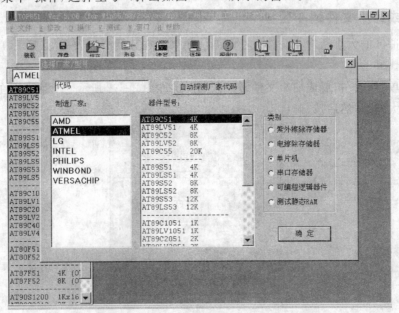

图 2-14 选择型号窗口

第 2 章　Keil C51 集成开发环境及 TOP851 多功能编程器

② 在"类别"框中选择"单片机"或者其他类型。
③ 在"制造厂家"列表框中选择生产厂家,如选择 ATMEL。
④ 在"器件型号"列表框中选择型号,如选择 AT89C51。
⑤ 按"确定"进入读/写操作。
⑥ 选择好类型后,也可以按"自动探测厂家代码"取得 2 字节代码,第 1 字节代表生产厂家,第 2 字节代表型号。

2.3.3　读/写单片机

TOP851 读/写的器件很多,除 51 系列单片机外,还有静态 RAM、串口存储器、PLD 等。这里针对单片机的操作做一下介绍,其他器件的操作可参看 TOP851 通用编程器用户手册。

1. 常规步骤

① 连接好 TOP851,将随机所配 9 V 直流电源插头插到电源插座上,电源指示灯亮。
② 运行 TOP851.exe。
③ 在主菜单中选择"文件",装载数据到文件缓冲区。
④ 把芯片插在插座上并锁紧。选择型号,确认后弹出操作窗口,对器件进行读/写操作。

2. 读/写操作

各种型号操作大同小异,以下以 89C51 为例。

(1) 窗　口

在主菜单中选择"操作/读写器件",弹出如图 2-15 所示的操作窗口。

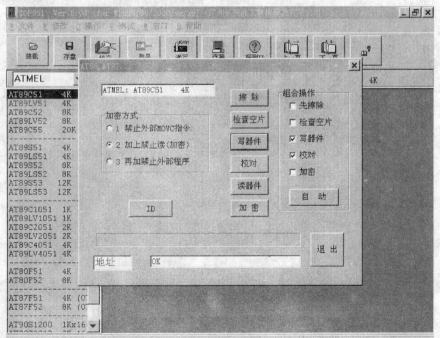

图 2-15　操作窗口

(2) 写器件

器件在写之前要特别注意器件型号,确认所有设置正确无误后,将待编程的器件放到器件插座上,拉平锁紧扳手。

写入完成后,程序自动检查,如出错,窗口中将显示出错地址和内容。

(3) 读器件

将芯片的内容一次读进文件缓冲区。

(4) 擦　除

擦除整片内容,擦除后全部为"FF"。只有电擦除器件可以用这个命令,EPROM 需用紫外线擦除。

(5) 检　空

器件在写入之前,要检查是否空片。空片的每一个字节都是"FF"(十六进制),检查过程中如发现非空字节,窗口中将显示出错的地址和内容,并停止检查。在检空时,检查 EPROM 所有地址空间,其与设置的起始地址和长度无关。

(6) 比　较

为了确保写入器件的数据正确,可将器件的内容与文件的内容相比较。如果比较的结果不一致,窗口中将显示该字节的地址和内容。写操作包含了比较,无须重复操作。

(7) 加　密

程序加密后不能读出,以保护开发者的利益;必须擦除后才能再写。

(8) 读厂家

取得 2 字节代码,第 1 字节代表生产厂家,第 2 字节代表型号。

第3章

初步接触 Keil C51 及 TOP851 软件并感受第一个演示程序效果

初步了解了 Keil C51 集成开发环境及 TOP851 烧录软件后,接下来我们输入一段试验程序,试试效果如何。

3.1 建立一个工程项目,选择芯片并确定选项

双击 Keil μVision2 快捷图标后,进入 Keil C51 开发环境;单击"工程"菜单,在弹出的下拉菜单中选中"新工程"选项,屏幕显示如图 3-1 所示。

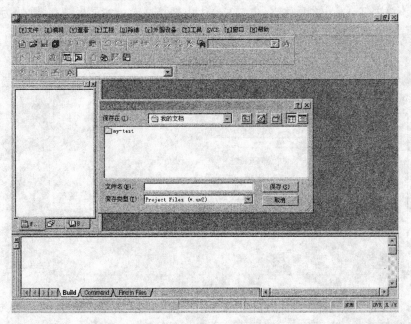

图 3-1 建立一个工程项目

在文件名中输入一个项目名 my-test,选择保存路径(可在"我的文档"中先建立一个同名的文件夹),单击"保存"。在随后弹出的"为目标 target 选择设备"(Select Device for Target

"Target1")对话框中单击 ATMEL 前的"＋"号，选择 89C51 单片机后按"确定"，如图 3-2 所示。

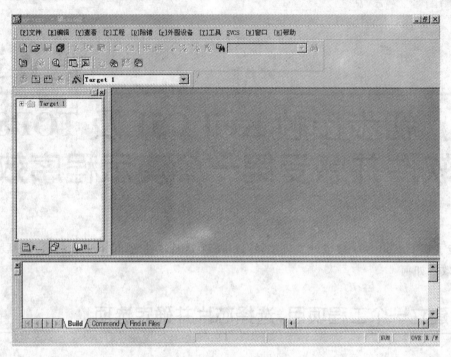

图 3-2　选择单片机后按"确定"

选择主菜单栏中的"工程"，选中下拉菜单中"Options for Target 'Target1'"，出现如图 3-3 所示的界面。单击 Target，在晶体 Xtal(MHz)栏中选择试验板的晶振频率，默认为 24 MHz。

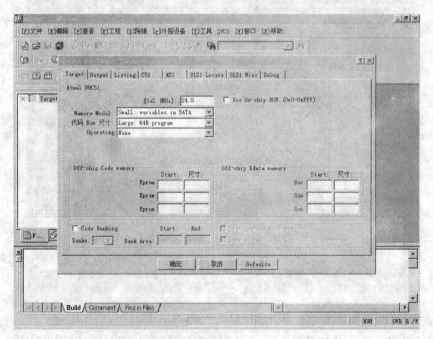

图 3-3　选择 Target

第3章 初步接触 Keil C51 及 TOP851 软件并感受第一个演示程序效果

本书试验板的晶振频率为 11.059 2 MHz，因此要将 24.0 改为 11.0592。然后单击 Output，在"建立 hex 文件"前打勾选中，如图 3-4 所示。其他采用默认设置，然后单击"确定"。

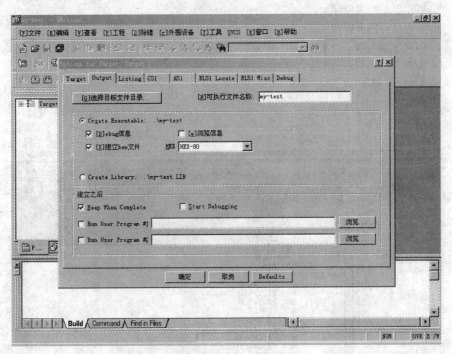

图 3-4　选择 Output

3.2　建立源程序文件

单击"文件"菜单，在下拉菜单中选择"新建"，随后在编辑窗口中输入以下的源程序，如图 3-5 所示。

```
        ORG    0000H
        LJMP   MAIN
        ORG    030H
MAIN:   MOV    P0,#00H
        MOV    P1,#00H
        MOV    P2,#00H
        MOV    P3,#00H
        ACALL  DEL
        MOV    P0,#0FFH
        MOV    P1,#0FFH
        MOV    P2,#0FFH
        MOV    P3,#0FFH
        ACALL  DEL
        AJMP   MAIN
```

```
        ORG   0200H
DEL:    MOV   R5,#04H
F3:     MOV   R6,#0FFH
F2:     MOV   R7,#0FFH
F1:     DJNZ  R7,F1
        DJNZ  R6,F2
        DJNZ  R5,F3
        RET
        END
```

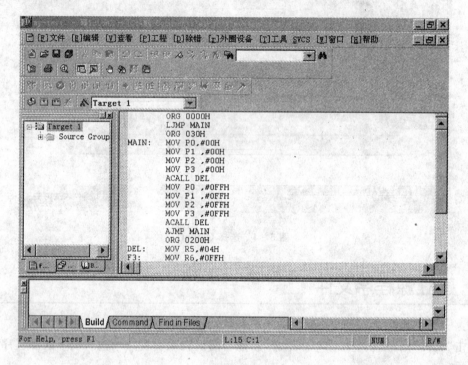

图 3-5　建立源程序文件

程序输入完成后，选择"文件"，在下拉菜单中选择"另存为"，将该文件以扩展名为.asm 格式（如 my-test.asm）保存在刚才所建立的一个文件夹中（my-test）。

3.3　添加文件到当前项目组中

单击工程管理器中 Target 1 前的"＋"号，出现 Source Group1 后再单击，加亮后右击。在出现的下拉窗口中选择"Add Files to Group 'Source Group1'"，如图 3-6 所示。在增加文件窗口中选择刚才以 asm 格式编辑的文件 my-test.asm，单击 ADD 按钮，这时 my-test.asm 文件便加入 Source Group1 这个组里了，随后关闭此对话窗口。

第 3 章 初步接触 Keil C51 及 TOP851 软件并感受第一个演示程序效果

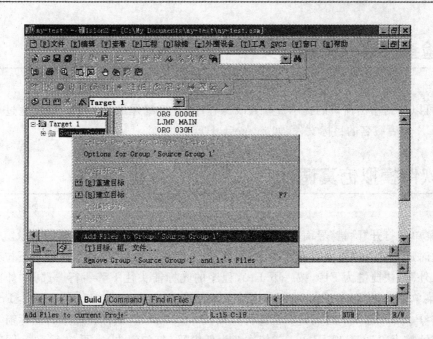

图 3-6 添加文件到当前项目组中

3.4 编译(汇编)文件

选择主菜单栏中的"工程",在下拉菜单中选择"重建所有目标文件",这时输出窗口出现源程序的编译结果,如图 3-7 所示。如果编译出错,将提示错误 Error(s) 的类型和行号。

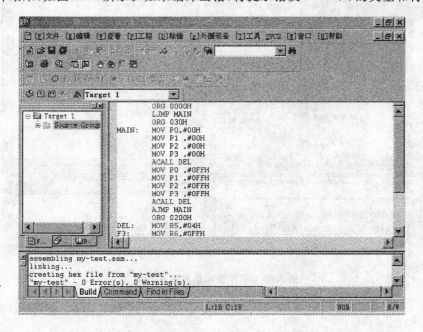

图 3-7 编译文件

3.5 检查并修改源程序文件中的错误

我们可以根据输出窗口的提示重新修改源程序,直至编译通过为止。编译通过后将输出一个以 HEX 为后缀名的目标文件,如 my-test.HEX。

3.6 软件模拟仿真调试

在主菜单中打开"除错"界面,单击"开/关 DEBUG",出现 2K 代码限制的提示窗口后单击"确定",这时进入软件模拟仿真调试界面,如图 3-8 所示。单击"除错",可看到下拉菜单中的"单步到之外"的快捷键为 F10,按一下 F10,程序的光标箭头往下移一行。选择"外围设备",在其下拉菜单中选择"I/O-Ports>Port0"、"I/O-Ports>Port1"、"I/O-Ports>Port2"、"I/O-Ports>Port3",将 4 个输出窗口全部打开如图 3-9 所示。鼠标在程序的光标箭头上点一下,随后继续按 F10,可发现 Port0~3 依次变为低电平(打勾消失)。再按下 F10,同时注意观察左边寄存器窗口中的 Sec(时间)数值,可发现 Port0~3 输出低电平到高电平的时间间隔约为 0.5 s,反复循环。仿真调试通过后,关闭 Keil C51 开发环境。

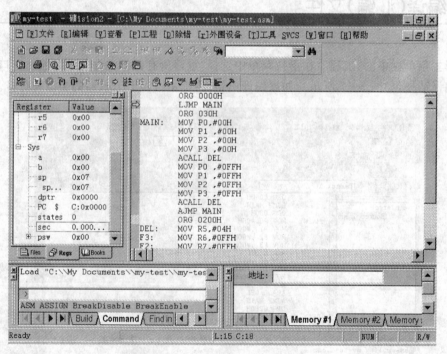

图 3-8 软件模拟仿真调试界面

第 3 章 初步接触 Keil C51 及 TOP851 软件并感受第一个演示程序效果

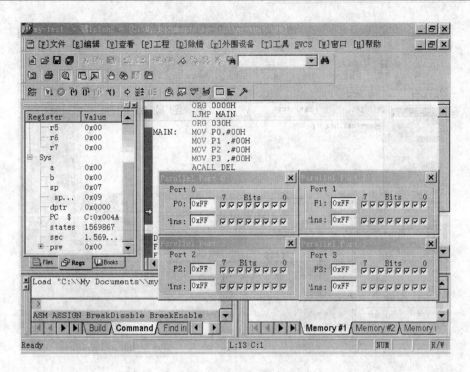

图 3-9 打开 4 个输出窗口

3.7 烧录程序(编程操作)

  连接好 TOP851,将随机所配的 9 V 直流电源插头插到右侧电源插座上,电源指示灯亮。运行 TOP851,在主菜单中单击"型号",在弹出的对话框里选择"单片机","制造厂家"栏中选择 ATMEL,器件型号选择 AT89C51,单击"确定"。在主菜单中选择"文件",装载数据到文件缓冲区,选择"我的文档→my-test→my-test.hex",文件类型应选择"*.hex Intel 十六进制",并按"确认",如图 3-10 所示。把 89C51 芯片插在插座上并锁紧。在组合操作栏目中的"先擦除"、"写器件"、"校对"前打勾,按"确认"后进入读/写操作,如图 3-11 所示。烧写完毕后(见图 3-12),关闭 TOP851,松开插座取下 AT89C51。

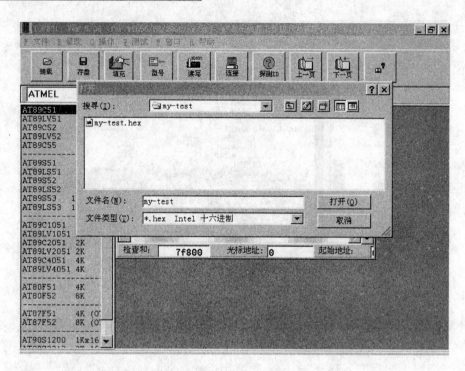

图 3-10 选择 *.hex Intel 十六进制文件

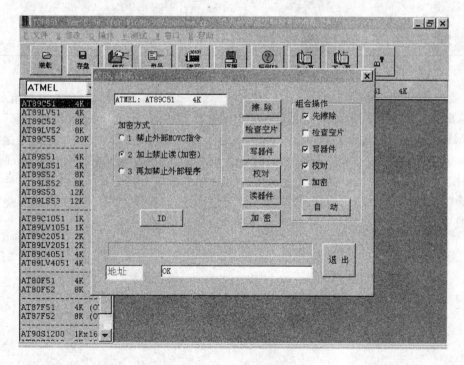

图 3-11 进入读/写操作

第3章 初步接触 Keil C51 及 TOP851 软件并感受第一个演示程序效果

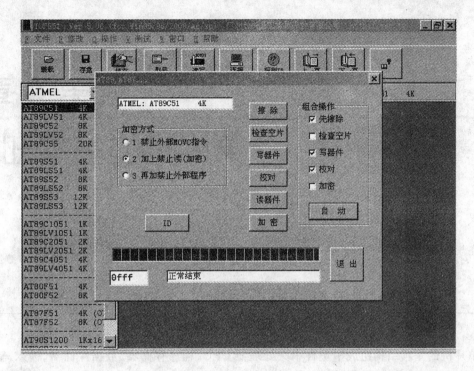

图 3-12 烧写完毕

3.8 观察程序运行的结果

将 AT89C51 芯片插到 LED 输出试验板上，加上 5 V 专用电源。这时 P0～P3 四个输出口共 32 个发光二极管同时点亮，延时 0.5 s 后又同时灭，反复循环，煞是好看。你一定惊奇了吧，从指令数据转化为灯光信号输出，也只是那么一会儿功夫。可以想像出，如果程序设计得丰富、复杂些，那么这些灯光控制会更加神奇。现在你对学习单片机有信心了吧，那么赶快行动，随着《手把手教你学单片机(第 2 版)》内容的深入一起来学习、实验，直至基本掌握这门技术。

第 4 章

单片机的基本知识

在学习指令之前,必须了解一下单片机的基本知识。

4.1 MCS-51 单片机的基本结构

单片机的基本结构组成中包含中央处理器 CPU、程序存储器、数据存储器、输入/输出接口部件,还有地址总线、数据总线和控制总线等。MCS-51 单片机的典型芯片是 80C51,其特性与我们实验的 AT89C51 完全相同。这里以 80C51 为例简介一下单片机的基本知识。80C51 的结构框图如图 4-1 所示。

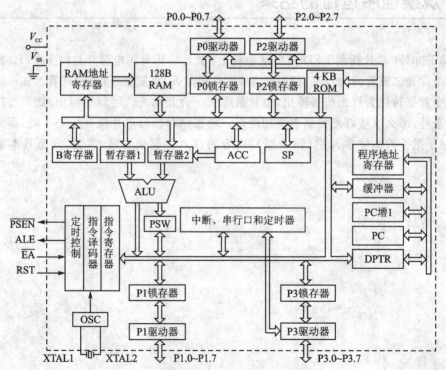

图 4-1 80C51 的结构框图

4.2　80C51 基本特性及引脚定义

80C51 是 8 位(数据线是 8 位)单片机,片内有 256 B RAM 及 4 KB ROM。中央处理器单元实现运算和控制功能。内部数据存储器共 256 个单元,访问它们的地址是 00H~FFH,其中用户使用前 128 个单元(00H~7FH),后 128 个单元被专用寄存器占用。内部的 2 个 16 位定时器/计数器用作定时或计数,并可用定时或计数的结果实现控制功能。80C51 有 4 个 8 位并行口(P0、P1、P2、P3),用以实现地址输出及数据输入/输出。片内还有一个时钟振荡器,外部只须接入石英晶体即可振荡。

80C51 采用 40 引脚双列直插式封装(DIP)方式,图 4-2 为引脚排列及逻辑符号。

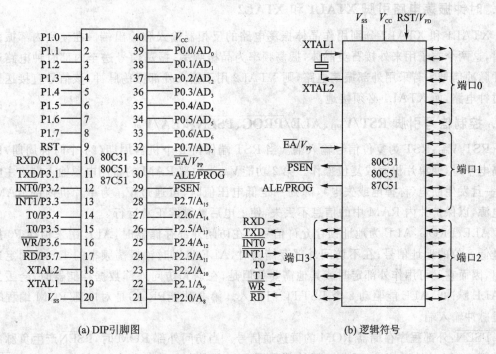

图 4-2　80C51 的引脚排列及逻辑符号

4.2.1　80C51 的基本特征

- 8 位 CPU。
- 片内时钟振荡器。
- 4 KB 程序存储器 ROM。
- 片内有 128 B 数据存储器 RAM。
- 可寻址外部程序存储器和数据存储器空间各 64 KB。
- 21 个特殊功能寄存器 SFR。
- 4 个 8 位并行 I/O 口,共 32 根 I/O 线。

- 1个全双工串行口。
- 2个16位定时器/计数器。
- 5个中断源,有2个优先级。
- 具有位寻址功能,适用于位(布尔)处理。

4.2.2　80C51的引脚定义及功能

1. 主电源引脚 V_{CC} 和 V_{SS}

V_{CC}:电源端。工作电源和编程校验(+5 V)。

V_{SS}:接地端。

2. 时钟振荡电路引脚 XTAL1 和 XTAL2

XTAL1 和 XTAL2 分别用作晶体振荡电路的反相器输入和输出端。在使用内部振荡电路时,这两个端子用来外接石英晶体,振荡频率为晶振频率,振荡信号送至内部时钟电路产生时钟脉冲信号。若采用外部振荡电路,则 XTAL2 用于输入外部振荡脉冲,该信号直接送至内部时钟电路,而 XTAL1 必须接地。

3. 控制信号引脚 RST/V_{PD}、$ALE/\overline{PROG}$、$\overline{PSEN}$ 和 $\overline{EA}/V_{PP}$

RST/V_{PD}:RST 为复位信号输入端。当 RST 端保持2个机器周期(24个时钟周期)以上的高电平时,使单片机完成复位操作。第2功能 V_{PD} 为内部 RAM 的备用电源输入端。主电源 V_{CC} 一旦发生断电(称掉电或失电),降到一定低电压值时,可通过 V_{PD} 为单片机内部 RAM 提供电源,以保护片内 RAM 中的信息不丢失,使上电后能继续正常运行。

$ALE/\overline{PROG}$:ALE 为地址锁存允许信号。在访问外部存储器时,ALE 用来锁存 P0 扩展地址低8位的地址信号;在不访问外部存储器时,ALE 也以时钟振荡频率的 1/6 的固定速率输出,因而它又可用作外部定时或其他需要。但是,在遇到访问外部数据存储器时,会丢失一个 ALE 脉冲。ALE 能驱动8个 LSTTL 门输入。第2功能 $\overline{PROG}$ 是对内部 ROM 编程时的编程脉冲输入端。

$\overline{PSEN}$:外部程序存储器 ROM 的读选通信号。当访问外部 ROM 时,$\overline{PSEN}$ 产生负脉冲作为外部 ROM 的选通信号;而在访问外部数据 RAM 或片内 ROM 时,不会产生有效的 $\overline{PSEN}$ 信号。$\overline{PSEN}$ 可驱动8个 LSTTL 门输入端。

$\overline{EA}/V_{PP}$:访问外部程序存储器控制信号。对 80C51 而言,它们的片内有4 KB 的程序存储器,当 $\overline{EA}$ 为高电平时,CPU 访问程序存储器有2种情况:第1种情况是,访问的地址空间在 0~4 KB 范围内,CPU 访问片内程序存储器;第2种情况是,访问的地址超出4 KB 时,CPU 将自动执行外部程序存储器的程序,即访问外部 ROM。当 $\overline{EA}$ 接地时,只能访问外部 ROM。第2功能 V_{PP} 为编程电源输入。

4. 4个8位 I/O 端口 P0、P1、P2 和 P3

P0 口(P0.0~P0.7):是一个8位漏极开路型的双向 I/O 口。第2功能是在访问外部存储器时,分时提供低8位地址线和8位双向数据总线。在对片内 ROM 进行编程和校验时,P0 口用于数据的输入和输出。

P1口(P1.0～P1.7):是一个内部带提升电阻的准双向I/O口。在对片内ROM编程和校验时,P1口用于接收低8位地址信号。

P2口(P2.0～P2.7):是一个内部带提升电阻的8位准双向I/O口。第2功能是在访问外部存储器时,输出高8位地址信号。在对片内ROM进行编程和校验时,P2口用作接收高8位地址和控制信号。

P3口(P2.0～P2.7):是一个内部带提升电阻的8位准双向I/O口。在系统中,这8个引脚都有各自的第2功能,如表4-1所列。

表4-1 P3口的第2功能

P3口各引脚	第2功能
P3.0	RXD(串行口输入)
P3.1	TXD(串行口输出)
P3.2	$\overline{INT0}$(外部中断0输入)
P3.3	$\overline{INT1}$(外部中断1输入)
P3.4	T0(定时器/计数器的外部输入)
P3.5	T1(定时器/计数器的外部输入)
P3.6	$\overline{WR}$(片外数据存储器写选通控制输出)
P3.7	$\overline{RD}$(片外数据存储器读选通控制输出)

各端口的负载能力:P0口的每一位能驱动8个LSTTL门输入端;P1～P3口的每一位能驱动3个LSTTL门输入端。

4.3 80C51的内部结构

1. 中央处理器CPU

中央处理器CPU是单片机中的核心部分,由运算器和控制器组成。运算器包含算术逻辑部件(ALU)、控制器、寄存器B、累加器A、程序计数器PC、程序状态字寄存器PSW、堆栈指针SP、数据指针寄存器DPTR以及逻辑运算部件等。控制器包括指令寄存器、指令译码器、控制逻辑阵列等。算术逻辑部件(ALU)功能是完成算术运算和逻辑运算,算术运算包括加法、减法、加1、减1等操作。逻辑运算包括"与"、"或"、"异或"等操作。AUL还有一些直接按位操作功能,如置位、清0、求补、条件判转、逻辑"与"、"或"等。在需按位运算时,位操作指令提供了把逻辑等式直接变换成软件的简单明了的方法。

控制器的功能是按时间顺序协调各部分的工作,在控制器的控制下,单片机可对指令进行读取、译码,形成各种操作动作,使各个部件之间能协调工作。

程序计数器PC是专门用来控制指令执行顺序的一个寄存器,可以放16位二进制数码,用来存放指令在内存中的地址。当一个地址码被取出后,PC会自动加1,做好取下一个指令地址码的准备工作。

累加器 A 是 8 位寄存器,它和算术逻辑部件 ALU 一起完成各种算术逻辑运算,既可以存放运算前的原始数据,又可以存放运算的结果。它是使用最为频繁的一个器件。

寄存器 B 是一个 8 位寄存器,用于乘除法运算。乘法运算时,B 是一个操作数,积存于 AB 中;除法运算时,A 是被除数,B 是除数,其商存于 A,余数存于 B。

程序状态字 PSW 是一个 8 位寄存器,这是一个非常重要的标志寄存器,用来保存指令执行结果的标志,供程序查询和判别。在 PSW 的 8 位中有 7 个标志位,格式如下:

7	6	5	4	3	2	1	0
CY	AC	F0	RS1	RS0	OV	—	P

P:PSW 的第 0 位,是累加器 A 的奇偶标志位。P=1 表示累加器 A 中的数为奇数;P=0 表示累加器 A 中的数为偶数。

OV:PSW 的第 2 位,称 OV 为溢出标志。对于带符号的数,在操作时,OV=1 表示有溢出;OV=0 表示无溢出。

F0:用户定义的标志位,可作为软件标志,可通过软件对其进行置位/复位或测试,以控制程序的转移。

AC:辅助进位(半进位)标志,是低 4 位向高 4 位进位或借位标志。当 D3 向 D4 位进位时,AC 被置 1;否则 AC 被清 0。BCD 码调整时,也用到 AC。

CY:进位标志。在最高位有进位(做加法运算)时或有借位(做减法运算)时,CY=1;否则 CY=0。

RS1、RS0:寄存器组选择位,可由软件设置。这是 PSW 中的第 4 位和第 3 位,用来指示当前使用的工作寄存器区。片内工作寄存器共有 4×8=32 个,这 32 个寄存器的地址编号为 00H~1FH,分成 4 个区,每区 8 个寄存器都用 R0~R7 来标称。当前使用到的工作寄存器区,可由 PSW 中的 RS1、RS0 位指示出来,如表 4-2 所列。

表 4-2 寄存器组选择

寄存器	0 区		1 区		2 区		3 区	
	RS1	RS0	RS1	RS0	RS1	RS0	RS1	RS0
	0	0	0	1	1	0	1	1
R0	00H		08H		10H		18H	
R1	01H		09H		11H		19H	
R2	02H		0AH		12H		1AH	
R3	03H		0BH		13H		1BH	
R4	04H		0CH		14H		1CH	
R5	05H		0DH		15H		1DH	
R6	06H		0EH		16H		1EH	
R7	07H		0FH		17H		1FH	

数据指针(DPTR)是一个 16 位寄存器,可分为 DPH、DPL 高低 2 字节。在访问外部数据存储器时,用 DPTR 作为地址指针。

2. 并行 I/O 口

80C51 的 32 根 I/O 线分为 4 个双向并行口 P0~P3。每一根 I/O 线都能独立地用作输入或输出；每一根 I/O 线均包含锁存器、输出驱动器和输入缓冲器(三态门)。

P0 口受内部控制信号的控制，可分别切换地址/数据总线、I/O 口 2 种工作状态。

P1 口只有 I/O 口一种工作状态。

P2 口受内部控制信号的控制，可以有地址总线、I/O 口 2 种工作状态。

P3 口除了用作一般 I/O 口外，每一根线都可执行与口功能无关的第 2 种输入/输出功能。

3. 串行 I/O 口

80C51 有串行口，通过异步通信方式(UART)与串行传送信息的外部设备相连接，或用于通过标准异步通信协议进行全双工通信。

4. 定时器/计数器

80C51 内的可编程定时器/计数器由控制位 C/T 来选择其功能。作为定时器时，每个机器周期加 1(计数频率为时钟频率的 1/12)；作为计数器时，对应外部事件脉冲的负沿加 1(最高计数频率为时钟频率的 1/24)。

5. 时　钟

80C51 内部有晶振感抗振荡器。其外接石英晶体形成谐振回路，产生时钟信号。若用外部时钟源，则 XTAL1 接地，XTAL2 接外部时钟。片内时钟发生器将振荡器信号 2 分频，为芯片提供 2 相时钟信号。一个机器周期由 6 个时钟状态组成，每个时钟状态又由 2 个振荡脉冲组成，因此一个机器周期包括 12 个振荡脉冲。

4.4　80C51 的存储器配置和寄存器

MCS-51 系列单片机片内集成有一定数量的程序存储器和数据存储器。对 80C51 来说，片内有 256 B 的数据存储器及 4 KB 程序存储器。在应用时，如果内部存储器不够，则可扩展外部存储器。内外存储器寻址空间的配置如图 4-3 所示。

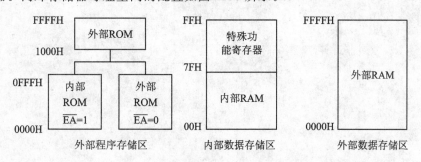

图 4-3　内外存储器寻址空间的配置

1. 程序存储器

程序存储器用于存放编写好的程序或常数。$\overline{EA}$引脚接高电平,即可从内部程序存储器中(4 KB 中)读取指令,超过 4KB 后,CPU 自动转向外部 ROM 执行程序;$\overline{EA}$引脚接低电平,则所有的读取指令操作均在外部 ROM 中。读取程序存储器中的常数表格用 MOVC 指令。

程序存储器的寻址空间为 64KB,其中有 7 个单元具有特殊功能(中断入口地址),如表 4-3 所列。

表 4-3 中断入口地址

地 址	事件名称
0000H	系统复位
0003H	外部中断 0
000BH	定时器 0 溢出中断
0013H	外部中断 1
001BH	定时器 1 溢出中断
0023H	串行口中断

80C51 被复位后,程序计数器 PC 的内容为 0000H,因此系统必须从 0000H 单元开始取指令执行程序。一般在该单元中存入一条跳转指令,而用户设计的程序从跳转后的地址开始存放。

我们做实验时,AT89C51 的内部程序存储器(4KB ROM 足以存放 2 000 条双字节指令)已足够用,不用扩展外部程序存储器,故$\overline{EA}$引脚上拉为高电平。

2. 内部数据存储器

数据存储器分为外部数据存储器和内部数据存储器。访问内部数据存储器用 MOV 指令,访问外部数据存储器用 MOVX 指令。

80C51 的内部数据存储器分成 2 块:00H~7FH 和 80H~FFH。后 128 B 用作特殊功能寄存器(SFR)空间,21 个特殊功能寄存器离散地分布在 80H~FFH 地址空间内,如表 4-4 所列。数据存储器的地址空间分布如图 4-4 所示。

我们实验时的 AT89C51 仅用到片内数据存储器(RAM),因此也就用不到 MOVX 指令。

第4章 单片机的基本知识

表4-4 特殊功能寄存器地址映象

SFR 名称	符 号	D7		位地址/位定义				D0	字节地址
B 寄存器	B	F7	F6	F5	F4	F3	F2	F1	F0	(F0H)
累加器 A	ACC	E7	E6	E5	E4	E3	E2	E1	E0	(E0H)
程序状态字	PSW	D7	D6	D5	D4	D3	D2	D1	D0	(D0H)
		Cy	AC	F0	RS1	RS0	OV		P	
中断优先级控制	IP	BF	BE	BD	BC	BB	BA	B9	B8	(B8H)
					PS	PT1	PX1	PT0	PX0	
I/O 端口 3	P3	B7	B6	B5	B4	B3	B2	B1	B0	(B0H)
		P3.7	P3.6	P3.5	P3.4	P3.3	P3.2	P3.1	P3.0	
中断允许控制	IE	AF	AE	AD	AC	AB	AA	A9	A8	(A8H)
		EA			ES	ET1	EX1	ET0	EX0	
I/O 端口 2	P2	A7	A6	A5	A4	A3	A2	A1	A0	(A0H)
		P2.7	P2.6	P2.5	P2.4	P2.3	P2.2	P2.1	P2.0	
串行数据缓冲	SBUF									99H
串行控制	SCON	9F	9E	9D	9C	9B	9A	99	98	(98H)
		SM0	SM1	SM2	REN	TB8	RB8	TI	RI	
I/O 端口 1	P1	97	96	95	94	93	92	91	90	(90H)
		P1.7	P1.6	P1.5	P1.4	P1.3	P1.2	P1.1	P1.0	
定时器/计数器1(高字节)	TH1									8DH
定时器/计数器0(高字节)	TH0									8CH
定时器/计数器1(低字节)	TL1									8BH
定时器/计数器0(低字节)	TL0									8AH
定时器/计数器方式选择	TMOD	GATE	C/$\overline{T}$	M1	M0	GATE	C/$\overline{T}$	M1	M0	89H
定时器/计数器控制	TCON	8F	8E	8D	8C	8B	8A	89	88	(88H)
		TF1	TR1	TF0	TR0	IE1	IT1	IE0	IT0	
电源控制及波特率选择	PCON	SMOD				GF1	GF0	PD	IDL	87H
数据指针高字节	DPH									83H
数据指针低字节	DPL									82H
堆栈指针	SP									81H
I/O 端口 0	P0	87	86	85	84	83	82	81	80	(80H)
		P0.7	P0.6	P0.5	P0.4	P0.3	P0.2	P0.1	P0.0	

注:带括号的字节地址表示具有位地址。

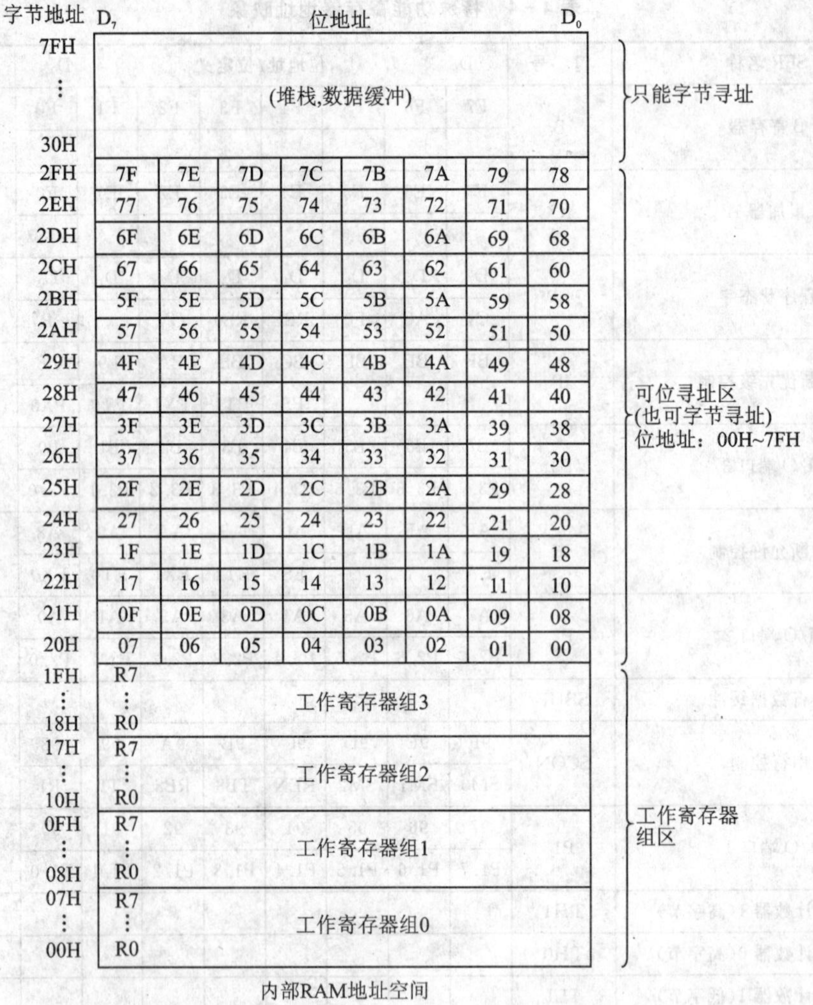

字节地址	D₇			位地址				D₀	
7FH									⎫
⋮				(堆栈,数据缓冲)					⎬ 只能字节寻址
30H									⎭
2FH	7F	7E	7D	7C	7B	7A	79	78	⎫
2EH	77	76	75	74	73	72	71	70	
2DH	6F	6E	6D	6C	6B	6A	69	68	
2CH	67	66	65	64	63	62	61	60	
2BH	5F	5E	5D	5C	5B	5A	59	58	
2AH	57	56	55	54	53	52	51	50	
29H	4F	4E	4D	4C	4B	4A	49	48	⎬ 可位寻址区 (也可字节寻址) 位地址：00H~7FH
28H	47	46	45	44	43	42	41	40	
27H	3F	3E	3D	3C	3B	3A	39	38	
26H	37	36	35	34	33	32	31	30	
25H	2F	2E	2D	2C	2B	2A	29	28	
24H	27	26	25	24	23	22	21	20	
23H	1F	1E	1D	1C	1B	1A	19	18	
22H	17	16	15	14	13	12	11	10	
21H	0F	0E	0D	0C	0B	0A	09	08	
20H	07	06	05	04	03	02	01	00	⎭
1FH	R7								⎫
⋮	⋮			工作寄存器组3					
18H	R0								
17H	R7								
⋮	⋮			工作寄存器组2					
10H	R0								⎬ 工作寄存器组区
0FH	R7								
⋮	⋮			工作寄存器组1					
08H	R0								
07H	R7								
⋮	⋮			工作寄存器组0					
00H	R0								⎭

内部RAM地址空间

图 4-4 数据存储器的地址空间分布

第 5 章
汇编语言程序指令的学习

要使用单片机,就要学会编写程序。一台计算机,无论是大型机还是微型机,如果只有硬件,而没有软件(程序),是不能工作的。单片机也不例外,它必须配合各种各样的软件才能发挥其运算和控制功能。单片机的程序一般用汇编语言指令来表示。

所谓指令是规定计算机进行某种操作的命令。一条指令只能实现有限的功能,为使计算机实现一定的或复杂的功能就需要一系列指令。计算机能够执行的各种指令的集合称为指令系统。计算机的主要功能也是由指令系统来体现的。一般来说,一台计算机的指令越丰富,寻址方式越多,且每条指令的执行速度越快,则它的总体功能越强。

5.1 MCS-51 单片机的指令系统

MCS-51 单片机的指令系统使用了 7 种寻址方式,共有 111 条指令。如按字节数分类,其中单字节指令 49 条,双字节指令 45 条,三字节指令 17 条;如按运算速度分类,单周期指令 64 条,双周期指令 45 条,四周期指令 2 条。可见,MCS-51 指令系统在占用存储空间方面和运行时间方面效率都比较高。另外,MCS-51 有丰富的位操作指令,这些指令与位操作部件组合在一起,可以把大量的硬件组合逻辑用软件来代替,这样可方便地用于各种逻辑控制。

指令一般由两部分组成,即操作码和操作数。对于单字节指令有两种情况:一种是操作码、操作数均包含在这一字节之内;另一种情况是只有操作码无操作数。对于双字节指令,均为一字节是操作码,一字节是操作数;对于三字节指令,一般是一字节为操作码,两个字节为操作数。

由于计算机只能识别二进制数,所以计算机的指令均由二进制代码组成。为了阅读和书写方便,常把它写成十六进制形式,通常称这样的指令为机器指令。现在一般的计算机都有几十甚至几百种指令。显然,即便用十六进制去书写和记忆也是不容易的。为了便于记忆和使用,制造厂家对指令系统的每一条指令都给出了助记符。助记符是根据机器指令不同的功能和操作对象来描述指令的符号。由于助记符是用英文缩写来描述指令的特征,因此它不仅便于记忆,也便于理解和分类。这种用助记符形式来表示的机器指令称为汇编语言指令。因此汇编语言是一种采用助记符表示指令、数据和地址来设计程序的语言。

5.2 汇编语言的特点

① 助记符指令和机器指令一一对应。用汇编语言编制的程序,效率高,占用存储空间小,运行速度快。因此汇编语言能编写出最优化的程序,而且能反映出计算机的实际运行情况。

② 用汇编语言编程比用高级语言困难。因为汇编语言是面向计算的,程序设计人员必须对计算机有相当深入的了解,才能使用汇编语言编制程序。

③ 汇编语言能直接和存储器及接口电路打交道,也能申请中断。因此汇编语言程序能直接管理和控制硬件设备。

④ 汇编语言缺乏通用性,程序不易移植。各种计算机都有自己的汇编语言,不同计算机的汇编语言之间不能通用。但是掌握了一种计算机的汇编语言,就有助于学习其他计算机的汇编语言。

5.3 汇编语言的语句格式

各种汇编语言的语句格式是基本相同的,表示如下:

[标号:]操作码助记符[第一操作数][,第二操作数][,第三操作数][;注释]

即一条汇编语句由标号、操作码、操作数和注释4个部分组成。其中方括号括起来的是可选择部分,可有可无,视需要而定。

1. 标 号

标号表示指令位置的符号地址,它是以英文字母开始的由1~6个字母或数字组成的字符串,并以":"结尾。通常在子程序入口或转移指令的目标地址处才赋予标号。有了标号,程序中的其他语句才能访问该语句。MCS-51汇编语言有关标号的规定如下:

① 标号由1~8个ASCII字符组成,但头一个字符必须是字母,其余字符可以是字母、数字或其他特定字符。

② 不能使用本汇编语言已经定义了的符号作为标号,如指令助记符、伪指令记忆符以及寄存器的符号名称等。

③ 标号后边必须跟以冒号。

④ 同一标号在一个程序中只能定义一次,不能重复定义。

⑤ 一条语句可以有标号,也可以没有标号,标号的有无决定着本程序中的其他语句是否需要访问这条语句。

下面列举一些例子,以加深了解。

   错误的标号   正确的标号
   2BT:(以数字开头)   LOOP4:

BEGIN(无冒号)　　　　　　　　　　　　STABL：
TB+5T：("+"号不能在标号中出现)　　　TABLE：
ADD：(用了指令助记符)　　　　　　　Q￥：

2. 操作码

操作码助记符是表示指令操作功能的英文缩写。每条指令都有操作码，它是指令的核心部分。操作码用于规定本语句执行的操作，操作码可为指令的助记符或伪指令的助记符，操作码是汇编指令中惟一不能空缺的部分。

3. 操作数

操作数用于给指令的操作提供数据或地址。在一条指令中，可能没有操作数，也可能只包括一项，也可能包括二项、三项。各操作数之间以逗号分隔，操作码与操作数之间以空格分隔。操作数可以是立即数，如果立即数是二进制数，则最低位之后加 B；如果立即数是十六进制数，则最低位之后加 H；如果立即数是十进制数，则数字后面不加任何标记。

操作数可以是本程序中已经定义的标号或标号表达式，例如，MOON 是一个已经定义的标号，则表达式 MOON+1 或 MOON−1 都可以作为地址来使用；操作数也可以是寄存器名；操作数还可以是位符号或表示偏移量的操作数。相对转移指令中的操作数还可使用一个特殊的符号"$"，它表示本相对转移指令所在的地址，例如，JNB TF0，$ 表示当 TF0 位为 0 时，就转移到该指令本身，以达到程序在"原地踏步"等待的目的。

4. 注　释

注释不属于语句的功能部分，它只是对每条语句的解释说明，它可使程序的文件编制显得更加清楚，是为了方便阅读程序的一种标注。只要用";"开头，即表明后面为注释内容，注释的长度不限，一行不够时，可以换行接着书写，但换行时应注意在开头使用";"号。

5. 分界符(分隔符)

汇编程序在上述每段的开头或末尾使用分界符把各段分开，以便于区分。分界符可以是空格、冒号、分号和逗号等。这些分界符在 MCS-51 汇编语言中使用情况如下：

① 冒号(:)用于标号之后。
② 空格( )用于操作码和操作数之间。
③ 逗号(,)用于操作数之间。
④ 分号(;)用于注释之前。

例如，MOV A，♯0AH 表示取一个(立即)数 0A(十六进制，如转换成二进制为 00001010)传送到累加器 A。

在后面的学习和实验中，读者可逐渐熟悉汇编语言的语句及格式。

第 6 章
数据传送指令的学习及实验

6.1 按寻址方式分类的数据传送指令

数据传送指令在程序中占有极大比例,非常重要。我们按寻址方式来分类学习数据传送指令。那么什么是寻址呢?获得操作数地址的方式,称为操作数地址的寻址方式,简称寻址方式。

6.1.1 立即数寻址

这种寻址方式要传送的操作数在指令的第二字节中直接给出,因此叫立即数寻址。例如:MOV A,♯data。♯为立即数标志,立即数 data 的范围是 00H~FFH。

6.1.2 直接寻址

例如:MOV direct1,direct2。这条指令的含义是将地址 direct2 单元中的内容传送给地址 direct1 单元。

6.1.3 寄存器寻址

例如:MOV A,Rn n=0,1,…,7。这条指令的含义是将工作寄存器 Rn 中的内容传送给累加器 A。

6.1.4 寄存器间接寻址

例如:MOV A,@Ri i=0,1。这条指令的含义是将 Ri 中的内容取出,作为另一个单元的地址,将此单元中的内容取出传送到累加器 A。

6.1.5 位寻址

例如:MOV C,07H。这条指令的功能是将内部 RAM 20H 单元的 D7 位(位地址为 07H)的内容传送到位累加器 C 中。

6.1.6 变址寻址

变址寻址方式是以 DPTR 或 PC 作基址寄存器,以累加器 A 作变址寄存器,并以两者内容相加形成的 16 位地址作为操作数的地址。例如:MOVC A,@A+DPTR。其功能是把 DPTR 和 A 的内容相加,再把所得到的程序存储器地址单元的内容送到累加器 A。变址寻址方式只能对程序存储器进行寻址,或者说它是专门针对程序存储器的寻址方式。

6.1.7 相对寻址

相对寻址以程序计数器 PC 的当前值作为基地址,与指令中给定的相对偏移量 rel 进行相加,把所得之和作为程序的转移地址。例如:JZ 30H。当 A=0 时,PC←PC+2+rel;若 A≠0,则 PC←PC+2。

讲了那么多,可能有的读者会说,我还是云里雾里,一头雾水,啥也搞不懂。那也没关系,学单片机一开始就是这样,还是让我们结合程序与实验吧。以后实验做多了,再结合指令学习,就会逐步搞明白的。

6.2 点亮/熄灭一个发光二极管的实验,自动循环工作

6.2.1 实现方法

89C51 单片机的 4 个输出口 P0~P3 输出低电平时的灌电流能力强(可达 20 mA),而输出高电平时的拉电流能力弱。故 LED 输出试验板上的 32 个发光二极管均设计成 P0~P3 口输出低电平时点亮,而 P0~P3 口输出高电平时熄灭。因此要实现 P0.0 外接的发光二极管点亮/熄灭,只需 P0.0 输出低电平(点亮发光二极管),延时一段时间(这段时间用于维持发光二极管点亮,以便人眼观察清楚)后输出高电平(熄灭发光二极管),再延时一段时间后又输出低电平(点亮发光二极管),……反复循环即可。

6.2.2 源程序文件

打开 Keil C51 Windows 集成开发环境,按第 3 章介绍的方法,先在"我的文档"中建立一个文件目录 S6-1,然后建立一个 S6-1.uv2 工程项目,最后建立源程序文件 S6-1.asm。输

入以下源程序：

序号：	1		ORG	0000H
	2		AJMP	MAIN
	3		ORG	0030H
	4	MAIN：	MOV	P0,#0FEH
	5		ACALL	DEL
	6		MOV	P0,#0FFH
	7		ACALL	DEL
	8		AJMP	MAIN
	9	DEL：	MOV	R5,#04H
	10	DEL1：	MOV	R6,#0FFH
	11	DEL2：	MOV	R7,#0FFH
	12	DEL3：	DJNZ	R7,DEL3
	13		DJNZ	R6,DEL2
	14		DJNZ	R5,DEL1
	15		RET	
	16		END	

编译通过后，将其烧录到89C51芯片中。将芯片插入LED输出试验板上，接通5 V稳压电源，发现P0.0处外接的发光二极管点亮/熄灭，进行闪烁，间隔约0.5 s。图6-1为软件仿真输出界面。我们结合试验情况来详释一下程序。

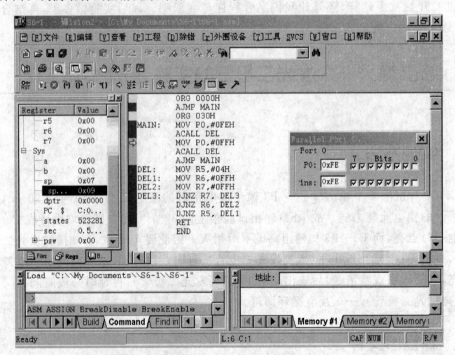

图6-1 软件仿真输出界面

6.2.3 程序分析解释

序号1:程序开始,ORG是一条伪指令,表示程序从地址0000H开始运行。

序号2:跳转到MAIN主程序处。

序号3:主程序MAIN从地址0030H开始。那么主程序的地址为什么要从0030H开始呢?从0000H开始不可以吗?回答是:因为在0030H之前的一段地址空间还要作其他用途,因此我们要养成习惯,使主程序从0030H或更后面的地址开始。究竟预留的这段地址空间作什么用呢?跟着书学下去就知道了。

序号4:主程序开始后的第一条指令是将立即数FEH传送到P0口,FEH的二进制数为11111110,结果P0.0输出的低电平点亮发光二极管。冒号前的MAIN为标号,表示主程序开始。当立即数从英文字母A~F开始时,要在#后再加个0,故立即数FFH写成0FFH。

序号5:调用延时子程序DEL,维持发光二极管点亮(延时结束时从子程序返回)。ACALL xx这条调用指令我们还未学到,以后再解释。

序号6:将立即数FFH传送到P0口,FFH的二进制数为11111111,高电平1使P0口外的发光二极管熄灭。

序号7:调用延时子程序DEL,维持发光二极管熄灭。

序号8:跳转到主程序处循环。AJMP xx这条转移指令我们还未学到,以后再解释。

序号9:延时子程序开始,将立即数04H传送给寄存器R5。冒号前的DEL为标号。

序号10:将立即数FFH传送给寄存器R6。同理DEL1为标号。

序号11:将立即数FFH传送给寄存器R7。同理DEL2为标号。

序号12:将R7中的内容减1后判断,若为0则程序向下执行;若不为0则跳转到DEL3处(即本身)执行。

序号13:将R6中的内容减1后判断,若为0则程序向下执行;若不为0则跳转到DEL2处执行。

序号14:将R5中的内容减1后判断,若为0则程序向下执行;若不为0则跳转到DEL1处执行。这样将总共做04H×FFH×FFH(即4×256×256=262 144)次减1,用于增加延时时间。

序号15:返回调用子程序处。

序号16:程序结束。END也是一条伪指令,表示程序从这里结束。

6.2.4 小 结

这下你明白了吗?点亮/熄灭一个灯并不难。你想一下,如何才能改变点亮或熄灭的时间?显然,只须使延时子程序的时间发生变化,我们去调用它后就会改变点亮或熄灭的时间。

6.3 点亮/熄灭一个发光二极管的实验,点亮/熄灭时间自动发生变化(分3段),自动循环工作

6.3.1 实现方法

发光二极管点亮/熄灭,只需P0.0输出低电平/高电平即可。而点亮/熄灭时间分3段自

动发生变化。我们可设 3 个不同的延时子程序,让主程序分别去调用它们,这样反复循环即可。

6.3.2 源程序文件

在"我的文档"中建立一个文件目录 S6-2,然后建立一个 S6-2.uv2 工程项目,最后建立源程序文件 S6-2.asm。输入以下源程序:

序号:	1		ORG	0000H
	2		AJMP	MAIN
	3		ORG	0030H
	4	MAIN:	MOV	P0,#0FEH
	5		ACALL	DELX
	6		MOV	P0,#0FFH
	7		ACALL	DELX
	8		MOV	P0,#0FEH
	9		ACALL	DELY
	10		MOV	P0,#0FFH
	11		ACALL	DELY
	12		MOV	P0,#0FEH
	13		ACALL	DELZ
	14		MOV	P0,#0FFH
	15		ACALL	DELZ
	16		AJMP	MAIN
	17	DELX:	MOV	R5,#02H
	18	DELX1:	MOV	R6,#0FFH
	19	DELX2:	MOV	R7,#0FFH
	20	DELX3:	DJNZ	R7,DELX3
	21		DJNZ	R6,DELX2
	22		DJNZ	R5,DELX1
	23		RET	
	24	DELY:	MOV	R5,#08H
	25	DELY1:	MOV	R6,#0FFH
	26	DELY2:	MOV	R7,#0FFH
	27	DELY3:	DJNZ	R7,DELY3
	28		DJNZ	R6,DELY2
	29		DJNZ	R5,DELY1
	30		RET	
	31	DELZ:	MOV	R5,#1FH
	32	DELZ1:	MOV	R6,#0FFH
	33	DELZ2:	MOV	R7,#0FFH
	34	DELZ3:	DJNZ	R7,DELZ3
	35		DJNZ	R6,DELZ2
	36		DJNZ	R5,DELZ1

```
37            RET
38            END
```

编译通过后,将其烧录到89C51芯片中。将芯片插入LED输出试验板上,接通5 V稳压电源,发现P0.0处外接的发光二极管点亮/熄灭,进行闪烁。第1次间隔约0.25 s;第2次间隔约1 s;第3次间隔约4 s。反复自动循环。我们来解释一下程序。

6.3.3 程序分析解释

序号1:程序从地址0000H开始运行。
序号2:跳转到MAIN主程序处。
序号3:主程序MAIN从地址0030H开始。
序号4:将立即数FEH传送到P0口,点亮发光二极管。
序号5:调用延时子程序DELX,维持发光二极管点亮约0.25 s。
序号6:将立即数FFH传送到P0口,熄灭发光二极管。
序号7:调用延时子程序DELX,维持发光二极管熄灭约0.25 s。
序号8:将立即数FEH传送到P0口,点亮发光二极管。
序号9:调用延时子程序DELY,维持发光二极管点亮约1 s。
序号10:将立即数FFH传送到P0口,熄灭发光二极管。
序号11:调用延时子程序DELY,维持发光二极管熄灭约1 s。
序号12:将立即数FEH传送到P0口,点亮发光二极管。
序号13:调用延时子程序DELZ,维持发光二极管点亮约4 s。
序号14:将立即数FFH传送到P0口,熄灭发光二极管。
序号15:调用延时子程序DELZ,维持发光二极管熄灭约4 s。
序号16:跳转到主程序处循环。
序号17~23:延时0.25 s子程序。
序号24~30:延时1 s子程序。
序号31~37:延时4 s子程序。
序号38:程序结束。

6.3.4 小 结

这段程序实现了3段时间的变化,反映在灯光的闪烁上有明显的区别。我们当然很高兴,因为我们才刚开始学,就能做到这一步,是很了不起的。但是你想过没有,若有50段甚至更多的时间变化,那程序是非常繁杂的。能有其他简捷一些的方法吗?当然有。这需要我们学会更多的指令及更多的编程技巧。请继续往下学。

6.4 P1口的8个发光二极管每隔2个右循环点亮实验

6.4.1 实现方法

向P1口送一次数,点亮第1次的发光二极管;延时一段时间后,再向P1口送一次数,点亮第2次的发光二极管;再延时一段时间后,……直到点亮完n次的发光二极管。然后反复循环即可。

6.4.2 源程序文件

在"我的文档"中建立一个文件目录S6-3,然后建立一个S6-3.uv2工程项目,最后建立源程序文件S6-3.asm。输入以下源程序:

```
序号:  1              ORG    0000H
       2              LJMP   MAIN
       3              ORG    030H
       4    MAIN:     MOV    P1,#0DBH
       5              ACALL  DEL
       6              MOV    P1,#06DH
       7              ACALL  DEL
       8              MOV    P1,#0B6H
       9              ACALL  DEL
       10             AJMP   MAIN
       11   DEL:      MOV    R5,#04H
       12   DEL1:     MOV    R6,#0FFH
       13   DEL2:     MOV    R7,#0FFH
       14   DEL3:     DJNZ   R7,DEL3
       15             DJNZ   R6,DEL2
       16             DJNZ   R5,DEL1
       17             RET
       18             END
```

编译通过后,将其烧录到89C51芯片中。将芯片插入LED输出试验板上,接通5V稳压电源后,会发现P1口的8个发光二极管每隔2个右循环点亮。

6.4.3 程序分析解释

序号1:程序从地址0000H开始运行。
序号2:跳转到MAIN主程序处。

序号 3:主程序 MAIN 从地址 0030H 开始。

序号 4:将立即数 DBH 传送到 P1 口,DBH 的二进制数为 11011011,其中低电平 0 可将发光二极管点亮。

序号 5:调用延时子程序 DEL,维持发光二极管点亮。

序号 6:将立即数 6DH 传送到 P1 口,6DH 的二进制数为 01101101,结果点亮的发光二极管右移 1 位。

序号 7:调用延时子程序 DEL,维持发光二极管点亮。

序号 8:将立即数 B6H 传送到 P1 口,B6H 的二进制数为 11011011,点亮的发光二极管继续右移 1 位。

序号 9:调用延时子程序 DEL,维持发光二极管点亮。

序号 10:跳转到主程序处循环。

序号 11~17:延时子程序。

序号 18:程序结束。

6.4.4 小 结

现在我们弄明白了,只要改变传送给 P1 口的立即数,即可控制使哪个发光二极管亮,哪个发光二极管灭。改变第 1 次、第 2 次、第 3 次传送给 P1 口的立即数数字,就可控制点亮的发光二极管实现右循环或左循环。如果改变传送给 R5、R6、R7 寄存器的立即数就可调整延时时间,你可以试一下改变这些立即数,看看有什么变化,看能不能控制一组彩灯。

6.5 MCS-51 内部的 RAM 和特殊功能寄存器 SFR 的数据传送指令

6.5.1 以累加器为目的操作数

```
MOV A,Rn        ;将寄存器 Rn 中的内容送累加器 A,n = 0~7
MOV A,direct    ;将直接地址 direct 中的内容送累加器 A
MOV A,@Ri       ;将寄存器 Ri 中内容作为地址的单元内容送累加器 A,i = 0、1
MOV A,#data     ;将立即数 data 送累加器 A
```

6.5.2 以寄存器为目的操作数

```
MOV Rn,A        ;将累加器 A 中的内容送寄存器 Rn 中,n = 0~7
MOV Rn,direct   ;将直接地址单元 direct 中的内容送寄存器 Rn 中,n = 0~7
MOV Rn,#data    ;将立即数 data 送寄存器 Rn 中,n = 0~7
```

6.5.3 以直接地址为目的操作数

```
MOV direct,A    ;将累加器 A 中的内容送直接地址单元 direct 中
MOV direct,Rn   ;将寄存器 Rn 中的内容送直接地址单元 direct 中,n = 0~7
```

```
MOV direct2,direct1      ;将直接地址单元 direct1 中的内容送直接地址单元 direct2 中
MOV direct,@Ri           ;将寄存器 Ri 中内容作为地址的单元内容送直接地址单元 direct 中,i=0,1
MOV direct,#data         ;将立即数 data 送直接地址单元 direct 中
```

6.5.4 以寄存器间接地址为目的操作数

```
MOV @Ri,A        ;将累加器 A 中的内容送间接地址 Ri 中,i=0,1
MOV @Ri,direct   ;将直接地址单元 direct 中的内容送间接地址 Ri 中,i=0,1
MOV @Ri,#data    ;将立即数 data 送间接地址 Ri 中,i=0,1
```

6.5.5 16 位数据传送

```
MOV DPTR,#data16    ;将 16 位二进制数传送到 DPTR 寄存器中
```

为了学习方便,下面给出 MOV 指令中操作数的各种组合关系。

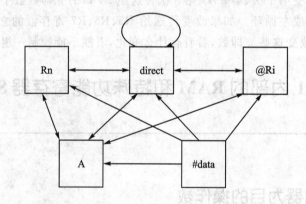

6.6 "跑马灯"实验

学习单片机,实践及效果是最有效的促进剂。刚才我们做了几个实验,达到了预期的效果,信心大增。接下来依法炮制,做的程序稍长一些,使 P0~P3 口的 32 个发光二极管依次点亮,形成一个"跑马灯"。做这个程序虽不太难,但带有"全局"的设计方法,如你在控制 P1 口的一个发光二极管点亮移位时,还须考虑到其他 3 个口(P0,P2,P3)的发光二极管关闭了没有。只有这样,才能达到只有一个发光二极管点亮移动的效果。

6.6.1 实现方法

根据 LED 输出试验板上的 P0~P3 口排列,确定发光二极管点亮顺序:P1.0→P1.7→P3.0→P3.7→P2.0→P2.7→P0.7→P0.0,反复循环。在控制一个口的一个发光二极管点亮并移动时,要确保其他 3 个口的所有发光二极管熄灭。

6.6.2 源程序文件

在"我的文档"中建立一个文件目录 S6-4,然后建立一个 S6-4.uv2 工程项目,最后建立源程序文件 S6-4.asm。输入以下源程序:

```
序号:   1              ORG    0000H
        2              AJMP   DIS1
        3              ORG    030H
        4       DIS1:  MOV    P1,#0FEH
        5              ACALL  DEL
        6              MOV    P1,#0FDH
        7              ACALL  DEL
        8              MOV    P1,#0FBH
        9              ACALL  DEL
       10              MOV    P1,#0F7H
       11              ACALL  DEL
       12              MOV    P1,#0EFH
       13              ACALL  DEL
       14              MOV    P1,#0DFH
       15              ACALL  DEL
       16              MOV    P1,#0BFH
       17              ACALL  DEL
       18              MOV    P1,#7FH
       19              ACALL  DEL
       20      DIS3:   MOV    P1,#0FFH
       21              MOV    P3,#0FEH
       22              ACALL  DEL
       23              MOV    P3,#0FDH
       24              ACALL  DEL
       25              MOV    P3,#0FBH
       26              ACALL  DEL
       27              MOV    P3,#0F7H
       28              ACALL  DEL
       29              MOV    P3,#0EFH
       30              ACALL  DEL
       31              MOV    P3,#0DFH
       32              ACALL  DEL
       33              MOV    P3,#0BFH
       34              ACALL  DEL
       35              MOV    P3,#7FH
       36              ACALL  DEL
       37      DIS2:   MOV    P3,#0FFH
```

```
38          MOV    P2,#0FEH
39          ACALL  DEL
40          MOV    P2,#0FDH
41          ACALL  DEL
42          MOV    P2,#0FBH
43          ACALL  DEL
44          MOV    P2,#0F7H
45          ACALL  DEL
46          MOV    P2,#0EFH
47          ACALL  DEL
48          MOV    P2,#0DFH
49          ACALL  DEL
50          MOV    P2,#0BFH
51          ACALL  DEL
52          MOV    P2,#7FH
53          ACALL  DEL
54  DIS0:   MOV    P2,#0FFH
55          MOV    P0,#7FH
56          ACALL  DEL
57          MOV    P0,#0BFH
58          ACALL  DEL
59          MOV    P0,#0DFH
60          ACALL  DEL
61          MOV    P0,#0EFH
62          ACALL  DEL
63          MOV    P0,#0F7H
64          ACALL  DEL
65          MOV    P0,#0FBH
66          ACALL  DEL
67          MOV    P0,#0FDH
68          ACALL  DEL
69          MOV    P0,#0FEH
70          ACALL  DEL
71          MOV    P0,#0FFH
72          AJMP   DIS1
73  DEL:    MOV    R5,#04H
74  DEL1:   MOV    R6,#0FFH
75  DEL2:   MOV    R7,#0FFH
76  DEL3:   DJNZ   R7,DEL3
77          DJNZ   R6,DEL2
78          DJNZ   R5,DEL1
79          RET
80          END
```

编译通过后,将其烧录到 89C51 芯片中。将芯片插入 LED 输出试验板上,接通 5V 稳压电源后,会发现试验板上的 32 个发光二极管中有 1 个点亮并循环移动转着圈,形成"跑马灯",非常有趣。

6.6.3 程序分析解释

序号 1:程序从地址 0000H 开始运行。

序号 2:跳转到 DIS1 显示主程序处。

序号 3:主程序 MAIN 从地址 0030H 开始。

序号 4:将立即数 FEH 传送到 P1 口,FEH 的二进制数为 11111110,其中低电平 0 可将 P1.0 处发光二极管点亮。

序号 5:调用延时子程序 DEL,维持发光二极管点亮。

序号 6:将立即数 FDH 传送到 P1 口,将 P1.1 处发光二极管点亮。

序号 7:调用延时子程序 DEL,维持发光二极管点亮。

序号 8:将立即数 FBH 传送到 P1 口,将 P1.2 处发光二极管点亮。

序号 9:调用延时子程序 DEL,维持发光二极管点亮。

序号 10:将立即数 F7H 传送到 P1 口,将 P1.3 处发光二极管点亮。

序号 11:调用延时子程序 DEL,维持发光二极管点亮。

序号 12:将立即数 EFH 传送到 P1 口,将 P1.4 处发光二极管点亮。

序号 13:调用延时子程序 DEL,维持发光二极管点亮。

序号 14:将立即数 DFH 传送到 P1 口,将 P1.5 处发光二极管点亮。

序号 15:调用延时子程序 DEL,维持发光二极管点亮。

序号 16:将立即数 BFH 传送到 P1 口,将 P1.6 处发光二极管点亮。

序号 17:调用延时子程序 DEL,维持发光二极管点亮。

序号 18:将立即数 7FH 传送到 P1 口,将 P1.7 处发光二极管点亮。

序号 19:调用延时子程序 DEL,维持发光二极管点亮。

序号 20:控制 P3 口的发光二极管亮/灭从标号 DIS3 开始。将立即数 FFH 传送到 P1 熄灭 P1 口所有的发光二极管。

序号 21:将立即数 FEH 传送到 P3 口,将 P3.0 处发光二极管点亮。

序号 22:调用延时子程序 DEL,维持发光二极管点亮。

序号 23:将立即数 FDH 传送到 P3 口,将 P3.1 处发光二极管点亮。

序号 24:调用延时子程序 DEL,维持发光二极管点亮。

序号 25:将立即数 FBH 传送到 P3 口,将 P3.2 处发光二极管点亮。

序号 26:调用延时子程序 DEL,维持发光二极管点亮。

序号 27:将立即数 F7H 传送到 P3 口,将 P3.3 处发光二极管点亮。

序号 28:调用延时子程序 DEL,维持发光二极管点亮。

序号 29:将立即数 EFH 传送到 P3 口,将 P3.4 处发光二极管点亮。

序号 30:调用延时子程序 DEL,维持发光二极管点亮。

序号 31:将立即数 DFH 传送到 P3 口,将 P3.5 处发光二极管点亮。

序号 32:调用延时子程序 DEL,维持发光二极管点亮。

序号 33:将立即数 BFH 传送到 P3 口,将 P3.6 处发光二极管点亮。

序号 34:调用延时子程序 DEL,维持发光二极管点亮。

序号 35：将立即数 7FH 传送到 P3 口，将 P3.7 处发光二极管点亮。

序号 36：调用延时子程序 DEL，维持发光二极管点亮。

序号 37：控制 P2 口的发光二极管亮/灭从标号 DIS2 开始。将立即数 FFH 传送到 P3 熄灭 P3 口所有的发光二极管。

序号 38：将立即数 FEH 传送到 P2 口，将 P2.0 处发光二极管点亮。

序号 39：调用延时子程序 DEL，维持发光二极管点亮。

序号 40：将立即数 FDH 传送到 P2 口，将 P2.1 处发光二极管点亮。

序号 41：调用延时子程序 DEL，维持发光二极管点亮。

序号 42：将立即数 FBH 传送到 P2 口，将 P2.2 处发光二极管点亮。

序号 43：调用延时子程序 DEL，维持发光二极管点亮。

序号 44：将立即数 F7H 传送到 P2 口，将 P2.3 处发光二极管点亮。

序号 45：调用延时子程序 DEL，维持发光二极管点亮。

序号 46：将立即数 EFH 传送到 P2 口，将 P2.4 处发光二极管点亮。

序号 47：调用延时子程序 DEL，维持发光二极管点亮。

序号 48：将立即数 DFH 传送到 P2 口，将 P2.5 处发光二极管点亮。

序号 49：调用延时子程序 DEL，维持发光二极管点亮。

序号 50：将立即数 BFH 传送到 P2 口，将 P2.6 处发光二极管点亮。

序号 51：调用延时子程序 DEL，维持发光二极管点亮。

序号 52：将立即数 7FH 传送到 P2 口，将 P2.7 处发光二极管点亮。

序号 53：调用延时子程序 DEL，维持发光二极管点亮。

序号 54：控制 P0 口的发光二极管亮/灭从标号 DIS0 开始。将立即数 FFH 传送到 P2 熄灭 P2 口所有的发光二极管。

序号 55：将立即数 7FH 传送到 P0 口，将 P0.7 处发光二极管点亮。

序号 56：调用延时子程序 DEL，维持发光二极管点亮。

序号 57：将立即数 BFH 传送到 P0 口，将 P0.6 处发光二极管点亮。

序号 58：调用延时子程序 DEL，维持发光二极管点亮。

序号 59：将立即数 DFH 传送到 P0 口，将 P0.5 处发光二极管点亮。

序号 60：调用延时子程序 DEL，维持发光二极管点亮。

序号 61：将立即数 EFH 传送到 P0 口，将 P0.4 处发光二极管点亮。

序号 62：调用延时子程序 DEL，维持发光二极管点亮。

序号 63：将立即数 F7H 传送到 P0 口，将 P0.3 处发光二极管点亮。

序号 64：调用延时子程序 DEL，维持发光二极管点亮。

序号 65：将立即数 FBH 传送到 P0 口，将 P0.2 处发光二极管点亮。

序号 66：调用延时子程序 DEL，维持发光二极管点亮。

序号 67：将立即数 FDH 传送到 P0 口，将 P0.1 处发光二极管点亮。

序号 68：调用延时子程序 DEL，维持发光二极管点亮。

序号 69：将立即数 FEH 传送到 P0 口，将 P0.0 处发光二极管点亮。

序号 70：调用延时子程序 DEL，维持发光二极管点亮。

序号 71：将立即数 FFH 传送到 P0 熄灭 P0 口所有的发光二极管。

序号 72：跳转到 DIS1 处循环。

序号 73～79：延时子程序。

序号 80：程序结束。

6.6.4 小 结

实验结果令人满意。只是大家会觉得程序的长度慢慢地在增长,开始觉得脑力有点应接不暇了。学单片机是要有耐心的,这点程序才算是入门级,以后等你成为了单片机高手,再回过头来看一看,原来当初学的东西只算是万里长征第一步。

6.7 单片机的受控输出显示实验

刚才我们做了单片机的输出实验,是不可控的。那么能不能由输入信号去控制输出信号,让单片机受人的控制产生输出信号,做到可控呢?答案是肯定的。下面我们再做一个实验,用LED数码管输出试验板做实验,通电后左边第1个数码管显示0。若按动S1~S12按键中的一个,则数码管以1s的间隔显示"1,2,…,9"共9个数字,最后回停到0。实现输出的数字由人工输入触发。

6.7.1 实现方法

上电以后单片机执行初始化程序,即令左边第1个数码管显示0。同时单片机不断查询按键的输入状态,若按动S1~S12按键中的一个,则执行设计好的程序,让数码管以1s的间隔显示"1,2,…,9"共9个数字,最后回停到0。

6.7.2 源程序文件

在"我的文档"中建立一个文件目录S6-5,然后建立一个S6-5.uv2工程项目,最后建立源程序文件S6-5.asm。输入以下源程序:

```
序号:    1            ORG    0000H
         2            LJMP   MAIN
         3            ORG    030H
         4    MAIN:   MOV    P3,#0C0H
         5            ACALL  DEL4MS
         6            MOV    P3,#0F0H
         7            MOV    A,P3
         8            CJNE   A,#0F0H,F1
         9            AJMP   MAIN
        10    F1:     MOV    P3,#0F9H
        11            ACALL  DEL1S
        12            MOV    P3,#0A4H
        13            ACALL  DEL1S
        14            MOV    P3,#0B0H
```

15		ACALL DEL1S
16		MOV P3,#099H
17		ACALL DEL1S
18		MOV P3,#092H
19		ACALL DEL1S
20		MOV P3,#082H
21		ACALL DEL1S
22		MOV P3,#0F8H
23		ACALL DEL1S
24		MOV P3,#080H
25		ACALL DEL1S
26		MOV P3,#090H
27		ACALL DEL1S
28		AJMP MAIN
29	DEL4MS:	MOV R7,#04H
30	DL0:	MOV R6,#0FFH
31	DL1:	DJNZ R6,DL1
32		DJNZ R7,DL0
33		RET
34	DEL1S:	MOV R5,0FFH
35	F2:	ACALL DEL4MS
36		DJNZ R5,F2
37		RET
38		END

编译通过后,将其烧录到 89C51 芯片中。将芯片插入 LED 数码管输出试验板上。这里要特别说明的是,LED 数码管输出试验板上已安装了 7805 三端 5 V 稳压器,因此输入 Φ3.5 mm 电源插座的电压应高于 8 V。我们实验配套器材 TOP851 编程器的电源电压正好是 9 V,因此用 9 V 电源给 LED 数码管输出试验板供电正好。如要用 5 V 稳压电源供电,则还需再焊出引线插座,反而显得麻烦。

通电后左边第 1 个数码管显示 0。这时若按动 S1～S12 按键中的一个,则数码管以 1 s 的间隔显示"1,2,…,9"共 9 个数字,最后回停到 0。这样就能实现输出的数字由人工输入触发。

6.7.3 程序分析解释

序号 1:程序开始。

序号 2:跳转到 MAIN 主程序处。

序号 3:主程序 MAIN 从地址 0030H 开始。

序号 4:P3 口输出 C0H,数码管显示"0"。

序号 5:调用 4 ms 延时子程序,维持发光二极管点亮。

序号 6:向 P3 口送 F0H,准备读 P3 口的输入状态。

序号 7:将 P3 口的输入状态读入累加器 A。

序号 8：若 A 的内容（即读入的 P3 口状态）等于 F0H，说明无按键按下，程序向下执行；反之有键按下则程序跳转到 F1。

序号 9：跳转到主程序处循环。

序号 10：将立即数 F9H 传送给 P3 口，数码管显示"1"。

序号 11：调用延时 1 s 子程序。

序号 12：将立即数 A4H 传送给 P3 口，数码管显示"2"。

序号 13：调用延时 1 s 子程序。

序号 14：将立即数 B0H 传送给 P3 口，数码管显示"3"。

序号 15：延时 1 s 子程序。

序号 16：将立即数 99H 传送给 P3 口，数码管显示"4"。

序号 17：调用延时 1 s 子程序。

序号 18：将立即数 92H 传送给 P3 口，数码管显示"5"。

序号 19：调用延时 1 s 子程序。

序号 20：将立即数 82H 传送给 P3 口，数码管显示"6"。

序号 21：调用延时 1 s 子程序。

序号 22：将立即数 F8H 传送给 P3 口，数码管显示"7"。

序号 23：调用延时 1 s 子程序。

序号 24：将立即数 80H 传送给 P3 口，数码管显示"8"。

序号 25：调用延时 1 s 子程序。

序号 26：将立即数 90H 传送给 P3 口，数码管显示"9"。

序号 27：调用延时 1 s 子程序。

序号 28：跳转到主程序处循环。

序号 29～33：延时 4 ms 子程序。

序号 34～37：延时 1 s 子程序。

序号 38：程序结束。

6.8 小　结

经过本章的实验与学习，大家应该对立即数寻址传送非常熟悉了。至于其他寻址方式的传送，随着本书内容的展开再做实验。

第 7 章
算术运算指令的学习及实验

7.1 算术运算指令

MCS-51 单片机具有较强的加、减、乘、除四则运算指令及加 1、减 1 和二-十进制调整指令。加、减、乘、除指令会影响程序状态字 PSW，只有加 1 和减 1 指令不影响 PSW。

7.1.1 加法指令

```
ADD A,#data     ;立即数 data 与累加器 A 的内容相加,相加的结果送累加器 A
ADD A,direct    ;直接寻址单元 direct 中的内容与累加器 A 的内容相加,相加的结果送累加器 A
ADD A,@Ri       ;将寄存器 Ri 中内容作为地址的单元内容(寄存器间接寻址单元)与累加器 A 的内
                ;容相加,相加的结果送累加器 A
ADD A,Rn        ;寄存器 Rn 中的内容与累加器 A 的内容相加,相加的结果送累加器 A
```

上述指令，把源字节变量(立即数，直接、间接地址单元，工作寄存器内容)与累加器相加，结果保存在累加器中，影响标志 AC、CY、OV、P。

7.1.2 带进位加法指令

```
ADDC A,#data    ;立即数 data 与累加器 A 的内容及进位标志 CY 相加,相加的结果送累加器 A
ADDC A,direct   ;直接寻址单元 direct 中的内容与累加器 A 的内容及进位标志 CY 相加,相加的结
                ;果送累加器 A
ADDC A,@Ri      ;寄存器 Ri 中内容作为地址的单元内容(寄存器间接寻址单元)与累加器 A 的内容
                ;及进位标志相加,相加的结果送累加器 A
ADDC A,Rn       ;寄存器 Rn 中的内容与累加器 A 的内容及进位标志 CY 相加,相加的结果送累加器 A
```

7.1.3 带借位减法指令

```
SUBB A,#data    ;累加器 A 中的内容减立即数 data 及借位标志 CY,结果送累加器 A
```

第7章 算术运算指令的学习及实验

```
SUBB A,direct      ;累加器A中的内容减直接寻址单元direct中的内容及借位标志CY,结果送累加器A
SUBB A,@Ri         ;累加器A中的内容减寄存器间接寻址单元中的内容及借位标志CY,结果送累加器A
SUBB A,Rn          ;累加器A中的内容减寄存器Rn中的内容及借位标志CY,结果送累加器A
```

上述减法指令寻址方式的执行过程与加法指令类似,只需把加操作改为减操作即可。在加法中,CY=1表示有进位,CY=0表示无进位;在减法中,CY=1则表示有借位,CY=0表示无借位。

7.1.4 乘法指令

```
MUL AB     ;累加器A和寄存器B中的8位无符号整数相乘,16位乘积的低字节在累加
           ;器A中,高字节在寄存器B中。如果积大于255(OFFH),则使溢出标志位OV置1,否
           ;则清0,运算结果总使进位标志CY清0
```

7.1.5 除法指令

```
DIV AB     ;累加器A中的8位无符号整数除以寄存器B中8位无符号整数,所得商放
           ;在累加器A中,余数存在寄存器B中,标志位CY和OV均清0。若除数(B中内容)为
           ;00H,则执行后结果为不定值,并置位溢出标志OV。在任何情况下,进位标志CY总
           ;清0
```

7.1.6 加1指令

```
INC A          ;累加器A中的内容加1,结果送累加器A
INC direct     ;直接寻址单元direct中的内容加1,结果送回原单元中
INC @Ri        ;寄存器间接寻址单元中的内容加1,结果送回原单元中
INC Rn         ;寄存器Rn中的内容加1,结果送回Rn中
INC DPTR       ;数据指针DPTR中的内容加1,结果送回DPTR中
```

INC指令将指定变量加1,结果仍送回原地址单元,运算结果不影响任何标志位。INC指令共有3种寻址方式:寄存器寻址、直接寻址、寄存器间接寻址。

7.1.7 减1指令

```
DEC A          ;累加器A中的内容减1,结果送累加器A
DEC direct     ;直接寻址单元direct中的内容减1,结果送回原单元中
DEC @Ri        ;寄存器间接寻址单元中的内容减1,结果送回原单元中
DEC Rn         ;寄存器Rn中的内容减1,结果送回Rn中
```

DEC指令将指定变量减1,结果仍存在原指定单元,运算结果不影响任何标志位。DEC指令共有3种寻址方式:寄存器寻址、直接寻址、寄存器间接寻址。

7.1.8 二-十进制调整指令

DA A　　　　；本指令是对二-十进制的加法进行调整的指令。两个压缩型 BCD 码按二进制数相
　　　　　　；加,必须经过本条指令调整后才能得到压缩型的 BCD 码和数。由于指令要利用 AC、
　　　　　　；CY 等标志位才能起到正确的调整作用,因此它必须跟在加法(ADD、ADDC)指令后面才
　　　　　　；能使用。指令的操作过程为:若相加后累加器低 4 位大于 9 或半进位位 AC＝1,则加
　　　　　　；06H 修正;若累加器高 4 位大于 9 或进位位 CY＝1,则加 60H 修正;若两者同时发生
　　　　　　；或高 4 位虽等于 9 但低 4 位修正有进位,则应进行加 66 修正

好了,介绍了一下指令,可能初学的人又觉得枯燥了。不急,下面开始做实验,实验做完后再请你回头仔细地反复想想这些指令和实验之间的关系,多琢磨琢磨,这样理解就快。

7.2　52H、FCH 两数相加实验,结果从 P1 口输出

7.2.1　实现方法

取立即数 52H 送入累加器 A,再取立即数 FCH 送入寄存器 R0。将寄存器 R0 与累加器 A 相加,相加结果存入 A 中。最后将 A 的内容传送给 P1 口显示即可。

7.2.2　源程序文件

在"我的文档"中建立一个文件目录 S7－1,然后建立一个 S7－1.uv2 工程项目,最后建立源程序文件 S7－1.asm。输入以下源程序:

```
序号：    1              ORG    0000H
          2              LJMP   MAIN
          3              ORG    0030H
          4     MAIN:    ACALL  DEL
          5              MOV    A,#52H
          6              MOV    R0,#0FCH
          7              ADD    A,R0
          8              NOP
          9              MOV    P1,A
         10              SJMP   $
         11     DEL:     MOV    R7,#0FFH
         12     DEL1:    MOV    R6,#0FFH
         13     DEL2:    MOV    R5,#01FH
         14     DEL3:    DJNZ   R5,DEL3
         15              DJNZ   R6,DEL2
```

第7章 算术运算指令的学习及实验

```
16          DJNZ    R7,DEL1
17          RET
18          END
```

编译通过后,将其烧录到 89C51 芯片中。将芯片插入 LED 输出试验板上,接通 5 V 稳压电源后,P1 口的输出为 01001110(0 代表 LED 亮),那么输出结果正确吗?让我们做一下二进制加法,立即数 52H=01010010B,立即数 FCH=11111100B,相加后为

$$
\begin{array}{r}
01010010B \\
11111100B \\
+ \\
\hline
101001110B
\end{array}
$$

转换成十六进制后即为 14EH。其中的 1 为进位,在 P1 口上是无法观察的(P1 口只有 8 位输出)。打开模拟仿真界面进行软件仿真,从左边的寄存器窗口可看到 PSW,单击前面的"+"号,展开后可看到进位位 CY=1,如图 7-1 所示。

图 7-1 软件仿真界面

7.2.3 程序分析解释

序号1:程序开始。
序号2:跳转到 MAIN 主程序处。
序号3:主程序 MAIN 从地址 0030H 开始。
序号4:延时一会儿,做好观察准备。
序号5:将立即数 52H 传送给累加器 A。

序号 6:将立即数 FCH 传送给寄存器 R0。

序号 7:将寄存器 R0 中的内容与累加器 A 的内容相加,相加的结果送累加器 A。

序号 8:空操作(稍等一下)。

序号 9:将累加器 A 中的内容传送给 P1 口。

序号 10:动态停机,程序原地踏步。

序号 11~17:延时子程序。

序号 18:程序结束。

7.3 FFH、03H 两数相乘实验,结果从 P0、P1 口输出

这个乘法,要求实现两个数 FFH、03H 相乘,被乘数放 A,乘数放 B,乘法运算结果的低 8 位放 A,高 8 位放 B。若积大于 255,则结果溢出,OV 位置 1。结果从 P0、P1 口输出。

7.3.1 实现方法

取立即数 FFH 送入累加器 A,再取立即数 03H 送入寄存器 B。将累加器 A 与寄存器 B 进行乘法运算,结果是 16 位乘积的低字节在累加器 A 中,高字节在寄存器 B 中。将累加器 A 中的内容传送给 P0 口观察,寄存器 B 中的内容传送给 P1 口观察。

7.3.2 源程序文件

在"我的文档"中建立一个文件目录 S7-2,然后建立一个 S7-2.uv2 工程项目,最后建立源程序文件 S7-2.asm。输入以下源程序:

```
序号:   1              ORG    0000H
        2              LJMP   MAIN
        3              ORG    0030H
        4     MAIN:    ACALL  DEL
        5              MOV    A,#0FFH
        6              MOV    B,#03H
        7              MUL    AB
        8              MOV    P0,A
        9              MOV    P1,B
       10              SJMP   $
       11    DEL:      MOV    R7,#0FFH
       12    DEL1:     MOV    R6,#0FFH
       13    DEL2:     MOV    R5,#01FH
       14    DEL3:     DJNZ   R5,DEL3
       15              DJNZ   R6,DEL2
       16              DJNZ   R7,DEL1
       17              RET
```

| 18 | | END |

编译通过后,将其烧录到89C51芯片中,将芯片插入到LED输出试验板上,接通5 V稳压电源后,P0口的输出为11111101(即P0.1的发光点亮),P1口的输出为00000010(即除P1.1的发光二极管熄灭外,其他7个发光二极管均点亮)。说明执行的结果是A内容为FDH,B的内容为02H,即FFH×03H=02FDH。这个结果对吗?FFH=255,03H=3,255×3=765,而02FDH=$2×16^2+15×16+13$=765,显然结果正确。

7.3.3 程序分析解释

序号1:程序开始。
序号2:跳转到MAIN主程序处。
序号3:主程序MAIN从地址0030H开始。
序号4:延时一会儿,做好观察准备。
序号5:将立即数FFH传送给累加器A。
序号6:将立即数03H传送给寄存器B。
序号7:进行乘法运算。结果是16位乘积的低字节在累加器A中,高字节在寄存器B中。如果积大于255(0FFH),则使溢出标志位OV置1,否则清0。运算结果总使进位标志CY清0。
序号8:将累加器A中的内容传送给P0口观察。
序号9:将寄存器B中的内容传送给P1口观察。
序号10:动态停机,程序原地踏步。
序号11~17:延时子程序。
序号18:程序结束。

进行软件仿真时,从寄存器窗口中展开PSW后,可看到溢出位OV=1。

7.4 加1指令实验,让P1口的8个发光二极管模拟二进制的加法运算

7.4.1 实现方法

先将累加器A清0,然后执行加1指令。每次加1后,将数值送P1口观察。反复循环。

7.4.2 源程序文件

在"我的文档"中建立一个文件目录S7-3,然后建立一个S7-3.uv2工程项目,最后建立源程序文件S7-3.asm。输入以下源程序:

| 序号: | 1 | | ORG | 0000H |
| | 2 | | LJMP | MAIN |

```
3            ORG   0030H
4   MAIN:    MOV   A,#00H
5   PLAY:    MOV   P1,A
6            ACALL DEL
7            INC   A
8            AJMP  PLAY
9   DEL:     MOV   R7,#0FFH
10  DEL1:    MOV   R6,#0FFH
11  DEL2:    MOV   R5,#01FH
12  DEL3:    DJNZ  R5,DEL3
13           DJNZ  R6,DEL2
14           DJNZ  R7,DEL1
15           RET
16           END
```

编译通过后,将其烧录到89C51芯片中,将芯片插入LED输出试验板上。实验板通电运行后,P1口的输出从00000000(8个LED均点亮)起按二进制做加法,→00000001→00000010→…→11111111(8个LED均熄灭),然后重复循环。

7.4.3 程序分析解释

序号1:程序开始。

序号2:跳转到MAIN主程序处。

序号3:主程序MAIN从地址0030H开始。

序号4:累加器A清0。

序号5:将累加器A中的内容传送给P1口观察。

序号6:调用延时子程序,便于观察清楚。

序号7:累加器A中的内容加1,结果送回累加器A。

序号8:跳转到标号PLAY处进行循环运行。

序号9~15:延时子程序。

序号16:程序结束。

7.5 加1指令实验(不进行二-十进制调整)

7.5.1 实现方法

设置一个单元(20H)做加1运算,然后将20H单元中的内容传送给累加器A。累加器A的高4位数转换成数码管字段码后送"十"位数码管显示,低4位数转换成数码管字段码后送"个"位数码管显示。

7.5.2 源程序文件

在"我的文档"中建立一个文件目录 S7-4,然后建立一个 S7-4.uv2 工程项目,最后建立源程序文件 S7-4.asm。输入以下源程序:

序号:	1		ORG	0000H
	2		LJMP	MAIN
	3		ORG	0030H
	4	MAIN:	MOV	20H,#00H
	5	GOON:	MOV	A,20H
	6		ANL	A,#0FH
	7		MOV	DPTR,#TAB
	8		MOVC	A,@A+DPTR
	9		MOV	P0,A
	10		MOV	A,20H
	11		SWAP	A
	12		ANL	A,#0FH
	13		MOVC	A,@A+DPTR
	14		MOV	P1,A
	15		ACALL	DEL
	16		INC	20H
	17		AJMP	GOON
	18	DEL:	MOV	R7,#014H
	19	DEL1:	MOV	R6,#0FFH
	20	DEL2:	MOV	R5,#01FH
	21	DEL3:	DJNZ	R5,DEL3
	22		DJNZ	R6,DEL2
	23		DJNZ	R7,DEL1
	24		RET	
	25		ORG	0100H
	26	TAB:	DB 0C0H,0F9H,0A4H,0B0H,099H,092H,082H,0F8H
	27		DB 080H,090H,088H,083H,0C6H,0A1H,086H,08EH
	28		END	

编译通过后,将其烧录到 89C51 芯片中,将芯片插入 LED 数码管试验板上。通电后右边 2 个数码管从 00 起开始加法计数,个位数码管加到 9 后,再加一次就变成为 A,而不是我们习惯的 0。它一直要到 F(15)后,再加一次才变成 0,即做的是十六进制加法。同理,整个 2 位数码管计数到 99 后,下一次并不显示 00,而是要到 FF 后才计数到 00。这种计数方法,在实用上有些不便。如一台频率计总是按十进制进行计数显示,不然除观察外还要换算,非常麻烦。那么有什么办法呢?我们再做一个实验看看。不过先得将这个程序的指令先解释清楚。

7.5.3 程序分析解释

序号1：程序开始。
序号2：跳转到MAIN主程序处。
序号3：主程序MAIN从地址0030H开始。
序号4：将立即数00H传送给20H单元中。
序号5：将20H单元中的内容传送给累加器A。
序号6：累加器A中的内容与立即数0FH相"与"，即结果是将A中内容的高4位置0，保留低4位的内容。这个方法的技术用语叫屏蔽高4位。
序号7：将数据表格的首地址(0100H)存入16位数据地址指针DPTR中。
序号8：将累加器A中内容与DPTR中内容相加，得到的结果作为另一个固定存储单元的地址，将该单元中的内容取出后传送给累加器A。显然，如果DPTR中放一常数，而A中为可变量，则可进行变址寻址，技术上常用作查表。
序号9：将累加器A中内容传送给P0输出口，点亮"个"位数码管。
序号10：再将20H单元中的内容传送给累加器A。
序号11：将累加器A中内容的高4位和低4位互相交换。
序号12：屏蔽A中高4位。
序号13：查表。
序号14：将累加器A中内容传送给P1输出口，点亮"十"位数码管。
序号15：调用延时子程序，便于观察。
序号16：20H单元内容加1。
序号17：跳转到标号GOON处继续执行。
序号18～24：延时子程序。
序号25：数据表格的首地址为0100H。
序号26～27：数码管字段码数据表格内容。
序号28：程序结束。

7.6 加1指令实验(进行二-十进制调整)

7.6.1 实现方法

设置一个单元(20H)，将20H单元中的内容传送给累加器A做加1运算，加1后累加器进行二-十进制调整。随后累加器A的高4位数转换成数码管字段码后送"十"位数码管显示，低4位数转换成数码管字段码后送"个"位数码管显示。

7.6.2 源程序文件

在"我的文档"中建立一个文件目录S7-5，然后建立一个S7-5.uv2工程项目，最后建立

第 7 章 算术运算指令的学习及实验

源程序文件 S7-5.asm。输入以下源程序：

序号：	1		ORG	0000H
	2		LJMP	MAIN
	3		ORG	0030H
	4	MAIN:	MOV	20H,#00H
	5		MOV	A,20H
	6	GOON:	CLR	C
	7		ANL	A,#0FH
	8		MOV	DPTR,#TAB
	9		MOVC	A,@A+DPTR
	10		MOV	P0,A
	11		MOV	A,20H
	12		SWAP	A
	13		ANL	A,#0FH
	14		MOVC	A,@A+DPTR
	15		MOV	P1,A
	16		ACALL	DEL
	17		MOV	A,20H
	18		INC	A
	19		DA	A
	20		MOV	20H,A
	21		AJMP	GOON
	22	DEL:	MOV	R7,#014H
	23	DEL1:	MOV	R6,#0FFH
	24	DEL2:	MOV	R5,#01FH
	25	DEL3:	DJNZ	R5,DEL3
	26		DJNZ	R6,DEL2
	27		DJNZ	R7,DEL1
	28		RET	
	29		ORG 0100H	
	30	TAB:	DB 0C0H,0F9H,0A4H,0B0H,099H,092H,082H,0F8H	
	31		DB 080H,090H,088H,083H,0C6H,0A1H,086H,08EH	
	32		END	

编译通过后，将其烧录到 89C51 芯片中，将芯片插入 LED 数码管试验板上。通电后右边 2 个数码管从 00 起开始加法计数，个位数码管加到 9 后，再加一次就变成为 0，即变为十进制加法。整个 2 位数码管计数到 99 后，下一次显示 00，然后又开始新一轮的加法计数。整个计数过程完全按十进制进行。问题解决了，来看看程序分析解释。

7.6.3 程序分析解释

序号 1：程序开始。

序号2:跳转到MAIN主程序处。

序号3:主程序MAIN从地址0030H开始。

序号4:将立即数00H传送给20H单元中。

序号5:将20H单元中的内容传送给累加器A。

序号6:进位位CY置0。

序号7:屏蔽累加器A中高4位。

序号8:将数据表格的首地址(0100H)存入16位数据地址指针DPTR中。

序号9:查表。

序号10:将累加器A中内容传送给P0输出口,点亮"个"位数码管。

序号11:再将20H单元中的内容传送给累加器A。

序号12:交换累加器A中的高、低4位。

序号13:屏蔽A中高4位。

序号14:查表。

序号15:将累加器A中内容传送给P1输出口,点亮"十"位数码管。

序号16:调用延时子程序,便于观察。

序号17:20H单元中的内容传送给累加器A。

序号18:累加器A内容加1。

序号19:二-十进制调整。这条指令是实现十进制计数的关键,好好理解透,看一下上面的指令学习中的解释。需要指出的是,这条指令一定要跟在加法指令后(如本例中的INC A),否则不起作用。

序号20:累加器A中的内容传送给20H单元。

序号21:跳转到标号GOON处继续执行。

序号22~28:延时子程序。

序号29:数据表格的首地址为0100H。

序号30~31:数据表格内容。

序号32:程序结束。

细心的读者可能会问,序号6的CLR C指令有什么用呢?开始时进位CY=0,当计数过100后,CY=1,如果此后再做DA A二-十进制调整,则会出错。如计数到101(当然"百"位数1是看不到的),此时进行DA A调整后,则A中的内容不会是01,而是另一个数(出错啦)。所以在程序转到GOON时,每次做进位位清0,则不会出错。

7.7 小 结

这两个关于二-十进制调整与否对比的程序如不经过实验是很难得到强烈的感性认识的,所以说单片机是一门实践性很强的技术课,大家只有跟着本书多做实验,多练习,才能真正学会编程技术。

第 8 章
逻辑运算指令的学习及实验

8.1 逻辑运算指令

逻辑操作类指令共有 25 条,包括"与"、"或"、清除、求反、左右移位等逻辑操作。按操作数可划分为单操作数和双操作数两种。单操作数是专门对累加器 A 进行的逻辑操作,这些操作主要是清 0、求反、左右移位等,操作结果保存在累加器 A 中。双操作数主要是累加器 A 和第二操作数之间执行逻辑"与"、"或"和"异或"操作,第二操作数可以是立即数,也可以是内部数据存储器中的 Rn、片内数据 RAM 单元、SFR 中的内容。其对应的寻址方式是:寄存器寻址、寄存器间接寻址、直接寻址。逻辑操作的结果保存在 A 中。也可将直接寻址单元作为第一操作数,和立即数、累加器 A 执行逻辑"与"、"或"和"异或"操作,结果存在直接寻址单元中。

8.1.1 累加器 A 取反指令

  CPL A   ;把累加器内容求反后送入累加器 A 中

8.1.2 累加器 A 清 0 指令

  CLR A   ;把立即数 00H 送入累加器 A 中

8.1.3 逻辑"与"指令

  ANL A, Rn   ;累加器 A 中的内容和寄存器 Rn 中内容相"与",所得结果放累加器 A 中
  ANL A, direct   ;累加器 A 中的内容和直接寻址单元 direct 中内容相"与",所得结果放累加器 A 中
  ANL A, @Ri   ;累加器 A 中的内容和寄存器 Ri 中内容作为地址的单元内容相"与",所得结果放累加器 A 中
  ANL A, #data   ;累加器 A 中的内容和立即数 data 相"与",所得结果放累加器 A 中
  ANL direct, A   ;直接寻址单元 direct 中内容和累加器 A 中的内容相"与",所得结果放 direct 中
  ANL direct, #data ;直接寻址单元 direct 中内容和立即数 data 相"与",所得结果放 direct 中

8.1.4 逻辑"或"指令

```
ORL A, Rn           ;累加器 A 中的内容和寄存器 Rn 中内容相"或",所得结果放累加器 A 中
ORL A, direct       ;累加器 A 中的内容和直接寻址单元 direct 中内容相"或",所得结果放累加器 A 中
ORL A, @Ri          ;累加器 A 中的内容和寄存器 Ri 中内容作为地址的单元内容相"或",所得结果放
                    ;累加器 A 中
ORL A, #data        ;累加器 A 中的内容和立即数 data 相"或",所得结果放累加器 A 中
ORL direct, A       ;直接寻址单元 direct 中内容和累加器 A 中的内容相"或",所得结果放 direct 中
ORL direct, #data   ;直接寻址单元 direct 中内容和立即数 data 相"或",所得结果放 direct 中
```

8.1.5 逻辑"异或"指令

```
XRL A, Rn           ;累加器 A 中的内容和寄存器 Rn 中内容相"异或",所得结果放累加器 A 中
XRL A, direct       ;累加器 A 中的内容和直接寻址单元 direct 中内容相"异或",所得结果放累加器
                    ;A 中
XRL A, @Ri          ;累加器 A 中的内容和寄存器 Ri 中内容作为地址的单元内容相"异或",所得结果
                    ;放累加器 A 中
XRL A, #data        ;累加器 A 中的内容和立即数 data 相"异或",所得结果放累加器 A 中
XRL direct, A       ;直接寻址单元 direct 中内容和累加器 A 中的内容相"异或",所得结果放 direct 中
XRL direct, #data   ;直接寻址单元 direct 中内容和立即数 data 相"异或",所得结果放 direct 中
```

8.1.6 循环移位指令

```
RL A                ;累加器 A 内的内容左环移
```

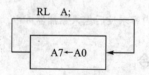

```
RLC A               ;累加器 A 内的内容连同进位标志 CY 左环移
```

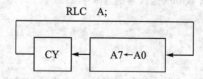

```
RR A                ;累加器 A 内的内容右环移
```

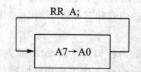

第8章 逻辑运算指令的学习及实验

```
RRC A          ;累加器 A 内的内容连同进位标志 CY 右环移
```

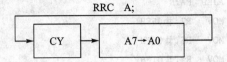

8.1.7 累加器半字节交换指令

```
SWAP A         ;交换累加器 A 中内容的高、低两个半字节
```

8.2 逻辑运算举例一

设 A 的内容为 C3H，R0 的内容为 AAH，执行取反、"与"、"或"、"异或"指令（ANL、ORL、XRL）后，将结果分别送 P0～P3 口显示。

8.2.1 实现方法

取立即数 C3H 送入累加器 A，再取立即数 AAH 送入寄存器 R0。将累加器 A 与寄存器 R0 进行取反、"与"、"或"、"异或"运算，结果送 P0～P3 口显示。

8.2.2 源程序文件

在"我的文档"中建立一个文件目录 S8-1，然后建立一个 S8-1.uv2 工程项目，最后建立源程序文件 S8-1.asm。输入以下源程序：

```
序号：  1                ORG     0000H
        2                LJMP    MAIN
        3                ORG     0030H
        4       MAIN:    MOV     A,#0C3H
        5                MOV     R0,#0AAH
        6                CPL     A
        7                MOV     P0,A
        8                MOV     A,#0C3H
        9                ANL     A,R0
        10               MOV     P1,A
        11               MOV     A,#0C3H
        12               ORL     A,R0
        13               MOV     P2,A
        14               MOV     A,#0C3H
        15               XRL     A,R0
        16               MOV     P3,A
```

```
17          ACALL DEL
18          AJMP  MAIN
19  DEL:    MOV   R7,#0FFH
20  DEL1:   MOV   R6,#0FFH
21  DEL2:   MOV   R5,#01FH
22  DEL3:   DJNZ  R5,DEL3
23          DJNZ  R6,DEL2
24          DJNZ  R7,DEL1
25          RET
26          END
```

编译通过后，将其烧录到 89C51 芯片中，将芯片插入 LED 输出试验板上。试验板通电运行后，P0 口的输出为 00111100，P1 口的输出为 10000010，P2 口的输出为 11101011，P3 口的输出为 01101001。这个结果是否正确？让我们做一下二进制运算：

C3H＝11000011B，取反后为 00111100B，故 P0 口输出正确。

C3H＝11000011B 与 AAH＝10101010B 相"与"后为

$$\begin{array}{r}11000011B\\ \wedge\,10101010B\\ \hline 10000010B\end{array}$$

转换成十六进制后即为 82H，故 P1 口输出也正确。

C3H＝11000011B 与 AAH＝10101010B 相"或"后为

$$\begin{array}{r}11000011B\\ \vee\,10101010B\\ \hline 11101011B\end{array}$$

转换成十六进制后即为 EBH，故 P2 口输出正确。

C3H＝11000011B 与 AAH＝10101010B 相"异或"后为

$$\begin{array}{r}11000011B\\ \oplus\,10101010B\\ \hline 01101001B\end{array}$$

转换成十六进制后即为 69H，故 P3 口输出同样也正确。用软件进行模拟仿真后，P0～P3 口输出结果如图 8-1 所示。

第 8 章　逻辑运算指令的学习及实验

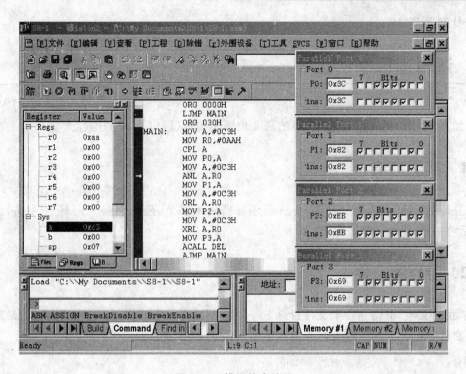

图 8-1　模拟仿真结果

8.2.3　程序分析解释

序号 1：程序开始。

序号 2：跳转到 MAIN 主程序处。

序号 3：主程序 MAIN 从地址 0030H 开始。

序号 4：累加器 A 载入初值（C3H）。

序号 5：寄存器 R0 载入初值（AAH）。

序号 6：累加器 A 中的内容取反。

序号 7：将累加器 A 中的内容传送给 P0 口观察。

序号 8：累加器 A 重载初值（C3H）。

序号 9：累加器 A 中内容和寄存器 R0 中内容相"与"，所得结果送 A。

序号 10：将累加器 A 中的内容传送给 P1 口观察。

序号 11：累加器 A 重载初值（C3H）。

序号 12：累加器 A 中内容和寄存器 R0 中内容相"或"，所得结果送 A。

序号 13：将累加器 A 中的内容传送给 P2 口观察。

序号 14：累加器 A 重载初值（C3H）。

序号 15：累加器 A 中内容和寄存器 R0 中内容相"异或"，所得结果送 A。

序号 16：将累加器 A 中的内容传送给 P3 口观察。

序号 17：调用延时子程序，维持发光二极管点亮。

序号 18：跳转到标号 MAIN 处进行循环运行。

序号 19～25：延时子程序。

序号 26：程序结束。

8.3 逻辑运算举例二

累加器 A 中的低 4 位通过 P1 口的高 4 位输出实验（假定 A 中的内容为 59H）

8.3.1 实现方法

取立即数 59H 送入累加器 A，再屏蔽累加器高半字节，随后交换累加器 A 中高、低半字节，最后将 A 的高半字节送 P1 口显示。

8.3.2 源程序文件

在"我的文档"中建立一个文件目录 S8-2，然后建立一个 S8-2.uv2 工程项目，最后建立源程序文件 S8-2.asm。输入以下源程序：

```
序号：    1              ORG    0000H
         2              LJMP   MAIN
         3              ORG    0030H
         4       MAIN:  MOV    A,#59H
         5              ANL    A,#0FH
         6              SWAP   A
         7              ANL    P1,#0FH
         8              ORL    P1,A
         9              ACALL  DEL
        10              AJMP   MAIN
        11       DEL:   MOV    R7,#0FFH
        12       DEL1:  MOV    R6,#0FFH
        13       DEL2:  MOV    R5,#01FH
        14       DEL3:  DJNZ   R5,DEL3
        15              DJNZ   R6,DEL2
        16              DJNZ   R7,DEL1
        17              RET
        18              END
```

编译通过后，将其烧录到 89C51 芯片中，将芯片插入 LED 输出试验板上。试验板通电运行后，P1 口的输出为 10011111，即 P1.6、P1.5 所接的发光二极管点亮。图 8-2 为仿真的结果。

第8章 逻辑运算指令的学习及实验

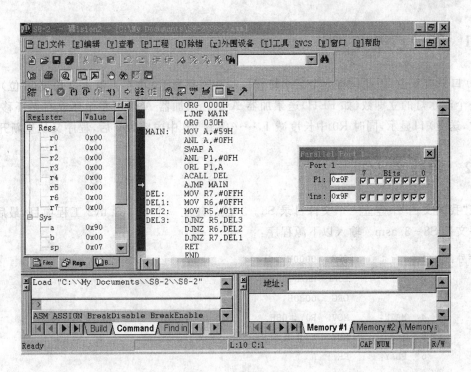

图 8-2 仿真的结果

8.3.3 程序分析解释

序号 1：程序开始。
序号 2：跳转到 MAIN 主程序处。
序号 3：主程序 MAIN 从地址 0030H 开始。
序号 4：将立即数 59H 送入累加器 A 中。
序号 5：A 中的内容 59H 和立即数 0FH 相"与"（屏蔽高半字节），结果保存在累加器 A 中。
序号 6：累加器 A 中高、低半字节交换。
序号 7：P1 口内容和立即数 0FH 相"与"（清除高 4 位）。
序号 8：将 P1 口内容和累加器 A 中内容相"或"（将 A 的高半字节送 P1 口）。
序号 9：调用延时子程序，维持发光二极管点亮。
序号 10：跳转到标号 MAIN 处进行循环运行。
序号 11~17：延时子程序。
序号 18：程序结束。

8.4 逻辑运算举例三

用循环移位指令设计一组流水灯循环运行实验，结果送 P0 口显示。

8.4.1 实现方法

P0 口只有 8 位,因此只有 8 个流水灯移位。在寄存器 R0 中存入流水灯长度(8 位),再取点亮一个流水灯的立即数(如 FEH)送累加器 A 中。累加器 A 采用左循环或右循环移位,每移一次,送 P0 口显示,同时 R0 中长度减 1,……等到 R0 中内容为 0 后,程序又从重新开始。

8.4.2 源程序文件

在"我的文档"中建立一个文件目录 S8-3,然后建立一个 S8-3.uv2 工程项目,最后建立源程序文件 S8-3.asm。输入以下源程序:

```
序号:   1              ORG    0000H
        2              LJMP   MAIN
        3              ORG    0030H
        4    MAIN:     MOV    R0,#08H
        5              MOV    A,#0FEH
        6    PLAY:     RR     A
        7              MOV    P0,A
        8              ACALL  DEL
        9              DJNZ   R0,PLAY
       10              AJMP   MAIN
       11    DEL:      MOV    R7,#0FFH
       12    DEL1:     MOV    R6,#0FFH
       13    DEL2:     MOV    R5,#01FH
       14    DEL3:     DJNZ   R5,DEL3
       15              DJNZ   R6,DEL2
       16              DJNZ   R7,DEL1
       17              RET
       18              END
```

编译通过后,将其烧录到 89C51 芯片中,将芯片插入 LED 输出试验板上。试验板通电运行后,P0 口的输出状态为:一个发光二极管点亮并右移循环,形成流水灯。

8.4.3 程序分析解释

序号 1:程序开始。
序号 2:跳转到 MAIN 主程序处。
序号 3:主程序 MAIN 从地址 0030H 开始。
序号 4:将立即数 08H 送入寄存器 R0 中。
序号 5:将立即数 FEH 送入累加器 A 中。
序号 6:累加器 A 中内容右循环一位。

序号 7：将 A 中内容送 P0 口显示。

序号 8：调用延时子程序，维持发光二极管点亮。

序号 9：R0 中内容减 1 后再判是否为 0，若不为 0，则跳转至标号 PLAY 处；若为 0，则向下执行。

序号 10：跳转到标号 MAIN 处循环运行。

序号 11～17：延时子程序。

序号 18：程序结束。

8.5 小 结

这里想要告诉初学者，实验做好了，做成了，这很好。但你一定要将每条指令理解清楚，在理解的基础上，甚至可以试试修改指令及参数，看看会产生什么结果，看结果是否受你控制（发光二极管点亮情况如何变化）。当你达到了这一步，说明已对所学的东西消化了，离独立设计程序就不太遥远了。

第 9 章 控制转移类指令的学习及实验

9.1 控制转移类指令

单片机有一定的智能,这主要是控制转移类指令的功劳。这一类指令的功能主要是控制程序从原顺序执行地址转移到其他指令地址上(需要改变程序运行方向,或者需要调用子程序,或需要从子程序中返回)。由于该类指令用于控制程序的走向,所以其作用区间必然是程序存储器空间,此时都需要改变程序计数器 PC 的内容,控制转移类指令可实现这一要求。MCS-51 指令系统中的控制程序转移类指令包括无条件转移和条件转移、绝对转移和相对转移、长转移和短转移,还有调用和返回指令等。这类指令多数不影响程序状态标志寄存器。

9.1.1 无条件转移指令

无条件转移指令功能是,当程序执行无条件转移指令时,程序就无条件地转移到该指令所提供的地址去。

AJMP addr11(绝对无条件转移指令)

这是 2 字节指令,指令中包含 addr11 共 11 位地址码,转移的目标地址必须和 AJMP 指令的下一条指令首字节位于程序存储器的同一个 2 KB 区内。绝对转移指令仅为 2 字节指令,却能提供 2 KB 范围的转移空间,比相对转移指令的转移范围大得多。但是要求 AJMP 指令的转移目标地址和 PC+2 的地址处于同一个 2 KB 区域内,故受一定的限制。

LJMP addr16(长转移指令)

长转移指令是 3 字节指令,这条指令执行时把指令操作数提供的 16 位目标地址 A15~A0 装入 PC 中,即 PC=A15~A0。所以用长转移指令可以跳到 64 KB 程序存储器的任何位置。

SJMP rel(短转移指令)

短转移指令是 2 字节指令,首字节为操作码,第 2 字节为相对偏移量。它是一条无条件相对转移指令,转移的目标地址为:目标地址=源地址+2+rel。源地址是 SJMP 指令操作码所在的地址,相对偏移量 rel 是一个用补码表示的 8 位带符号数,转移范围为-128~+127 共 256 个单元,即(PC-126)~(PC+129),因此转移目标地址可以在 SJMP 指令的下条指令首字节前 128 字节和后 127 字节之间。

JMP @A+DPTR(间接转移指令)

这条指令的功能是把累加器 A 中的 8 位无符号数与数据指针 DPTR 的 16 位数相加,相加之和作为下一条指令的地址送入 PC 中,不改变 A 和 DPTR 的内容,也不影响标志。间接转移指令采用变址方式实现无条件转移,其特点是转移地址可以在程序运行中加以改变。例如,当把 DPTR 作为基地址且确定时,根据 A 的不同值就可以实现多分支转移,故一条指令可实现多条条件判断转移指令功能。这种功能称为散转功能,所以间接转移指令又称为散转指令。

9.1.2　条件转移指令

条件转移指令是依某种特定条件转移的指令。条件满足时转移(相当于执行一条相对转移指令),条件不满足时则按顺序执行下一条指令。MCS-51 的条件转移指令非常丰富,包括累加器判 0 转移、判位(bit)状态转移、比较转移和循环转移共 4 组。

JZ　rel(累加器判 0 转移)

若 A 为 0,则程序跳转至 PC+rel 处执行;若 A 不为 0,则程序顺序执行。

JNZ　rel(累加器判非 0 转移)

若 A 不为 0,则程序跳转至 PC+rel 处执行;若 A 为 0,则程序顺序执行。

JB　bit,rel(判位为 1 状态转移)

若位(bit)为 1,则程序跳转至 PC+rel 处执行;若位(bit)为 0,则程序顺序执行。

JNB　bit,rel(判位非 1 状态转移)

若位(bit)为非 1,则程序跳转至 PC+rel 处执行;若位(bit)为 1,则程序顺序执行。

JBC　bit,rel

若位(bit)为 1,将位清 0,程序跳转至 PC+rel 处执行;若位(bit)为 0,则程序顺序执行。

JC　bit,rel

若进位位 CY 为 1,则程序跳转至 PC+rel 处执行;若 CY 为 0,则程序顺序执行。

JNC　bit,rel

若进位位 CY 为 0,则程序跳转至 PC+rel 处执行;若 CY 为 1,则程序顺序执行。

9.1.3　比较转移指令

比较转移指令的功能是比较前两个无符号操作数的大小。若不相等,则转移;否则顺序往下执行。如果第1个操作数大于或等于第2个操作数,则CY清0;否则CY置1。指令执行结果不影响其他标志位和所有的操作数。这组指令为3字节指令,因此转移目标地址应是PC+3以后再加偏移量rel所得的PC的值,即目标地址=源地址+3+rel。源地址是比较转移指令所在位置的首字节地址。

CJNE　A,direct,rel

若(direct)<A中内容,则程序跳转至PC+rel处,CY=0;若(direct)>A中内容,则程序也跳转至PC+rel处,CY=1;若(direct)=A中内容,则程序顺序执行,CY=0。换言之,若(direct)≠A中内容,则程序跳转至PC+rel处,CY是0或是1要看(direct)与A中内容的大小。

CJNE　A,#data,rel

若data<A中内容,则程序跳转至PC+rel处,CY=0;若data>A中内容,则程序也跳转至PC+rel处,CY=1;若data=A中内容,则程序顺序执行,CY=0。换言之,若data≠A中内容,则程序跳转至PC+rel处,CY是0或是1要看data与A中内容的大小。

CJNE　Rn,#data,rel

若data<Rn中内容,则程序跳转至PC+rel处,CY=0;若data>Rn中内容,则程序也跳转至PC+rel处,CY=1;若data=Rn中内容,则程序顺序执行,CY=0。换言之,若data≠Rn中内容,则程序跳转至PC+rel处,CY是0或是1要看data与Rn中内容的大小。

CJNE　@Ri,#data,rel

若data<以Ri中内容为地址的另一单元内容,则程序跳转至PC+rel处,CY=0;若data>以Ri中内容为地址的另一单元内容,则程序也跳转至PC+rel处,CY=1;若data=以Ri中内容为地址的另一单元内容中内容,则程序顺序执行,CY=0。换言之,当data≠(Ri),则程序跳转至PC+rel处,CY是0或是1要看data与(Ri)的大小。

9.1.4　循环转移指令

DJNZ　Rn,rel(寄存器Rn减1不为0循环转移指令)

该指令是把Rn中内容减1,结果送回到Rn中去。如果结果不为0,则转移;为0顺序进行。

DJNZ　direct,rel(直接寻址单元direct减1不为0循环转移指令)

该指令是把direct中内容减1,结果送回到direct中去。如果结果不为0,则转移;为0顺序进行。

9.1.5　子程序调用及返回指令

ACALL　addr11(绝对调用指令)

第 9 章 控制转移类指令的学习及实验

绝对调用指令 ACALL 上是一条 2 字节指令,该指令提供了 11 位目标地址 addr11,产生调用地址的方法和绝对转移指令 AJMP 产生转移地址的方法相同。ACALL 是在同一 2 KB 区域范围内调用子程序的指令。指令执行过程是:执行 ACALL 指令时,PC+2 后获得了下一条指令的地址;然后把 PC 的当前值压栈(栈指针 SP 加 1,PCL 进栈,SP 再加 1,PCH 进栈);最后把 PC 的高 5 位和指令给出的 11 位地址 addr11 连接组成 16 位目标地址(PC15～PC11,A10～A0),并作为子程序入口地址送入 PC,使 CPU 转向执行子程序。因此,所调用的子程序入口地址必须和 ACALL 指令下一条指令的第 1 字节在同一个 2 KB 区域的程序存储器空间。

LCALL addr16(长调用指令)

长调用指令 LCALL 是一条可以在 64 KB 程序存储器内调用子程序的指令,它是 3 字节指令。指令执行过程是:把 PC 加 3 获得的下一条指令的地址进栈(先压入低字节,后压入高字节),进栈操作使 SP 加 1 两次;接着把指令的第 2 和第 3 字节(A15～A8,A7～A0)分别装入 PC 的高位和低位字节中;然后从该地址 addr16(A15～A0)开始执行子程序。

RET(子程序返回指令)

这条返回指令的功能是从堆栈中取出断点地址,送给 PC,并从断点处开始继续执行程序。一般 RET 应放在子程序的末尾。

RETI(中断返回指令)

这条返回指令的功能也是从堆栈中取出断点地址,送给 PC,并从断点处开始继续执行程序。RETI 也应放在中断服务子程序的末尾。在执行 RETI 指令时,还将清除 MCS-51 中断响应时所置位的优先级状态触发器,开放中断逻辑,使得已申请的较低级中断源可以响应,但必须在 RETI 指令执行完之后,至少要再执行一条指令才能响应这个中断。

下面开始做实验,具体体验这些指令在程序中的作用。

9.2 散转程序实验

在 LED 数码管输出试验板上做一个实验,通电后右边 3 个数码管显示 000,按下(任何)一个按键,寄存器 R0 从 0 起递加(1,2,…,9→1,2,…)。根据 R0 的内容,程序散转到 PR1、PR2、…、PR9 处执行,右边 3 个数码管分别显示 111,222,…,999→111,222,…。

9.2.1 实现方法

程序开始时进行初始化,将右边 3 位数码管(P0～P2)显示为 0,同时清除寄存器 R0。随后向 P3 口送数 0FH,读取并判断有无按键输入:无键输入,则反复循环等待;有键输入,则 R0 内容加 1(如增加到 10,则清除后重来)。再将直接转移地址表的首地址送 16 位数据指针 DPTR 中,同时将 R0 内容送累加器 A。其后用 JMP @A+DPTR 指令进行变址寻址,随即程序依 R0 内容不同(1～9)散转至 PR1～PR9 处执行,右边 3 个数码管分别显示 111,222,…,999→111,222,…。

9.2.2 源程序文件

在"我的文档"中建立一个文件目录S9-1,然后建立一个S9-1.uv2工程项目,最后建立源程序文件S9-1.asm。输入以下源程序:

序号：	1		ORG	0000H
	2		LJMP	MAIN
	3		ORG	0030H
	4	MAIN:	MOV	P0,#0C0H
	5		MOV	P1,#0C0H
	6		MOV	P2,#0C0H
	7		MOV	R0,#00H
	8	ST:	MOV	P3,#0FH
	9		MOV	A,P3
	10		CJNE	A,#0FH,F1
	11		ACALL	DEL
	12		AJMP	ST
	13	F1:	ACALL	DEL
			MOV	A,P3
	14		CJNE	A,#0FH,F2
	15		AJMP	ST
	16	F2:	INC	R0
	17		CJNE	R0,#0AH,F3
	18		MOV	R0,#00H
	19	F3:	MOV	DPTR,#JPTAB
	20		MOV	A,R0
	21		CLR	C
	22		RLC	A
	23		JNC	NADD
	24		INC	DPH
	25	NADD:	JMP	@A+DPTR
	26	JPTAB:	NOP	
	27		NOP	
	28		AJMP	PR1
	29		AJMP	PR2
	30		AJMP	PR3
	31		AJMP	PR4
	32		AJMP	PR5
	33		AJMP	PR6
	34		AJMP	PR7
	35		AJMP	PR8
	36		AJMP	PR9
	37	DEL:	MOV	R7,#014H

38	DEL1:	MOV	R6,#0FFH
39	DEL2:	MOV	R5,#01FH
40	DEL3:	DJNZ	R5,DEL3
41		DJNZ	R6,DEL2
42		DJNZ	R7,DEL1
43		RET	
44	PR1:	MOV	P0,#0F9H
45		MOV	P1,#0F9H
46		MOV	P2,#0F9H
47		ACALL	DEL
48		AJMP	ST
49	PR2:	MOV	P0,#0A4H
50		MOV	P1,#0A4H
51		MOV	P2,#0A4H
52		ACALL	DEL
53		AJMP	ST
54	PR3:	MOV	P0,#0B0H
55		MOV	P1,#0B0H
56		MOV	P2,#0B0H
57		ACALL	DEL
58		AJMP	ST
59	PR4:	MOV	P0,#99H
60		MOV	P1,#99H
61		MOV	P2,#99H
62		ACALL	DEL
63		AJMP	ST
64	PR5:	MOV	P0,#92H
65		MOV	P1,#92H
66		MOV	P2,#92H
67		ACALL	DEL
68		AJMP	ST
69	PR6:	MOV	P0,#82H
70		MOV	P1,#82H
71		MOV	P2,#82H
72		ACALL	DEL
73		AJMP	ST
74	PR7:	MOV	P0,#0F8H
75		MOV	P1,#0F8H
76		MOV	P2,#0F8H
77		ACALL	DEL
78		AJMP	ST
79	PR8:	MOV	P0,#80H
80		MOV	P1,#80H

81		MOV P2,#80H
82		ACALL DEL
83		AJMP ST
84	PR9:	MOV P0,#90H
85		MOV P1,#90H
86		MOV P2,#90H
87		ACALL DEL
88		AJMP ST
89		END

编译通过后,将其烧录到89C51芯片中,将芯片插入LED数码管输出试验板上。通电运行后,右边3个数码管显示000。按一下S1~S12按键中的任意一个,右边3个数码管显示111;再按一下,显示变为222;……按第9下,显示变为999。按第10下起,显示又从111起开始循环。

9.2.3 程序分析解释

序号1:程序开始。

序号2:跳转到MAIN主程序处。

序号3:主程序MAIN从地址0030H开始。

序号4~6:P0~P2口(右边3位LED数码管)输出显示000。

序号7:寄存器R0清0。

序号8:P3口置0FH。

序号9:将P3口的状态读至累加器A中。

序号10:判有无按键输入。若A的内容不等于0FH(说明有按键输入),程序跳转至F1处;若A的内容等于0FH(说明无按键输入),程序顺序执行。

序号11:调用延时子程序,维持数码管点亮。

序号12:程序跳转至ST处。

序号13:调用延时子程序,避开按键的抖动期后再判。

序号14:再判有无按键输入。若A的内容不等于0FH,程序跳转至F2处;若A的内容等于0FH,程序顺序执行。

序号15:程序跳转至ST处。

序号16:寄存器R0内容加1。

序号17:如R0内容不等于0AH(10),跳转至F3;否则,向下执行。

序号18:寄存器R0清0。

序号19:取直接转移地址表的首地址送DPTR。

序号20:寄存器R0内容送累加器A。

序号21:清除进位位CY。

序号22:累加器A的内容左移一位(相当于x2)。

序号23:判断是否有进位。无进位转NADD;有进位向下执行。

序号24:有进位,DPH加1。

序号25:转向形成散转地址。根据A的内容,跳转至PR1、PR2…

序号26~36:直接转移地址表。

第9章 控制转移类指令的学习及实验

序号 37~43：延时子程序。

序号 44~46：P0~P2 口显示 111。

序号 47：调用延时子程序，维持点亮。

序号 48：跳转至 ST。

序号 49~51：P0~P2 口显示 222。

序号 52：调用延时子程序，维持点亮。

序号 53：跳转至 ST。

序号 54~56：P0~P2 口显示 333。

序号 57：调用延时子程序，维持点亮。

序号 58：跳转至 ST。

序号 59~61：P0~P2 口显示 444。

序号 62：调用延时子程序，维持点亮。

序号 63：跳转至 ST。

序号 64~66：P0~P2 口显示 555。

序号 67：调用延时子程序，维持点亮。

序号 68：跳转至 ST。

序号 69~71：P0~P2 口显示 666。

序号 72：调用延时子程序，维持点亮。

序号 73：跳转至 ST。

序号 74~76：P0~P2 口显示 777。

序号 77：调用延时子程序，维持点亮。

序号 78：跳转至 ST。

序号 79~81：P0~P2 口显示 888。

序号 82：调用延时子程序，维持点亮。

序号 83：跳转至 ST。

序号 84~86：P0~P2 口显示 999。

序号 87：调用延时子程序，维持点亮。

序号 88：跳转至 ST。

序号 89：程序结束。

9.2.4 小　结

　　这段程序基本概括了本章所学的指令。开始时进行初始化，将右边 3 位数码管(P0~P2)显示为 0，同时清除 R0。随后向 P3 送数 0FH，准备读取并判断有无按键输入：无键输入，则反复循环读判；有键输入，则 R0 内容增 1（如增加到 10，则清除后重来）。然后再将直接转移地址表的首地址送 16 位数据指针 DPTR 中。同时将 R0 内容送累加器 A（由于随后的转移指令 AJMP PR1~9 为双字节长度，故需将 A 乘以 2 进行修正），其后用 JMP @A+DPTR 指令进行变址寻址。由于 R0 中的内容从 1 起开始执行散转，故在直接散转地址表的开始处安排 2 条单字节指令 NOP 进行修正（若 R0 中的内容从 0 起开始执行散转，则无此必要）。随即程序依 R0 内容不同（1~9）散转至 PR1~PR9 处执行。通过对上面指令的学习并结合对这段程序理解，读者会基本了解散转程序的结构。

9.3 统计含 58H 关键字的实验

9.3.1 实现方法

先在程序中建立一个长度为 20H 的数据表格(该表格内的数据实际保存在 ROM 区),表格内设定一组数据(数据块),其中包含若干个(这里为 2 个)关键字(这里取 58H);然后将数据块搬迁入内部 RAM 数据存储区 20H~40H;再依次循环判断数据块内的内容是否为 58H?若是,则 60H 单元内容加 1;最后将 60H 单元内容送 P0 口显示。

9.3.2 源程序文件

在"我的文档"中建立一个文件目录 S9-2,然后建立一个 S9-2.uv2 工程项目,最后建立源程序文件 S9-2.asm。输入以下源程序:

```
序号:  1              ORG    0000H
       2              LJMP   MAIN
       3              ORG    0030H
       4     MAIN:    MOV    DPTR,#TAB
       5              MOV    R1,#20H
       6              MOV    R7,#20H
       7     C01:     CLR    A
       8              MOVC   A,@A+DPTR
       9              MOV    @R1,A
       10             INC    DPTR
       11             INC    R1
       12             DJNZ   R7,C01
       13    START:   MOV    60H,#00H
       14             MOV    R7,#20H
       15             MOV    R1,#20H
       16    START1:  MOV    A,@R1
       17             CJNE   A,#58H,LOOP
       18             INC    60H
       19    LOOP:    INC    R1
       20             DJNZ   R7,START1
       21             MOV    P0,60H
       22             ACALL  DEL
       23             SJMP   $
       24             ORG    0100H
       25    TAB:     DB     0FEH,25H,02H,0FEH,25H
```

26		DB	58H,25H,04H,0FDH,80H
27		DB	0FAH,84H,02H,0FEH,84H
28		DB	0FEH,84H,04H,0FEH,25H
29		DB	58H,25H,02H,0FEH,84H
30		DB	0FEH,0C0H,04H,0FEH,0C0H
31		DB	0FBH,98H
32		ORG	0150H
33	DEL:	MOV	R5,#0BH
34	F1:	MOV	R7,#02H
35	F2:	MOV	R6,#0FFH
36	F3:	DJNZ	R6,F3
37		DJNZ	R7,F2
38		DJNZ	R5,F1
39		RET	
40		END	

编译通过后，将其烧录到 89C51 芯片中，将芯片插入 LED 输出试验板上。通电运行后，P0 口的输出状态为 00000010，即除 P0.1 发光二极管熄灭外，其他发光二极管均点亮，换算成十进制为 2。说明程序从内部 RAM 数据存储区 20H～40H 中找到 2 个 58H。

9.3.3 程序分析解释

序号 1:程序开始。

序号 2:跳转到 MAIN 主程序处。

序号 3:主程序 MAIN 从地址 0030H 开始。

序号 4:向 DPTR 数据指针送数据表格首地址。

序号 5:寄存器 R1 送立即数 20H(目标地址首址)。

序号 6:寄存器 R7 送立即数 20H(数据块长度)。

序号 7:清除累加器 A。

序号 8:数据表格内容送累加器 A。

序号 9:累加器 A 的内容传送到目标地址(RAM)中。

序号 10:数据指针加 1。

序号 11:寄存器 R1 加 1。

序号 12:寄存器 R7(数据块长度)减 1 后若为 0 顺序执行,若不为 0 转向 C01。

序号 13:60H 地址单元清 0。

序号 14:寄存器 R7 重置数据块长度(20H)。

序号 15:寄存器 R1 内重置 RAM 数据存储区首址 20H。

序号 16:RAM 数据存储区内容送累加器 A。

序号 17:累加器 A 的内容与立即数 58H 相比较:若相等,顺序执行;若不等,跳转至 LOOP 处。

序号 18:60H 单元内容加 1。

序号 19:寄存器 R1(数据存储区地址)加 1。

序号 20:寄存器 R7(数据块长度)减 1 后若不为 0 转 START1,若为 0 顺序执行。

序号 21:60H 单元内容送 P0 口显示。

序号22：调用延时子程序,以得到稳定清晰的显示。
序号23：动态停机。
序号24：数据表格从地址100H开始。
序号25~31：数据表格内容。
序号32：延时子程序从地址150H开始。
序号33~39：延时子程序。
序号40：程序结束。

第10章 位操作指令的学习

10.1 位操作指令

MCS-51单片机内部有一个性能优异的位处理器,实际上是一个一位微处理器。它有自己的位变量操作运算器、位累加器(借用进位标志CY)和存储器(位寻址区中的各位)等。MCS-51指令系统加强了对位变量的处理能力,具有丰富的位操作指令,可以完成以位变量为对象的传送、运算、控制转移等操作。位操作指令的操作对象是内部RAM的位寻址区,即字节地址为20H~2FH单元中连续的128位(位地址为00H~7FH),以及特殊功能寄存器中可以进行位寻址的各位。

位条件转移指令也是位操作指令的子集,已在第9章的控制转移类指令中介绍过。下面介绍位变量传送、控制和运算指令。

10.1.1 位数据传送指令

主要用于对位操作累加器C进行数据传送,均为双字节指令。

```
MOV   C,bit    ;将直接寻址位的内容送入位累加器CY中,不影响其他标志
MOV   bit,C    ;将CY的内容传送到直接寻址位
```

10.1.2 位控制修正指令

这类指令的功能分别是清除、取反、置位进位标志C或直接寻址位,执行结果不影响其他标志。

```
CLR   C        ;位累加器CY清0
CLR   bit      ;直接寻址位清0
SETB  C        ;位累加器CY置位
SETB  bit      ;直接寻址位置位
CPL   C        ;位累加器CY取反
```

```
CPL    bit         ;直接寻址位取反
```

10.1.3 位逻辑运算指令

这类指令的功能是把进位 C 的内容及直接位地址的内容逻辑"与"、"或"后的操作结果送回到 C 中。斜杠"/"表示对该位取反后再参与运算,但不改变原来的数值。

```
ANL  C,bit      ;位累加器 CY 逻辑"与"直接寻址位,其结果送位累加器 CY 中
ANL  C,/bit     ;直接寻址位取反后同位累加器 CY 逻辑"与",其结果送位累加器 CY 中
ORL  C,bit      ;位累加器 CY 逻辑"或"直接寻址位,其结果送位累加器 CY 中
ORL  C,/bit     ;直接寻址位取反后同位累加器 CY 逻辑"或",其结果送位累加器 CY 中
```

需要说明的是,在汇编语言级指令格式中,位地址 bit 有多种表示方式:
① 直接(位)地址方式,如 0DH。
② 字节地址.位方式,如 21H.5。
③ 寄存器名.位方式,如 ACC.7,但不能写成 A.7。
④ 位定义名方式,如 RS0。
⑤ 用伪指令 BIT 定义位名方式,如"F1 BIT PSW.1",经定义后,允许在指令中用 F1 来代替 PSW.1。

接下来做实验,感性认识所学这些指令的作用。

10.2 将 P1.0 的状态传送到 P2.0 的实验

10.2.1 实现方法

将 P1.0 的输入传送给位累加器 CY,然后再转送到 P2.0 点亮发光二极管。

10.2.2 源程序文件

在"我的文档"中建立一个文件目录 S10-1,然后建立一个 S10-1.uv2 工程项目,最后建立源程序文件 S10-1.asm。输入以下源程序:

```
序号:   1              ORG    0000H
        2              LJMP   MAIN
        3              ORG    0030H
        4    MAIN:     MOV    C,P1.0
        5              MOV    P2.0,C
        6              ACALL  DEL
        7              AJMP   MAIN
        8    DEL:      MOV    R7,#0FFH
```

```
9      DEL1:    MOV   R6,#0FFH
10     DEL2:    DJNZ  R6,DEL2
11              DJNZ  R7,DEL1
12              RET
13              END
```

编译通过后,进行模拟仿真,打开 P1、P2 口,将 P1.0 的打勾取消(即为低电平),按下键盘的 F10,发现 P2.0 也为低电平。若将 P1.0 置高电平,则 P2.0 也为高电平。这样,实现了将 P1.0 的状态传送到 P2.0。软件模拟仿真输出结果如图 10-1 所示。进行实验时,将 S10-1 文件夹中的 S10-1.hex 文件烧录到 89C51 芯片中,将芯片插入 LED 输出试验板上,将 P1.0 口处的短路块拔出(用作输入时,需将输出的短路块拔出)。实验板通电运行后,一开始 P2.0 处的 LED 并不亮。将试验线一端插 0 电平插针,另一端插 P1.0 引脚外相连的插针,LED 点亮。拿开试验线,LED 又不亮。

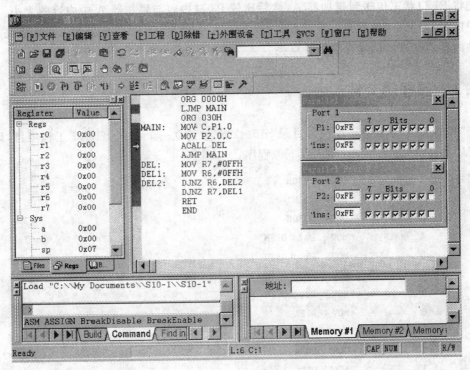

图 10-1 仿真输出结果

10.2.3 程序分析解释

序号 1:程序开始。
序号 2:跳转到 MAIN 主程序处。
序号 3:主程序 MAIN 从地址 0030H 开始。
序号 4:将 P1.0 的外部输入内容传送给位累加器 CY 中。
序号 5:将位累加器 CY 的内容传送给 P2.0 中。
序号 6:调用延时子程序,维持发光二极管点亮。

序号7：跳转到 MAIN 处反复执行。
序号8～12：延时子程序。
序号13：程序结束。

10.3　比较输入数大小的实验

比较 P1 口与 P3 口输入的两个数大小的实验。若 P1 口数小,则把 P0.0 的发光二极管点亮;若 P3,则数小,则把 P0.7 的发光二极管点亮;若两数相等,则把 P0.4 的发光二极管点亮。

10.3.1　实现方法

先将 P1 口状态传送到累加器 A,然后比较 P3 口内容与累加器 A 中内容的大小。若 P3＝A 中内容,则 P0.4 的发光二极管点亮;若 P3＜A 中内容,则 P0.7 的发光二极管点亮;若 P3＞A 中内容,则 P0.0 的发光二极管点亮。

10.3.2　源程序文件

在"我的文档"中建立一个文件目录 S10-2,然后建立一个 S10-2.uv2 工程项目,最后建立源程序文件 S10-2.asm。输入以下源程序:

```
序号：  1              ORG    0000H
        2              LJMP   MAIN
        3              ORG    0030H
        4    MAIN:     MOV    P0,#0FFH
        5              MOV    P1,#0FFH
        6              MOV    P2,#0FFH
        7              MOV    P3,#0FFH
        8              MOV    A,P1
        9              CJNE   A,P3,L1
       10              CLR    P0.4
       11              ACALL  DEL
       12              AJMP   MAIN
       13    L1:       JC     L2
       14              CLR    P0.7
       15              ACALL  DEL
       16              AJMP   MAIN
       17    L2:       CLR    P0.0
       18              ACALL  DEL
       19              AJMP   MAIN
       20    DEL:      MOV    R7,#0FFH
       21    DEL1:     MOV    R6,#0FFH
```

第 10 章 位操作指令学习

```
22    DEL2:    DJNZ   R6,DEL2
23             DJNZ   R7,DEL1
24             RET
25             END
```

编译通过后，将其烧录到89C51芯片中，将芯片插入S1型LED输出试验板上，将P1口、P3口处的短路块全部拔出（此时P1、P3的输入均为FFH），S1实验板上通电运行。一开始P0.4处的LED点亮。将试验线一端插"0"电平插针，另一端插P1.0引脚外相连的插针，P1的输入变成FEH，P1<P3，P0.0处的LED点亮。反之，将试验线插P3.0引脚外相连的插针，P3的输入变成FEH，P3<P1，P0.7处的LED点亮。读者可以自己选择输入大小进行更多的比较实验。

10.3.3 程序分析解释

序号1:程序开始。
序号2:跳转到MAIN主程序处。
序号3:主程序MAIN从地址0030H开始。
序号4～7:P0～P3口初始化（均置高电平）。
序号8:将P1口内容传送给累加器A。
序号9:比较P3口内容与累加器A中内容之大小。若P3=A中内容，则程序顺序执行，位累加器（也称进位位）CY=0。P3≠A中内容，则程序跳转至L1处，若P3<A中内容，CY=0；若P3>A中内容，CY=1。
序号10:P0.4置0,点亮对应的LED。
序号11:调用延时子程序,维持LED点亮。
序号12:跳转到MAIN主程序处循环执行。
序号13:判位累加器,若为1,跳转至L2处;若为0,顺序执行。
序号14:P0.7置0,点亮对应的LED。
序号15:调用延时子程序,维持LED点亮。
序号16:跳转到MAIN主程序处循环执行。
序号17:P0.0置0,点亮对应的LED。
序号18:调用延时子程序,维持LED点亮。
序号19:跳转到MAIN主程序处循环执行。
序号20～24:延时子程序。
序号25:程序结束。

10.4 将累加器A中的立即数移出的实验

将累加器A中的一个数24H(00100100)从P1.0移出。

10.4.1 实现方法

先将立即数 24H 送入累加器 A,然后将累加器右环移(经过进位位 CY),再将进位位依次送入 P1.0。为了观察方便,移出的速率为 1 位每秒,设低位先移出。

10.4.2 源程序文件

在"我的文档"中建立一个文件目录 S10-3,然后建立一个 S10-3.uv2 工程项目,最后建立源程序文件 S10-3.asm。输入以下源程序:

序号：			
1		ORG	0000H
2		LJMP	MAIN
3		ORG	0030H
4	MAIN:	MOV	P1,#0FFH
5		MOV	R0,#08H
6		MOV	A,#24H
7	OUT:	RRC	A
8		MOV	P1.0,C
9		ACALL	DEL1S
10		DJNZ	R0,OUT
11		MOV	P1,#0FFH
12		SJMP	$
13	DEL1S:	MOV	R5,#08H
14	F3:	MOV	R6,#0FFH
15	F2:	MOV	R7,#0FFH
16	F1:	DJNZ	R7,F1
17		DJNZ	R6,F2
18		DJNZ	R5,F3
20		RET	
19		END	

编译通过后,将其烧录到 89C51 芯片中,将芯片插入 LED 输出试验板上。通电运行后可看到:第 1、2 秒,P1.0 的发光二极管点亮;第 3 秒,P1.0 的发光二极管熄灭;第 4、5 秒,P1.0 的发光二极管点亮;第 6 秒,P1.0 的发光二极管熄灭;第 7、8 秒,P1.0 的发光二极管点亮;然后一直熄灭。

10.4.3 程序分析解释

序号 1:程序开始。

序号 2:跳转到 MAIN 主程序处。

序号 3:主程序 MAIN 从地址 0030H 开始。

序号 4:关闭 P1 口(置 FFH)。
序号 5:寄存器 R0 置立即数 08H(一字节的长度)。
序号 6:累加器 A 置欲送出的立即数 24H。
序号 7:累加器进行通过进位位 CY 的右环移。
序号 8:CY 中的数送 P1.0 输出。
序号 9:调用 1 s 的延时子程序,使 P1.0 保持 1 s。
序号 10:R0 内的字节长度(8 位)减 1 后再判,若为 0 说明 8 位已全部移出;若不为 0 跳转到 OUT 处继续输出。
序号 11:关闭 P1 口(置 FFH)。
序号 12:动态停机。
序号 13~19:延时子程序。
序号 20:程序结束。

10.5 实现逻辑函数的实验

实现逻辑函数 $F=\overline{WXYZ+W\overline{X}\overline{Y}+W\overline{X}Y\overline{Z}}$ 实验。

10.5.1 实现方法

在 LED 输出试验板上实现:由软件来代替硬件数字电路,实现逻辑功能。设变量 W、X、Y、Z 分别由 P2.0、P2.1、P2.2、P2.3 输入,F 由 P2.7 输出。

10.5.2 源程序文件

在"我的文档"中建立一个文件目录 S10-4,然后建立一个 S10-4.uv2 工程项目,最后建立源程序文件 S10-4.asm。输入以下源程序:

```
序号:   1           ORG   0000H
        2           LJMP  MAIN
        3           ORG   0030H
        4    MAIN:  ORL   P2,#0FH
        5    GOON:  MOV   A,P2
        6           MOV   C,ACC.0
        7           ANL   C,ACC.1
        8           ANL   C,ACC.2
        9           ANL   C,ACC.3
       10           MOV   00H,C
       11           MOV   C,ACC.0
       12           ANL   C,/ACC.1
       13           MOV   01H,C
       14           ANL   C,/ACC.2
```

15		ORL	C,00H
16		MOV	00H,C
17		MOV	C,ACC.2
18		ANL	C,01H
19		ANL	C,/ACC.3
20		ORL	C,/00H
21		MOV	P2.7,C
22		ACALL	DEL
23		SJMP	GOON
24	DEL:	MOV	R5,#04H
25	F3:	MOV	R6,#0FFH
26	F2:	MOV	R7,#0FFH
27	F1:	DJNZ	R7,F1
28		DJNZ	R6,F2
29		DJNZ	R5,F3
30		RET	
31		END	

编译通过后,将其烧录到 89C51 芯片中,将芯片插入到 LED 输出试验板上,将 P2.0~P2.6 处的短路块取除。通电运行后可看到:P2.7 处的发光二极管点亮,这是因为 W、X、Y、Z (P2.0、P2.1、P2.2、P2.3)输入均为 1 后,F(P2.7)的输出为 0。用 4 根试验线改变 P2.3~ P2.0 的输入状态(0000~1111),发现输入为 0001、1001、1111 时 F 输出为 0,其余 F 输出为 1。 与计算完全一致。

10.5.3 程序分析解释

序号 1:程序开始。

序号 2:跳转到 MAIN 主程序处。

序号 3:主程序 MAIN 从地址 0030H 开始。

序号 4:置 P2.0~P2.3 为输入状态(置 1),P2.4~P2.7 不变。

序号 5:读取 P2.0~P2.3 的输入变量至累加器 A 中。

序号 6:将输入变量 W 送入位寄存器 CY 中(W→C)。

序号 7:CY 与 X 变量相"与",结果存 CY 中(W·X→C)。

序号 8:CY 再与 Y 变量相"与",结果存 CY 中(W·X·Y→C)。

序号 9:最后 CY 又与 Z 变量相"与",结果存 CY 中(W·X·Y·Z→C)。

序号 10:将此时 CY 中的量(即 WXYZ 相"与"的结果)暂存于位寻址单元 00H(W·X·Y·Z→(00H))。

序号 11:再将变量 W 送入位寄存器 CY 中(W→C)。

序号 12:CY 与 X 变量的非相"与",结果存 CY 中(/X· W→C)。

序号 13:将此时 CY 中的量(即/XW 相"与"的结果)暂存于位寻址单元 01H(/X ·W→(01H))。

序号 14:将 CY 中的量(即/XW)与 Y 变量的非相"与",结果存 CY 中(W·/X·/Y→C)。

序号 15:再将 CY 中的值与 00H 单元的暂存值相"或",结果存 CY(WXYZ + W/X/Y→C)。

序号 16:将 CY 中的值重新送回 00H 暂存(WXYZ + W/X/Y→(00H))。

序号 17:再取变量 Y 送入 CY(Y→C)。

第 10 章 位操作指令学习

序号 18：取出暂存于 01H 内的值与 CY 相"与"(/X W ~Y→C)，结果存 CY。

序号 19：将 CY 与变量 Z 的非相"与"(/Z/X YW→C)，结果存 CY。

序号 20：再将 CY 值与之前暂存于 00H 值的非相"或"($\overline{WXYZ} + \overline{W\overline{X}Y} + \overline{W\overline{X}Y\overline{Z}}$→C)，结果存 CY。

序号 21：将 CY 的值送 P2.7(C→P2.7)。

序号 22：调用延时子程序，便于观察输出状态。

序号 23：跳转回 GOON 处连续执行。

序号 24～30：延时子程序。

序号 31：程序结束。

第 11 章
栈操作指令、空操作指令、伪指令及字节交换指令的学习

11.1 栈操作指令

11.1.1 堆栈指令

PUSH direct

其作用是先将栈指针 SP 的内容加 1,然后将直接寻址单元中的数压入 SP 所指的单元中。若数据已入栈,则 SP 指向最后推入数据所在的存储单元(即指向栈顶)。

11.1.2 出栈指令

POP direct

其作用是先将栈指针 SP 所指出单元的内容送入直接寻址单元中,然后将栈指针 SP 的内容减 1,此时 SP 指向新的栈顶。

使用堆栈时,一般须设定 SP 的初始值。堆栈原则上可以设在内部 RAM 的任意区域,但为使用方便,一般设在 30H～7FH。另外,须注意留出足够的存储单元作栈区,否则可能发生数据重叠,引起程序混乱。由于入栈的第 1 个数必须存放在 SP+1 的存储单元,故实际栈顶是在 SP+1 所指出的单元。

11.2 空操作指令

NOP

这是一条单字节指令,它不作任何操作,但要占用一个机器周期的时间,常用于延时或等待。

11.3 伪指令

伪指令又叫做汇编控制指令,它是在汇编过程中起作用的指令,用来对汇编过程进行某种控制,或者对符号、标号赋值。伪指令和指令是完全不同的,在汇编过程中,伪指令并不产生可执行的目标代码,大部分伪指令甚至不会影响存储器中的内容。

11.3.1 汇编起始命令

ORG 格式:[标号:] ORG 16位地址 ;其中括号内是任选项,可以没有

ORG 的功能为规定下面目标程序的起始地址。ORG 伪指令总是出现在每段源程序或数据块的起始位置,故称为汇编起始命令。在一个源程序中,可以多次使用 ORG 指令,以规定不同的程序段的起始位置。但所规定的地址应该是从小到大,而且不允许有重叠,即不同的程序段之间不能有重叠。一个源程序若不用 ORG 指令开始,则从 0000H 开始存放目标码。

例如:

```
        ORG 0030H
MAIN:   MOV A,#20H
        ⋮
```

表示主程序从 0030H 单元开始存放。

11.3.2 汇编结束命令

END 格式:[标号:] END ;其中括号内是任选项,可以没有

END 是汇编语言源程序的结束标志,在 END 以后所写的指令,汇编程序都不予处理。一个源程序只能有一个 END 命令。在同时包含有主程序和子程序的源程序中,也只能有一个 END 命令,并放到所有指令的最后;否则,在 END 之后就有一部分指令不能被汇编(编译)。

11.3.3 等值命令

EQU 格式:字符名称 EQU 数或汇编符号

EQU 的功能是将一个数或者特定的汇编符号赋予规定的字符名称。

注意,这里使用的是"字符名称",不是标号,而且也不用":"来作分隔符,若加上":"反而被汇编程序认为是一种错误。用 EQU 指令赋值以后的字符名称,可以用作数据地址、代码地址、位地址或者直接当做一个立即数使用。因此,给字符名称所赋的值可以是 8 位数,也可以是 16 位二进制数。使用 EQU 伪指令时,必须先赋值,后使用;而不能先使用,后赋值。

例如:

```
    FA EQU  R1
        ⋮
```
表示经定义后,允许在指令中用 FA 代替 R1。

又如:
```
    ADD EQU  1000H
        ⋮
```
表示经定义后,即给 ADD 赋以地址值 1000H。

11.3.4 定义字节命令

DB 或 DEFB　格式:[标号:]　DB　字节形式的数据表

DB 的功能是从指定的地址单元开始,定义若干个字节作为内存单元的内容。

这个伪指令是在程序存储器的某一部分存入一组规定好的 8 位二进制数,或者是将一个数据表格存入程序存储器。该伪指令在汇编以后,将影响程序存储器的内容。

DB 命令所确定的单元地址可以由下述两种方法之一来确定:若 DB 命令是紧接着其他源程序的,则由源程序最后一条指令的地址加上该指令的字节数来确定;由 ORG 命令来确定首地址。

例如:
```
        ORG   0800H
    TAB: DB   53H,20H,14H,22H,66H,98H,87H,60H,90H,80H
        END
```
表示首地址从 0800H 开始的一组数据表格。

11.3.5 定义字命令

DW 或 DEFW　格式:[标号:]　DW　16 位数据表

其功能是从指定地址开始,定义若干个 16 位数据。每个 16 位数要占 ROM 的两个单元,在 51 系列单片机中,16 位二进制数的高 8 位先存入(低地址字节),低 8 位后存入(高地址字节)。

例如:
```
         ORG   0800H
    HETAB: DW   5320H,1422H,66H
         END
```
表示首地址从 0800H 开始的一组 16 位数据表格。

(0800)=53H　(0801)=20H　(0802)=14H　(0803)=22H

(0804)=00H　(0805)=66H

DB、DW 伪指令都只对程序存储器起作用,即不能用它们来对数据存储器的内容进行赋值或做其他初始化的工作。

11.3.6 预留存储区命令

DS 或 DEFS　　　格式：[标号：]　DS　表达式值

其功能是从指定地址开始，定义一个存储区，以备源程序使用。存储区预留的存储单元数由表达式的值决定。

例如：

```
        ORG  0500H
TEMP：DS  10
        ⋮
```

即由 0500H 地址开始保留连续的 10 个存储单元存储区。

11.3.7 定义位命令

BIT　　　格式：字符名称　BIT　位地址

其功能用于给字符名称定义位地址。

例如：

F1　BIT P1.1

经定义后，允许在指令中用 F1 代替 P1.1。

11.3.8 定义数据地址命令

DATA　　　格式：字符名称　DATA　16 位地址

其功能用于给字符名称定义 16 位地址。通常用来定义数据地址。

11.4 字节交换指令

XCH A,Rn	；将寄存器 Rn 中的内容与累加器 A 的内容相互交换
XCH A,direct	；将直接寻址单元 direct 中的内容与累加器 A 的内容相互交换
XCH A,@Ri	；将寄存器 Ri 中内容作为地址的单元内容（寄存器间接寻址单元）与累加器 A 的内容相互交换
XCHD A,@Ri	；将寄存器 Ri 间接寻址单元的低 4 位内容与累加器 A 的低 4 位内容相互交换，而各自的高 4 位维持不变

接下来做实验,具体认识所学这些指令的作用。

11.5 查0~9平方表实验

在 LED 数码管输出试验板上实现:按下 0~9 键后,将立即数 0~9 输入累加器 A 中,左边第 2 个数码管用作输入显示。单片机根据累加器 A 中的数查其平方表,并且在右边的 2 个数码管上显示出来。

11.5.1 实现方法

先调用键扫描子程序判有无键按下:若无键按下,则反复判断等待;若有键按下,则根据键号转向执行对应的功能程序段,使数码管的显示与键号一致。

11.5.2 源程序文件

在"我的文档"中建立一个文件目录 S11-1,然后建立一个 S11-1.uv2 工程项目,最后建立源程序文件 S11-1.asm。输入以下源程序:

```
序号:   1               ORG    0000H
        2               AJMP   MAIN
        3               ORG    0030H
        4    MAIN:      LCALL  SCAN_KEY
        5               JZ     MAIN
        6               LCALL  DEL10MS
        7               LCALL  SCAN_KEY
        8               JZ     MAIN
        9               MOV    P3,#7FH
       10               JNB    P3.0,L3
       11               JNB    P3.1,L6
       12               JNB    P3.2,L9
       13               MOV    P3,#0BFH
       14               JNB    P3.0,L2
       15               JNB    P3.1,L5
       16               JNB    P3.2,L8
       17               JNB    P3.3,L0
       18               MOV    P3,#0DFH
       19               JNB    P3.0,L1
       20               JNB    P3.1,L4
       21               JNB    P3.2,L7
       22               AJMP   MAIN
       23    L0:        MOV    A,#00H
```

第 11 章　栈操作指令、空操作指令、伪指令及字节交换指令的学习

```
24          AJMP  GOON
25  L1:     MOV   A,#01H
26          AJMP  GOON
27  L2:     MOV   A,#02H
28          AJMP  GOON
29  L3:     MOV   A,#03H
30          AJMP  GOON
31  L4:     MOV   A,#04H
32          AJMP  GOON
33  L5:     MOV   A,#05H
34          AJMP  GOON
35  L6:     MOV   A,#06H
36          AJMP  GOON
37  L7:     MOV   A,#07H
38          AJMP  GOON
39  L8:     MOV   A,#08H
40          AJMP  GOON
41  L9:     MOV   A,#09H
42  GOON:   MOV   30H,A
43          MOV   DPTR,#DIS_TAB
44          MOVC  A,@A+DPTR
45          MOV   P2,A
46          MOV   A,30H
47          MOV   DPTR,#TAB
48          MOVC  A,@A+DPTR
49          MOV   DPTR,#DIS_TAB
50          PUSH  ACC
51          ANL   A,#0FH
52          MOVC  A,@A+DPTR
53          MOV   P0,A
54          POP   ACC
55          SWAP  A
56          ANL   A,#0FH
57          MOVC  A,@A+DPTR
58          MOV   P1,A
59          LCALL DEL10MS
60          LJMP  MAIN
61          ORG   0200H
62  SCAN_KEY: MOV P3,#0FH
63          MOV   A,P3
64          ORL   A,#0F0H
65          CPL   A
66          RET
```

67		ORG	0250H
68	DEL10MS:	MOV	R5,#0BH
69	F1:	MOV	R7,#02H
70	F2:	MOV	R6,#0FFH
71	F3:	DJNZ	R6,F3
72		DJNZ	R7,F2
73		DJNZ	R5,F1
74		RET	
75		ORG	0300H
76	TAB:	DB	00H,01H,04H,09H,16H
77		DB	25H,36H,49H,64H,81H
78		ORG	0350H
79	DIS_TAB:	DB	0C0H,0F9H,0A4H,0B0H,099H,092H,082H,0F8H
80		DB	080H,090H,088H,083H,0C6H,0A1H,086H,08EH
81		END	

编译通过后,将 S11-1 文件夹中的 hex 文件烧录到 89C51 芯片中,将芯片插入 LED 数码管输出试验板上。按下 0 键,左边第 2 个数码管显示 0,右边的 2 个数码管上显示 00;按下 1 键,左边第 2 个数码管显示 1,右边的 2 个数码管上显示 01;……按下 9 键,左边第 2 个数码管显示 9,右边的 2 个数码管上显示 81。实现了根据输入数查其平方表的功能。

11.5.3 程序分析解释

序号 1:程序开始。
序号 2:跳转到 MAIN 主程序处。
序号 3:主程序 MAIN 从地址 0030H 开始。
序号 4:调用键扫描子程序。
序号 5:若累加器为 0,跳转到 MAIN 处。
序号 6:调用 10 ms 延时子程序,避开键抖动干扰。
序号 7:再调用键扫描子程序。
序号 8:若累加器 A 为 0,说明无键输入,跳转到 MAIN 处。否则说明有键输入,顺序执行。
序号 9:向 P3 口送数 7FH,准备读取键输入状态。
序号 10:有 3 键按下转 L3。
序号 11:有 6 键按下转 L6。
序号 12:有 9 键按下转 L9。
序号 13:向 P3 口送数 BFH,准备读取键输入状态。
序号 14:有 2 键按下转 L2。
序号 15:有 5 键按下转 L5。
序号 16:有 8 键按下转 L8。
序号 17:有 0 键按下转 L0。
序号 18:向 P3 口送数 DFH,准备读取键输入状态。
序号 19:有 1 键按下转 L1。
序号 20:有 4 键按下转 L4。

第11章 栈操作指令、空操作指令、伪指令及字节交换指令的学习

序号 21:有 7 键按下转 L7。
序号 22:无有效键按下,跳转到标号 MAIN 处。
序号 23:向累加器 A 送立即数 00。
序号 24:跳转到标号 GOON 处。
序号 25:向累加器 A 送立即数 01。
序号 26:跳转到标号 GOON 处。
序号 27:向累加器 A 送立即数 02。
序号 28:跳转到标号 GOON 处。
序号 29:向累加器 A 送立即数 03。
序号 30:跳转到标号 GOON 处。
序号 31:向累加器 A 送立即数 04。
序号 32:跳转到标号 GOON 处。
序号 33:向累加器 A 送立即数 05。
序号 34:跳转到标号 GOON 处。
序号 35:向累加器 A 送立即数 06。
序号 36:跳转到标号 GOON 处。
序号 37:向累加器 A 送立即数 07。
序号 38:跳转到标号 GOON 处。
序号 39:向累加器 A 送立即数 08。
序号 40:跳转到标号 GOON 处。
序号 41:向累加器 A 送立即数 09。
序号 42:将累加器 A 内容送 30H 单元暂存。
序号 43:将数码管字段码数据表格的首地址(0350H)存入 16 位数据地址指针 DPTR 中。
序号 44:根据 A 中内容查表。
序号 45:查表结果送 P2 口显示。
序号 46:将 30H 单元内容送回累加器 A。
序号 47:将 0～9 平方表数据表格的首地址(0300H)存入 16 位数据地址指针 DPTR 中。
序号 48:根据 A 中内容查表。
序号 49:将数码管字段码数据表格的首地址(0350H)存入 16 位数据地址指针 DPTR 中。
序号 50:将累加器 A 中内容压栈。
序号 51:屏蔽累加器 A 高 4 位。
序号 52:根据 A 中内容查表。
序号 53:累加器 A 中内容送 P0 口显示。
序号 54:恢复累加器 A 中原内容。
序号 55:交换累加器的高、低 4 位。
序号 56:屏蔽累加器 A 高 4 位。
序号 57:根据 A 中内容查表。
序号 58:累加器 A 中内容送 P1 口显示。
序号 59:调用延时子程序,维持数码管点亮。
序号 60:跳转到 MAIN 处循环执行。
序号 61:键扫描子程序从地址 0200H 开始。
序号 62:键扫描子程序开始,向 P3 口送数 0FH,准备读键输入。
序号 63:将 P3 口状态读入累加器 A 中。

序号 64：累加器 A 与立即数 F0H 相或，结果送 A 中。
序号 65：累加器 A 取反。
序号 66：返回。
序号 67：延时子程序从地址 0250H 开始。
序号 68~74：延时 10 ms 子程序。
序号 75：数据表格从地址 0300H 开始。
序号 76~77：0~9 平方表数据表格内容。
序号 78：数据表格从地址 0350H 开始。
序号 79~80：数码管字段码数据表格内容。
序号 81：程序结束。

11.6　利用 NOP 指令产生精确方波的实验

11.6.1　实现方法

置输出位为低电平，利用 NOP 指令进行精确延时；一段时间后再将输出位置为高电平，同样再利用 NOP 指令进行精确延时，反复循环执行。

11.6.2　源程序文件

在"我的文档"中建立一个文件目录 S11-2，然后建立一个 S11-2.uv2 工程项目，最后建立源程序文件 S11-2.asm。输入以下源程序：

```
序号：  1              ORG 0000H
       2              AJMP MAIN
       3              ORG 0030H
       4      MAIN：  CLR P2.0
       5              NOP
       6              NOP
       7              NOP
       8              NOP
       9              SETB P2.0
       10             NOP
       11             NOP
       12             AJMP MAIN
       13             END
```

编译通过后，将 S11-2 文件夹中的 hex 文件烧录到 89C51 芯片中，将芯片插入 LED 数码管输出试验板上。通电运行后接示波器观察可发现，P2.0 输出精确的方波（高电平 5.42 μs、低电平 5.43 μs），周期为 10 个机器周期（10.85 μs）。由于频率太高，因此眼睛看不到发光二

第 11 章　栈操作指令、空操作指令、伪指令及字节交换指令的学习

极管闪亮。没有示波器的读者可进行软件仿真观察方波周期,按下 F10 单步运行,进入低电平(CLR P2.0)时,观察时间为 0.000 002 17 s(见图 11-1);继续单步运行,进入高电平(SETB P2.0)时,时间值为 0.000 007 60 s(见图 11-2),则低电平时间为:(0.000 007 60 − 0.000 002 17) s＝0.000 005 43 s＝5.43 μs;再单步执行,当程序转回低电平(CLR P2.0)时,时间值为 0.000 013 02 s(见图 11-3),则高电平时间为:(0.000 013 02 − 0.000 007 60) s＝0.000 005 42 s＝5.42 μs。重复上述过程,发现高、低电平的时间都不变。

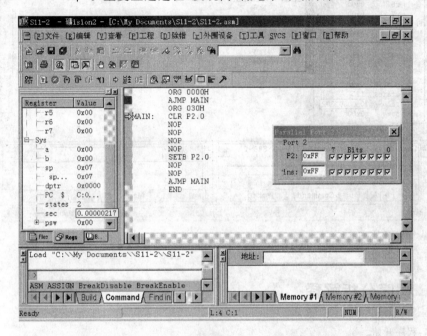

图 11-1　观察时间为 0.000 002 17 s

图 11-2　观察时间为 0.000 007 60 s

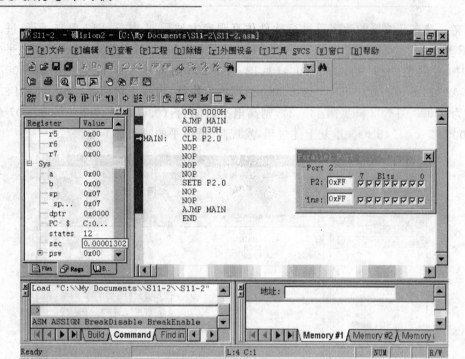

图 11-3 观察时间为 0.000 013 02 s

11.6.3 程序分析解释

序号1:程序开始。

序号2:跳转到MAIN主程序处。

序号3:主程序MAIN从地址0030H开始。

序号4:置P2.0为低电平(执行时间为1个机器周期)。

序号5:空操作(执行时间为1个机器周期,仅用于延时,以下同)。

序号6:空操作。

序号7:空操作。

序号8:空操作。序号4~8指令共占用5个机器周期,这期间P2.0输出低电平。

序号9:置P2.0为高电平(执行时间为1个机器周期)。

序号10:空操作。

序号11:空操作。

序号12:绝对转移至主程序处(执行时间为2个机器周期)。序号9~11指令占用了3个机器周期,序号12指令占用2个机器周期,因此从序号9~12指令共占用了5个机器周期,这期间P2.0输出高电平。

序号13:程序结束。

第11章 栈操作指令、空操作指令、伪指令及字节交换指令的学习

11.7 MCS-51 指令分类表

到此为止,我们已将 MCS-51 系列单片机指令系统中的 111 条汇编指令全部学完。为方便读者查找,现将其分 4 大类(传送、交换、栈操作指令;算术、逻辑运算指令;转移指令和布尔指令集),按功能、字节数及周期数列表如表 11-1~11-4 所列。

1. 传送、交换、栈操作指令

表 11-1 传送、交换、栈操作指令

助记符	功能说明	字节数	振荡周期
MOV A,Rn	寄存器传送到累加器	1	12
MOV A,direct	直接字节传送累加器	2	12
MOV A,@Ri	间接 RAM 传送到累加器	1	12
MOV A,#data	立即数传送到累加器	2	12
MOV Rn,A	累加器传送到寄存器	1	12
MOV Rn,direct	直接字节传送到寄存器	2	24
MOV Rn,#data	立即数传送到寄存器	2	12
MOV direct,A	累加器传送到直接字节	2	12
MOV direct,Rn	寄存器传送到直接字节	2	24
MOV direct,direct	直接字节传送到直接字节	3	24
MOV direct,@Ri	间接 RAM 传送到直接字节	2	24
MOV direct,#data	立即数传送到直接字节	3	24
MOV @Ri,A	累加器传送到间接 RAM	1	12
MOV @Ri,direct	直接字节传送到间接 RAM	2	24
MOV @Ri,#data	立即数传送到间接 RAM	2	12
MOV DPTR,#data16	16 位数加载到数据指针	3	24
MOVC A,@A+DPTR	代码字节传送到累加器	1	24
MOVC A,@A+PC	代码字节传送到累加器	1	24
MOVX A,@Ri	外部 RAM(8 位地址)传送到 ACC	1	24
MOVX A,@DPTR	外部 RAM(16 位地址)传送到 ACC	1	24
MOVX @Ri,A	ACC 传送到外部 RAM(8 位地址)	1	24
MOVX @DPTR,A	ACC 传送到外部 RAM(16 位地址)	1	24
PUSH direct	直接字节压到堆栈	2	24
POP direct	从栈中弹出直接字节	2	24
XCH A,Rn	寄存器和累加器交换	1	12
XCH A,direct	直接字节和累加器交换	2	12
XCH A,@Ri	间接 RAM 和累加器交换	1	12
XCHD A,@Ri	间接 RAM 和累加器交换低 4 位字节	1	12
SWAP A	累加器内部高、低 4 位交换	1	12

2. 算术、逻辑运算指令

表 11-2　算术、逻辑运算指令

助记符	功能说明	字节数	振荡周期
ADD A,Rn	寄存器加到累加器	1	12
ADD A,direct	直接字节加到累加器	2	12
ADD A,@Ri	间接 RAM 加到累加器	1	12
ADD A,#data	立即数加到累加器	2	12
ADDC A,Rn	寄存器加到累加器（带进位）	1	12
ADDC A,direct	直接字节加到累加器（带进位）	2	12
ADDC A,@Ri	间接 RAM 加到累加器（带进位）	1	12
ADDC A,#data	立即数加到累加器（带进位）	2	12
SUBB A,Rn	ACC 减去寄存器（带借位）	1	12
SUBB A,direct	ACC 减去直接字节（带借位）	2	12
SUBB A,@Ri	ACC 减去间接 RAM（带借位）	1	12
SUBB A,#data	ACC 减去立即数（带借位）	2	12
INC A	累加器加 1	1	12
INC Rn	寄存器加 1	1	12
INC direct	直接字节加 1	2	12
INC @Ri	间接 RAM 加 1	1	12
DEC A	累加器减 1	1	12
DEC Rn	寄存器减 1	1	12
DEC direct	直接地址字节减 1	2	12
DEC @Ri	间接 RAM 减 1	1	12
INC DPTR	数据指针加 1	1	24
MUL AB	A 和 B 寄存器相乘	1	48
DIV AB	A 寄存器除以 B 寄存器	1	48
DA A	累加器十进制调整	1	12
ANL A,Rn	寄存器"与"到累加器	1	12
ANL A,direct	地址字节"与"到累加器	2	12
ANL A,@Ri	间接 RAM"与"到累加器	1	12
ANL A,#data	立即数"与"到累加器	2	12
ANL direct,A	累加器"与"到直接字节	2	12
ANL direct,#data	立即数"与"到直接字节	3	24
ORL A,Rn	寄存器"或"到累加器	1	12
ORL A,direct	直接字节"或"到累加器	2	12
ORL A,@Ri	间接 RAM"或"到累加器	1	12
ORL A,#data	立即数"或"到累加器	2	12

第 11 章 栈操作指令、空操作指令、伪指令及字节交换指令的学习

续表 11 - 2

助记符	功能说明	字节数	振荡周期
ORL direct,A	累加器"或"到直接字节	2	12
ORL direct,#data	立即数"或"到直接字节	3	24
XRL A,Rn	寄存器"异或"到累加器	1	12
XRL A,direct	直接字节"异或"到累加器	2	12
XRL A,@Ri	间接 RAM"异或"到累加器	1	12
XRL A,#data	立即数"异或"到累加器	2	12
XRL direct,A	累加器"异或"到直接字节	2	12
XRL direct,#data	立即数"异或"到直接字节	3	24
CLR A	累加器清 0	1	12
CPL A	累加器取反	1	12
RL A	累加器循环左移	1	12
RLC A	经过进位位的累加器循环左移	1	12
RR A	累加器循环右移	1	12
RRC A	经过进位位的累加器循环右移	1	12

3. 转移指令

表 11 - 3 转移指令

助记符	功能说明	字节数	振荡周期
ACALL addr11	绝对调用子程序	2	24
ACALL addr16	长调用子程序	3	24
RET	从子程序返回	1	24
RETI	从中断返回	1	24
AJMP addr11	绝对转移	2	24
AJMP addr16	长转移	3	24
SJMP rel	短转移(相对转移)	2	24
JMP @A+DPTR	相对 DPTR 的间接转移	1	24
JZ rel	累加器为 0 则转移	2	24
JNZ rel	累加器为非 0 则转移	2	24
CJNE A,direct,rel	比较直接字节和 ACC 不相等则转移	3	24
CJNE A,#data,rel	比较立即数和 ACC 不相等则转移	3	24
CJNE Rn,#data,rel	比较立即数和寄存器不相等则转移	3	24
CJNE @Ri,#data,rel	比较立即数和间接 RAM 不等则转移	3	24
DJNZ Rn,rel	寄存器减 1,不为 0 则转移	3	24
DJNE direct,rel	直接字节减 1,不为 0 则转移	3	24
NOP	空操作	1	12

4. 布尔指令集

表 11-4 布尔指令集

助记符	功能说明	字节数	振荡周期
CLR C	清进位	1	12
CLR bit	清直接寻址位	2	12
SETB C	进位位置位	1	12
SETB bit	直接寻址位置位	2	12
CPL C	进位位取反	1	12
CPL bit	直接寻址位取反	2	12
ANL C, bit	直接寻址位"与"到进位位	2	24
ANL C, /bit	直接寻址位的反码"与"到进位位	2	24
ORL C, bit	直接寻址位"或"到进位位	2	24
ORL C, /bit	直接寻址位的反码"或"到进位位	2	24
MOV C, bit	直接寻址位传送到进位位	2	12
MOV bit, C	进位位传送到直接寻址位	2	24
JC rel	如果进位位为 1 则转移	2	24
JNC rel	如果进位位为 0 则转移	2	24
JB bit, rel	如果直接寻址位为 1 则转移	3	24
JNB bit, rel	如果直接寻址位为 0 则转移	3	24
JBC bit, rel	如果直接寻址位为 1 则转移并清该位	3	24

第 12 章

定时器/计数器及实验

MCS-51 单片机可提供 2 个 16 位的定时器/计数器:定时器/计数器 1 和定时器/计数器 0。它们均可用作定时器或事件计数器,为单片机系统提供定时和计数功能。

12.1 定时器/计数器的结构及工作原理

图 12-1 为定时器/计数器的结构框图。由图可见,定时器/计数器的核心是一个加 1 计数器。加 1 计数器的脉冲有两个来源:一个是外部脉冲源,另一个是系统的时钟振荡器。计数器对两个脉冲源之一进行输入计数,每输入一个脉冲,计数值加 1。当计数到计数器为全 1 时,再输入一个脉冲就使计数值回 0,同时从最高位溢出一个脉冲使特殊功能寄存器 TCON (定时器控制寄存器)的某一位 TF0 或 TF1 置 1,作为计数器的溢出中断标志。如果定时器/计数器工作于定时状态,则表示定时的时间到;若工作于计数状态,则表示计数回 0。所以,加 1 计数器的基本功能是对输入脉冲进行计数,至于其工作于定时还是计数状态,则取决于外接

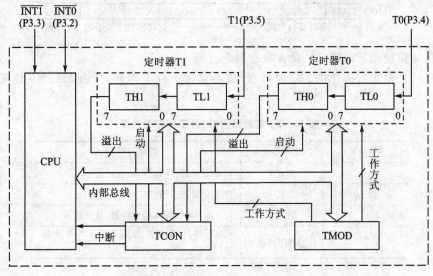

图 12-1 定时器/计数器结构框图

什么样的脉冲源。当脉冲源为时钟振荡器(等间隔脉冲序列)时,由于计数脉冲为一时间基准,所以脉冲数乘以脉冲间隔时间就是定时时间,因此为定时功能。当脉冲源为间隔不等的外部脉冲发生器时,就是外部事件的计数器,因此为计数功能。

用作定时器时,在每个机器周期寄存器加1,也可以把它看作是在累计机器周期。由于1个机器周期包括12个振荡周期,所以,它的计数速率是振荡频率的1/12。如果单片机采用12 MHz晶体,则计数频率为1 MHz,即每微秒计数器加1。这样不但可以根据计数值计算出定时时间,也可以反过来按定时时间的要求计算出应计数的预置值。

用作计数器时,MCS-51在其对应的外输入端T0(P3.4)或T1(P3.5)有一个输入脉冲的负跳变时加1。最快的计数速率是振荡频率的1/24。

定时器/计数器T0由2个8位特殊功能寄存器TH0和TL0构成,定时器/计数器T1由2个8位特殊功能寄存器TH1和TL1构成。方式寄存器TMOD用于设置定时器/计数器的工作方式,控制寄存器TCON用于启动和停止定时器/计数器的计数,并控制定时器/计数器的状态。对于每一个定时器/计数器,其内部结构实质上是一个可程控加法计数器,由编程来设置它工作在定时状态或计数状态。8位特殊功能寄存器TH0和TL0(或TH1和TL1)可被程控为不同的组合状态(13位、16位、2个分开的8位等),从而形成定时器/计数器4种不同的工作方式,这也只须用指令改变TMOD的相应位即可。

12.2 定时器/计数器方式寄存器和控制寄存器

方式寄存器TMOD和控制寄存器TCON用于控制定时器/计数器的工作方式,一旦把控制字写入TMOD和TCON,在下一条指令的第1个机器周期初(S1P1期间)就发生作用。

1. 定时器/计数器方式寄存器TMOD

	D7	D6	D5	D4	D3	D2	D1	D0
TMOD (89H)	GATE	C/$\overline{T}$	M1	M0	GATE	C/T	M1	M0
	←—— 定时器T1方式字段 ——→				←—— 定时器T0方式字段 ——→			

其中高4位控制定时器T1,低4位控制定时器T0。

M1、M0:工作方式选择位。定时器/计数器具有4种工作方式,由M1、M0位来定义,如表12-1所列。

表12-1 定时器/计数器工作方式选择

M1	M0	工作方式	功能说明
0	0	方式0	13位定时器/计数器
0	1	方式1	16位定时器/计数器
1	0	方式2	可自动再装入的8位定时器/计数器
1	1	方式3	把定时器/计数器0分成2个8位的计数器,关闭定时器/计数器T1

$C/\overline{T}$:选择计数器或定时器功能,$C/\overline{T}=1$ 为计数器功能(计数在 T0 或 T1 端的负跳变);$C/\overline{T}=0$ 为定时器功能(计机器周期)。

GATE:选通控制。GATE=0,由软件控制 TR0 或 TR1 位启动定时器;GATE=1,由外部中断引脚$\overline{INT0}$(P3.2)和$\overline{INT1}$(P3.3)输入电平分别控制 T0 和 T1 的运行。

2. 定时器/计数器控制寄存器 TCON

bit	8FH	8EH	8DH	8CH	8BH	8AH	89H	88H
TCON (88H)	TF1	TR1	TF0	TR0	IE1	IT1	IE0	IT1
					与外部中断有关			

TF1:定时器 T1 溢出中断标志。当定时器 T1 溢出时由内部硬件置位,申请中断。当单片机转向中断服务程序时,由内部硬件将 TF1 标志位清 0。

TR1:定时器 T1 运行控制位,由软件置位/清除来控制定时器 T1 开启/关闭。当 GATE(TMOD.7)为 0 而 TR1 为 1 时,允许 T1 计数;当 TR1 为 0 时,禁止 T1 计数。当 GATE(TMOD.7)为 1 时,仅当 TR1=1 且 $\overline{INT1}$ 输入为高电平时才允许 T1 计数,TR1=0 或 $\overline{INT1}$ 输入低电平都禁止 T1 计数。

TF0:定时器 T0 溢出标志,其含义与 TF1 类似。

TR0:定时器 T0 的运行控制位,其含义与 TR1 类似。

复位时,TMOD 和 TCON 的所有位均清 0。

TCON 的低 4 位与外部中断有关,在下一章再作介绍。

12.3 定时器/计数器的工作方式

2 个 16 位定时器/计数器具有定时和计数两种功能,每种功能包括了 4 种工作方式。用户通过指令把方式字写入 TMOD 来选择定时器/计数器的功能和工作方式;通过把计数的初始值写入 TH 和 TL 来控制计数长度;通过对 TCON 中相应位置位或清 0 来实现启动定时器工作或停止计数;还可以读出 TH、TL、TCON 中的内容来查询定时器的状态。

12.3.1 方式 0

当 M1M0 为 00 时,定时器/计数器被选为工作方式 0。其等效框图如图 12-2 所示。

方式 0 是一个 13 位的定时器/计数器。定时器 T1 的结构和操作与定时器 T0 完全相同。在这种方式下,16 位寄存器(TH0 和 TL0)只用 13 位。其中 TL0 的高 3 位未用,其余位占整个 13 位的低 5 位,TH0 占高 8 位。当 TL0 的低 5 位溢出时向 TH0 进位,而 TH0 溢出时向中断标志 TF0 进位(硬件置位 TF0),并申请中断。定时器 T0 计数溢出与否可通过查询 TF0 是否置位,或是否产生定时器 T0 中断而知道。

当 $C/\overline{T}=0$ 时,多路开关连接振荡器的 12 分频器输出,T0 对机器周期计数,这就是定时工作方式。

当 $C/\overline{T}=1$ 时,多路开关与引脚 P3.4(T0)相连,外部计数脉冲由引脚 T0 输入。当外信号

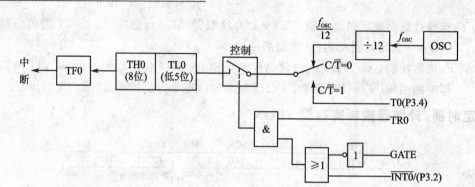

图 12-2 定时器 T0(或 T1)方式 0 结构

电平发生 1 到 0 跳变时,计数器加 1,这时 T0 成为外部事件计数器。

当 GATE=0 时,封锁"或"门,使引脚 $\overline{INT0}$ 输入信号无效。这时,"或"门输出为常 1,打开"与"门,由 TR0 控制定时器 T0 的开启和关断。若 TR0=1,接通控制开关,启动定时器 T0,允许 T0 在原计数值上作加法计数,直至溢出。溢出时,计数寄存器值为 0,TF0=1,并申请中断,T0 从 0 开始计数。因此,若希望计数器按原计数初值开始计数,则在计数溢出后,应给计数器重新赋初值。若 TR0=0,则关断控制开关,停止计数。

当 GATE=1,且 TR0=1 时,"或"门、"与"门全部打开,外信号电平通过 $\overline{INT0}$ 直接开启或关断定时器计数。输入 1 电平时,允许计数,否则停止计数。这种操作方法可用来测量外信号的脉冲宽度等。

当为计数工作方式时,计数值的范围为 $1\sim 8\,192(2^{13})$。

当为定时工作方式时,定时时间的计算公式为:

$$T=(2^{13}-\text{计数初值})\times \text{晶振周期}\times 12$$

或

$$T=(2^{13}-\text{计数初值})\times \text{机器周期}$$

12.3.2 方式 1

当 M1M0 为 01 时,定时器/计数器被选为工作方式 1。其等效框图如图 12-3 所示。

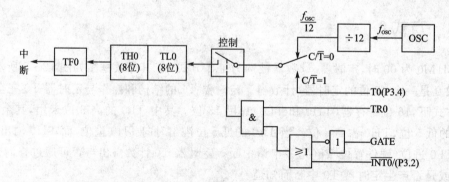

图 12-3 定时器 T0(或 T1)方式 1 结构

方式 1 为 16 位计数结构的工作方式,计数器由 8 位 TH0 和 8 位 TL0 构成(定时器 T1 的结构和操作与定时器 T0 完全相同)。其逻辑电路和工作情况与方式 0 完全相同,所不同的只是组成计数器的位数。

当为计数工作方式时,计数值的范围为:1~65 536(2^{16})。

当为定时工作方式时,定时时间计算公式为:

$$T=(2^{16}-计数初值)\times 晶振周期\times 12$$

或

$$T=(2^{16}-计数初值)\times 机器周期$$

12.3.3 方式 2

当 M1M0 为 10 时,定时器/计数器被选为工作方式 2。其等效框图如图 12-4 所示。

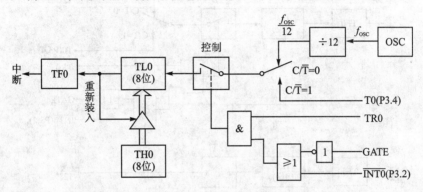

图 12-4 定时器 T0(或 T1)方式 2 结构

方式 0 和方式 1 的最大特点是计数溢出后,计数器全为 0。因此循环定时或计数应用时就存在重新设置计数初值的问题,这不但影响定时精度,而且也给程序设计带来不便。方式 2 就是针对此问题而设置的,它具有自动重新加载功能,因此也可以说方式 2 是自动重新加载工作方式。在这种工作方式下,把 16 位计数器分为两部分,即以 TL0 作计数器,以 TH0 作预置寄存器,初始化时把计数初值分别装入 TL0 和 TH0 中。当计数溢出后,由预置寄存器以硬件方法自动加载。

初始化时,8 位计数初值同时装入 TL0 和 TH0 中。当 TL0 计数溢出时,置位 TF0,同时把保存在 TH0 中的计数初值自动加载装入 TL0 中,然后 TL0 重新计数,如此重复不止。这不但省去了用户程序中的重装指令,而且有利于提高定时精度。但这种方式下计数值有限,最大只能到 256。这种自动重新加载工作方式非常适用于连续定时或计数应用。

当为计数工作方式时,计数值的范围为 1~256(2^8)。

当为定时工作方式时,定时时间计算公式为:

$$T=(2^8-计数初值)\times 晶振周期\times 12$$

或

$$T=(2^8-计数初值)\times 机器周期$$

12.3.4 方式 3

当 M1M0 为 11 时,定时器/计数器被选为工作方式 3。

前 3 种工作方式下,对 2 个定时器/计数器的使用是完全相同的,但是在方式 3 下,2 个定时器/计数器的工作却是不同的。

1. 定时器/计数器 T0

在方式 3 下,定时器/计数器 T0 被拆成 2 个独立的 8 位计数器 TL0 和 TH0。其中 TL0 既可以作计数使用,又可以作定时使用,定时器/计数器 T0 的各控制位和引脚信号全归它使用。其功能和操作与方式 0 和方式 1 完全相同,而且逻辑电路结构也极其类似,如图 12-5 所示。

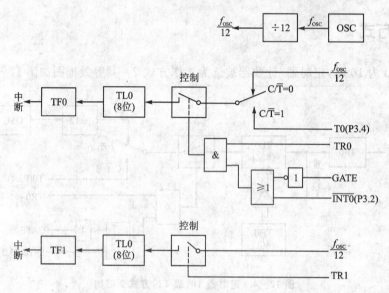

图 12-5 定时器 T0(或 T1)方式 3 结构

但 TH0 则只能作为简单的定时器使用,而且由于定时器/计数器 T0 的控制位已被 TL0 所占用,因此只好借用定时器/计数器 T1 的控制位 TR1 和 TF1,即计数溢出置位 TF1,而定时的启动和停止则受 TR1 的状态控制。

由于 TH0 只能作定时器使用而不能作计数器使用,因此在方式 3 下,定时器/计数器 T0 可以构成 2 个定时器,或 1 个定时器和 1 个计数器。

2. 定时器/计数器 T1

如果定时器/计数器 T0 已被设置为工作方式 3,则定时器/计数器 T1 只能设置为方式 0、方式 1 或方式 2,因为它的运行控制位 TR1 及计数溢出标志位 TF1 已被定时器/计数器 T0 所占据。在这种情况下,定时器/计数器 T1 通常是作为串行口的波特率发生器使用。因为已没有计数溢出标志位 TF1 可供使用,所以就把计数溢出直接送给串行口,以决定串行通信的速率。当作为波特率发生器使用时,只须设置好工作方式,便可自动运行。如要停止工作,只须送入一个把它设置为方式 3 的方式控制字就可以了。因为定时器/计数器 T1 不能在方式 3 下使用,如果硬把它设置为方式 3,就会停止工作。

12.4 定时器/计数器的初始化

由于定时器/计数器的功能是由软件编程确定的,所以一般在使用定时器/计数器前都要

对其进行初始化,使其按设定的功能工作。初始化步骤一般如下:
① 确定工作方式,对 TMOD 赋值。
② 预置定时或计数的初值,可直接将初值写入 TH0、TL0 或 TH1、TL1。
③ 根据需要开放定时器/计数器的中断,直接对 IE 位赋值。
④ 启动定时器/计数器,若已规定用软件启动,则可把 TR0 或 TR1 置 1;若已规定由外中断引脚电平启动,则需给外引脚加启动电平。当实现了启动要求之后,定时器即按规定的工作方式和初值开始计数或定时。

12.5 蜂鸣器发音实验

使用定时器 T1 以方式 0 使单片机产生周期为 1 000 μs 等宽方波脉冲(1 000 Hz 音频),在 P1.7 输出驱动蜂鸣器发音。

12.5.1 实现方法

LED 输出试验板使用 11.059 2 MHz 晶振,可近似认为其为 12 MHz,这样一个机器周期为 1 μs。欲产生 1 000 μs 周期方波脉冲,只需在 P1.7 以 500 μs 时间交替输出高低电平即可。
① T1 为方式 0,则 M1M0=00H。使用定时功能,$C/\overline{T}=0$,GATE=0。T0 不用,其有关位设为 0。这样,TMOD=00H。
② 方式 0 为 13 位长度计数结构,设计数初值为 X,则:$(2^{13}-X)\times 1\times 10^{-6}=500\times 10^{-6}$,得 $X=7692D$。
$X=1111000001100B$ 转成十六进制后,高 8 位=F0H,低 8 位=0CH,即 TH1=F0H,TL0=0CH。
③ 由控制寄存器 TCON 中的 TR1 位来控制定时的启动和停止:TR1=1 启动,TR1=0 停止。

12.5.2 源程序文件

在"我的文档"中建立一个文件目录 S12-1,然后建立一个 S12-1.uv2 工程项目,最后建立源程序文件 S12-1.asm。输入以下源程序:

```
序号:   1             ORG   0000H
        2             LJMP  MAIN
        3             ORG   0030H
        4      MAIN:  MOV   TMOD,#00H
        5             MOV   TH1,#0F0H
        6             MOV   TL1,#0CH
        7             MOV   IE,#00H
        8             SETB  TR1
```

```
9    LOOP:   JBC   TF1,LOOP1
10           AJMP  LOOP
11   LOOP1:  MOV   TH1,#0F0H
12           MOV   TL1,#0CH
13           CLR   TF1
14           CPL   P1.7
15           AJMP  LOOP
16           END
```

编译通过后,将 S12-1 文件夹中的 hex 文件烧录到 89C51 芯片中,将芯片插入 LED 输出试验板上。接上 5 V 稳压电源后,蜂鸣器中立即响起悦耳的 1 kHz 音频声。

12.5.3 程序分析解释

序号 1:程序开始。

序号 2:跳转到 MAIN 主程序处。

序号 3:主程序 MAIN 从地址 0030H 开始。

序号 4:置 T1 为方式 0。

序号 5、6:载入定时初值。

序号 7:禁止中断。

序号 8:启动定时器 T1。

序号 9、10:查询 T1 的溢出标志 TF1。TF1=0 定时未到,转 LOOP 继续查询;TF1=1 定时到,转 LOOP1。

序号 11、12:重装定时初值。

序号 13:清除溢出标志。

序号 14:P1.7 输出端取反。

序号 15:跳转到 LOOP 处重复循环。

序号 16:程序结束。

12.6 定时器 T1 方式 2 计数实验

使用定时器 T1 以方式 2 计数,每计 10 次,进行累加器加 1 操作,并送 P1 口显示。

12.6.1 实现方法

LED 输出试验板使用 11.059 2 MHz 晶振,可近似认为其为 12 MHz,这样一个机器周期为 1 μs。

① T1 为方式 2,则 M1M0=10H。使用计数功能,C/$\overline{\text{T}}$=1,GATE=0。T0 不用,其有关位设为 0。这样,TMOD=60H。

② 方式 2 为 8 位长度自动重装载计数结构,设计数初值为:(2^8-10)=246D=11110110B=F6H,即 TH1=0F6H,TL1=0F6H。

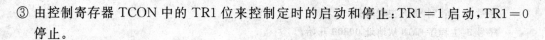

③ 由控制寄存器 TCON 中的 TR1 位来控制定时的启动和停止：TR1＝1 启动，TR1＝0 停止。

12.6.2 源程序文件

在"我的文档"中建立一个文件目录 S12-2,然后建立一个 S12-2.uv2 工程项目,最后建立源程序文件 S12-2.asm。输入以下源程序：

```
序号：    1               ORG    0000H
          2               LJMP   MAIN
          3               ORG    0030H
          4    MAIN:      MOV    TMOD,#60H
          5               MOV    TH1,#0F6H
          6               MOV    TL1,#0F6H
          7               MOV    IE,#00H
          8               SETB   TR1
          9               MOV    P1,#00H
         10               ACALL  DEL
         11    LOOP:      JBC    TF1,LOOP1
         12               AJMP   LOOP
         13    LOOP1:     INC    A
         14               MOV    P1,A
         15               ACALL  DEL
         16               AJMP   LOOP
         17    DEL:       MOV    R7,#014H
         18    DEL1:      MOV    R6,#0FFH
         19    DEL2:      MOV    R5,#01FH
         20    DEL3:      DJNZ   R5,DEL3
         21               DJNZ   R6,DEL2
         22               DJNZ   R7,DEL1
         23               RET
         24               END
```

编译通过后,将 S12-2 文件夹中的 hex 文件烧录到 89C51 芯片中,将芯片插入到 LED 输出试验板上。接上 5 V 稳压电源后,P1 口外接的 8 个 LED 均点亮(输出状态为 00H)。将 LED 输出试验板配带的试验线一端插到标识有 0 电平的排针上,另一端去触碰标识为 P3.5 (T1)的排针,可发现,每触碰 10 次后,P1 口按二进制加 1(→01H→02H→…)。有些读者可能会发现,触碰不到 10 次,P1 口也按二进制加 1。其实这是由于触碰时的抖动效应,可能一下输入了好几个脉冲。这丝毫也不影响我们对程序的理解。

12.6.3 程序分析解释

序号 1:程序开始。

序号 2：跳转到 MAIN 主程序处。
序号 3：主程序 MAIN 从地址 0030H 开始。
序号 4：置 T1 为方式 2。
序号 5、6：载入定时初值。
序号 7：禁止中断。
序号 8：启动定时器 T1。
序号 9：点亮 P1 口的 LED。
序号 10：调用延时子程序，便于观察 LED 点亮状态。
序号 11、12：查询 T1 的溢出标志 TF1。TF1=0 定时未到，转 LOOP 继续查询；TF1=1 定时到，转 LOOP1。
序号 13：累加器加 1。
序号 14：累加器内容送 P1 口显示。
序号 15：调用延时子程序，便于观察 LED 点亮状态。
序号 16：跳转到 LOOP 处重复循环。
序号 17～23：延时子程序。
序号 24：程序结束。

12.7 定时器 T1 方式 1 定时实验

使用定时器 T1 以方式 1 定时，使 P1.0 端每隔 1 min 取反 1 次。

12.7.1 实现方法

LED 输出试验板使用 11.059 2 MHz 晶振，可近似认为其为 12 MHz，这样一个机器周期为 1 μs。在方式 1 下，最长定时时间 = 65 536×12/(12×10^6 Hz) = 65 536 μs = 65.536 ms，显然离 1 min 还差很多。这里我们将 T1 设定为定时 50 ms，另设 2 个软件计数器，采用 30H、31H 两个单元进行秒、分计数。30H 内置常数 20，31H 内置常数 60，这样 50 ms×20×60 = 60 000 ms = 60 s = 1 min。

① T1 为方式 1，则 M1M0=01H。使用定时功能，$C/\overline{T}$=0，GATE=0。T0 不用，其有关位设为 0。这样，TMOD=10H。
② 方式 1 为 16 位长度计数结构，计数初值为 $(2^{16}-X)\times1\times10^{-6}=50\times10^{-3}$，$X$=65 536−50 000=15 536D=3CB0H，即 TH1=3CH，TL1=0B0H。
③ 由控制寄存器 TCON 中的 TR1 位来控制定时的启动和停止：TR1=1 启动，TR1=0 停止。

12.7.2 源程序文件

在"我的文档"中建立一个文件目录 S12-3，然后建立一个 S12-3.uv2 工程项目，最后建立源程序文件 S12-3.asm。输入以下源程序：

第12章 定时器/计数器及实验

```
序号：  1              ORG    0000H
        2              LJMP   MAIN
        3              ORG    0030H
        4    MAIN:     MOV    30H,#20
        5              MOV    31H,#60
        6              MOV    TMOD,#10H
        7              MOV    TH1,#3CH
        8              MOV    TL1,#0B0H
        9              MOV    IE,#00H
        10             SETB   TR1
        11   LOOP:     JBC    TF1,LOOP1
        12             AJMP   LOOP
        13   LOOP1:    MOV    TH1,#3CH
        14             MOV    TL1,#0B0H
        15             DJNZ   30H,LOOP
        16             MOV    30H,#20
        17             DJNZ   31H,LOOP
        18             MOV    31H,#60
        19             CPL    P1.0
        20             AJMP   LOOP
        21             END
```

编译通过后，将S12-3文件夹中的hex文件烧录到89C51芯片中，将芯片插入到LED输出试验板上。接上5V稳压电源后，P1.0外接的LED熄灭；过60s后，P1.0外接的LED点亮；再过60s后，LED又熄灭；……如此循环。须说明的是，由于程序还要进行软件计数，占用了一定的时间，因此实际的定时时间要稍长于1 min，这可以通过调整定时初值而得到精确的时间。

12.7.3 程序分析解释

序号1：程序开始。

序号2：跳转到MAIN主程序处。

序号3：主程序MAIN从地址0030H开始。

序号4：30H单元置常数20。

序号5：31H单元置常数60。

序号6：定时器T1方式1。

序号7、8：置定时初值。

序号9：禁止中断。

序号10：启动定时器T1。

序号11、12：查询T1的溢出标志TF1。TF1=0定时未到，转LOOP继续查询；TF1=1定时到，转LOOP1。

序号13、14：重载定时初值。

序号15：判是否到1s。未到1s，转LOOP继续循环；到1s，向下执行。

序号16：30H单元重置常数20。

序号17：判是否到1 min。未到1 min，转LOOP继续循环；到1 min，向下执行。

序号18：31H单元重置常数60。

序号19：P1.0取反。

序号20：跳转到LOOP处循环。

序号21：程序结束。

第 13 章

中断系统及实验

什么是"中断"？顾名思义，中断就是中断某一工作过程去处理一些与本工作过程无关或间接相关或临时发生的事件，处理完后，则继续原工作过程。例如：你在看书，电话响了，你在书上做个记号后去接电话，接完后在原记号处继续往下看书。如有多个中断发生，则依优先法则。中断还具有嵌套特性。又例如：看书时，电话响了，你在书上做个记号后去接电话。你拿起电话和对方通话，这时门铃响了，你让打电话的对方稍等一下。你去开门，并在门旁与来访者交谈。谈话结束，关好门，回到电话机旁，拿起电话，继续通话。通话完毕，你挂上电话，从做记号的地方继续往下看书。由于一个人不可能同时完成多项任务，因此只好采用中断方法，一件一件地去做。

类似的情况在单片机中也同样存在。通常单片机中只有一个 CPU，但却要应付诸如运行程序、数据输入/输出以及特殊情况处理等多项任务，为此也只能采用停下一项工作去处理另一项工作的中断方法。

在单片机中，"中断"是一个很重要的概念。中断技术的进步使单片机的发展和应用大大地推进了一步。所以，中断功能的强弱已成为衡量单片机功能完善与否的重要指标。

单片机采用中断技术后，大大提高了它的工作效率和处理问题的灵活性，主要表现在 3 方面：

① 解决了快速 CPU 和慢速外设之间的矛盾，可使 CPU、外设并行工作（宏观上看）。
② 可及时处理控制系统中许多随机的参数和信息。
③ 具备了处理故障的能力，提高了单片机系统自身的可靠性。

中断处理程序类似于程序设计中的调用子程序，但它们又有区别，主要是：

① 中断产生是随机的，它既保护断点，又保护现场，主要为外设服务和为处理各种事件服务。保护断点由硬件自动完成，保护现场则须在中断处理程序中用相应的指令完成。
② 调用子程序是程序中事先安排好的，它只保护断点，主要为主程序服务（与外设无关）。

13.1 中断的种类

中断的应用是很广泛的,因此能引起中断的原因也是多种多样的。也就是说,要求共享CPU的任务很多,因此有必要对中断加以分类,通常把中断分为外中断和内中断两大类。

13.1.1 外中断

外中断是由 CPU 以外的原因引起的,通过硬件电路发出中断请求,因此把这类中断称之为硬件中断。外中断主要用于实现外设的数据传送、实时处理以及人机联系等。

属于外中断的中断源主要有:
① 输入/输出设备及外存储设备。
② 实时时钟或计数电路。
③ 电源故障等。

13.1.2 内中断

内中断是指由 CPU 内部原因引起的中断,由于这类中断发生在 CPU 的内部,因此称之为内中断。内中断包括陷阱中断和软件中断两种。
① 陷阱中断是指由 CPU 内部事件引起的中断。例如,程序执行中的故障,或 CPU 内部的硬件故障等。
② 软件中断则是由一些专用的软件中断指令或系统调用指令引起的中断。通过软件中断可以引入程序断点,便于进行程序调试和故障检测。

13.2 MCS-51 单片机的中断系统

13.2.1 中断源及控制

MCS-51 单片机共有 3 类 5 个中断源,2 个优先级,中断处理程序可实现 2 级嵌套,有较强的中断处理能力。

5 个中断源中,其中 2 个为外部中断请求 $\overline{INT0}$ 和 $\overline{INT1}$(由 P3.2 和 P3.3 输入),2 个为片内定时器/计数器 T0 和 T1 的溢出中断请求 TF0 和 TF1,另 1 个为片内串行口中断请求 TI 或 RI。这些中断请求信号分别锁存在特殊功能寄存器 TCON 和 SCON 中。
① TCON:定时器/计数器控制寄存器,字节地址 88H。其锁存中断请求标志的格式如下所示。

第13章 中断系统及实验

TCON	TF1	TR1	TF0	TR0	IE1	IT1	IE0	IT0
位地址	8FH	8EH	8DH	8CH	8BH	8AH	89H	88H

其中与中断有关的控制位有 6 位：IT0(IT1)、IE0(IE1)、TF0(TF1)。

IT0：外部中断 0 请求方式控制位。IT0＝0，为电平触发方式，$\overline{INT0}$低电平有效；IT0＝1，$\overline{INT0}$为边沿触发方式，$\overline{INT0}$输入引脚上电平由高到低的负跳变有效。IT0 可由软件置 1 或清 0。

IE0：外部中断 0 请求标志位。CPU 采样到$\overline{INT0}$端出现有效中断请求时，该位由硬件置位；当 CPU 响应中断，转向中断服务程序时，IE0 由硬件清 0。

IT1：外部中断 1 请求方式控制位，和 IT0 类似。

IE1：外部中断 1 请求标志位，和 IE0 相同。

TF0：片内定时器/计数器 T0 溢出中断申请标志。在启动 T0 计数后，定时器/计数器 T0 从初值开始加 1 计数，当最高位产生溢出时，由硬件置位 TF0，向 CPU 申请中断。CPU 响应 TF0 中断时清除该标志位，TF0 也可用软件查询后清除。

TF1：片内的定时器/计数器 T1 的溢出中断申请标志，功能和 TF0 类似。

当 MCS－51 单片机复位后，TCON 被清 0。

② SCON：串行口控制寄存器，字节地址为 98H。SCON 的低 2 位锁存串行口的接收中断和发送中断标志，其格式如下所示。

SCON	SM0	SM1	SM2	REN	TB8	RB8	TI	RI
位地址	9FH	9EH	9DH	9CH	9BH	9AH	99H	98H

TI：串行口的发送中断标志。当发送完一帧 8 位数据后，由硬件置位 TI。由于 CPU 响应发送器中断请求后，转向执行中断服务程序时并不清除 TI，TI 必须由用户在中断服务程序中清 0。

RI：串行口接收中断标志。当接收完一帧 8 位数据时，置位 RI。同样 RI 必须由用户的中断服务程序清 0。

MCS－51 单片机复位以后，SCON 也被清 0。

对于每个中断源，其开放与禁止由专用寄存器 IE 中的某一位控制。其中断次序可由专用寄存器 IP 中相应位是置 1 还是清 0 来决定其为高优先级还是低优先级，这在硬件上有相应的优先级触发器予以保证。IE 和 IP 寄存器格式分述如下：

① 中断允许寄存器（IE）

IE	EA	/	ET2	ES	ET1	EX1	ET0	EX0
位地址	AFH	AEH	ADH	ACH	ABH	AAH	A9H	A8H

与中断有关的控制位共 6 位：EA、ES、ET1(ET0)、EX1(EX0)。

EA：中断总允许控制位。EA＝0，禁止总中断；EA＝1，开放总中断，随后每个中断源分别由各自的允许位的置位或清除确定开放或禁止。

ES：串行中断允许控制位。ES＝0，禁止串行中断；ES＝1，允许串行中断。

ET1：定时器/计数器 T1 中断允许控制位。ET1＝0，禁止 T1 中断；ET1＝1，允许 T1

中断。

EX1：外部中断源1中断允许控制位。EX1=0,禁止外部中断1;EX1=1,允许外部中断1。

ET0：定时器/计数器T0中断允许控制位。ET0=0,禁止T0中断;ET0=1,允许T0中断。

EX0：外部中断源0中断允许控制位。EX0=0,禁止外部中断0;EX0=1,允许外部中断0。

② 中断优先级寄存器(IP)

IP	/	/	/	PS	PT1	PX1	PT0	PX0
位地址	BFH	BEH	BDH	BCH	BBH	BAH	B9H	B8H

PS：串行中断优先级设定位。PS=1,则编程为高优先级。

PT1：定时器T1中断优先级设定位。PT1=1,则编程为高优先级。

PX1：外中断1优先级设定位。PX1=1,则编程为高优先级。

PT0：定时器T0中断优先级设定位。PT0=1,则编程为高优先级。

PX0：外中断0优先级设定位。PX0=1,则编程为高优先级。

需要说明的是,单片机复位之后IE和IP均被清0。用户可按需要置位或清除IE的相应位,来允许或禁止各中断源的中断申请。

为使某中断源允许中断,必须同时使EA=1,使CPU开放中断,所以EA相当于中断允许的"总开关"。至于中断优先级寄存器IP,其复位清0将会把各个中断源置为低优先级中断,同样,用户也可对相应位置1或清0,来改变各中断源的中断优先级。整个中断系统结构如图13-1所示。

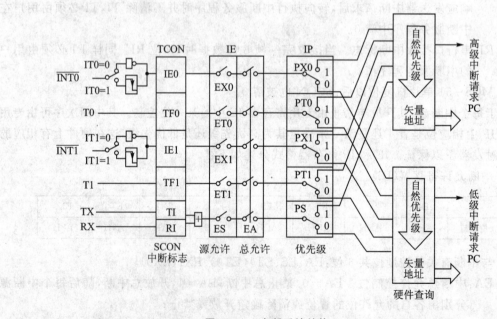

图13-1 中断系统结构

MCS-51 单片机对中断优先级的处理原则是：
① 不同级的中断源同时申请中断时，先处理高优先级，后处理低优先级。
② 处理低级中断又收到高级中断请求时，停止处理低优先级转而处理高优先级。
③ 正在处理高级中断却收到低级中断请求时，不理睬低优先级。
④ 同一级的中断源同时申请中断时，通过内部查询按自然优先级顺序确定应响应哪个中断申请。

对于同一优先级，单片机对其中断次序安排如下：

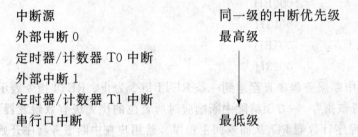

图 13-2 为单片机响应中断的流程图及中断嵌套流程图。

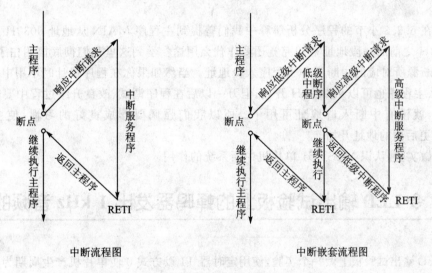

图 13-2 单片机响应中断的流程图及中断嵌套流程图

13.2.2 中断响应

单片机响应中断的基本条件是：中断源有请求，中断允许寄存器 IE 相应位置 1，总中断开放（EA=1）。

单片机中断响应过程：单片机一旦响应中断，首先置位相应的优先级有效触发器；然后执行一个硬件子程序调用，把断点地址压入堆栈；再把与各中断源对应的中断服务程序首地址送程序计数器 PC，同时清除中断请求标志（TI 和 RI 除外），从而控制程序转移到中断服务程序。以上过程均由中断系统自动完成。

单片机响应中断后，只保护断点而不保护现场（累加器 A 及标志位寄存器 PSW 等的内容),且不能清除串行口中断请求标志 TI 和 RI,也无法清除外输入申请信号 $\overline{INT0}$ 和 $\overline{INT1}$。因而进入中断服务子程序后,如用到上述寄存器就会破坏它原来存在的内容,一旦中断返回,将造成主程序的混乱。所以在进入中断服务子程序后,一般都要保护现场,然后再执行中断服务程序,在返回主程序前再恢复现场。所有这些应在用户编制中断处理程序时予以考虑。

各中断源所对应的中断服务程序入口地址如下:

中断源	入口地址
外部中断 $\overline{INT0}$	0003H
定时器/计数器 T0	000BH
外部中断 $\overline{INT1}$	0013H
定时器/计数器 T1	001BH
串行口中断	0023H

CPU 从此地址开始执行中断服务程序直至遇到一条 RETI 指令为止。RETI 指令表示中断服务程序的结束,CPU 执行该指令,一方面清除中断响应时所置位的优先级有效触发器,一方面由栈顶弹出断点地址送程序计数器 PC,从而返回主程序。若用户在中断服务程序开始安排了保护现场指令(相应寄存器内容入栈),则在 RETI 指令前应有恢复现场(相应寄存器内容出栈)指令。

之前在 6.2.3 小节的程序分析解释中我们曾提到主程序 MAIN 从地址 0030H 开始。那么在 0030H 之前的一段地址空间究竟还要作什么用途? 学到这里我们彻底搞明白了,是要用作 5 个中断源所对应的中断服务子程序入口地址。当然如果你在程序设计时不用中断方式子程序,那么主程序也可以从 0000H 开始,但万一以后在程序调试、改良升级过程中要使用中断子程序时,就没有中断入口地址可用了。所以我们强调要养成良好的习惯,使主程序从 0030H 或更后面的地址开始。

下面做实验,认识 MCS-51 单片机中断系统的作用。

13.3 令 LED 输出试验板上的蜂鸣器发出 1 kHz 音频的实验

在 LED 输出试验板上做一个实验,使用定时器 T1 以方式 0 使单片机产生周期为 1 000 μs 等宽方波脉冲(1 kHz 音频),在 P1.7 输出驱动蜂鸣器发音。这个实验与第 12 章的实验 1 类似,但第 12 章的实验采用查询方式,这里采用中断方式完成。

13.3.1 实现方法

LED 输出试验板使用 11.059 2 MHz 晶振,可近似认为其为 12 MHz,这样一个机器周期为 1 μs。欲产生 1 000 μs 周期方波脉冲,只需在 P1.7 以 500 μs 时间交替输出高低电平即可。

① T1 为方式 0,则 M1M0=00H。使用定时功能,$C/\overline{T}=0$,GATE=0。T0 不用,其有关位设为 0。这样,TMOD=00H。

② 方式 0 为 13 位长度计数结构,设计数初值为 X,则:$(2^{13}-X) \times 1 \times 10^{-6} = 500 \times 10^{-6}$,得 X=7692D。

$X=1111000001100B$ 转成十六进制后,高 8 位=F0H,低 8 位=0CH,即 TH1=F0H,TL0=0CH。

③ 开放定时器/计数器 T1 的中断,IE=♯88H(或 EA=1、ET1=1)。

④ 由控制寄存器 TCON 中的 TR1 位来控制定时的启动和停止:TR1=1 启动,TR1=0 停止。

13.3.2 源程序文件

在"我的文档"中建立一个文件目录 S13-1,然后建立一个 S13-1.uv2 工程项目,最后建立源程序文件 S13-1.asm。输入以下源程序:

```
序号:   1            ORG    0000H
        2            LJMP   MAIN
        3            ORG    001BH
        4            LJMP   INSER
        5            ORG    0030H
        6   MAIN:    MOV    TMOD,♯00H
        7            MOV    TH1,♯0F0H
        8            MOV    TL1,♯0CH
        9            SETB   EA
        10           SETB   ET1
        11  LOOP:    SETB   TR1
        12  HERE:    SJMP   HERE
        13           ORG    0200H
        14  INSER:   MOV    TH1,♯0F0H
        15           MOV    TL1,♯0CH
        16           CPL    P1.7
        17           RETI
        18           END
```

编译通过后,将 S13-1 文件夹中的 hex 文件烧录到 89C51 芯片中,将芯片插入 LED 输出试验板上。接上 5 V 稳压电源后,蜂鸣器中立即响起悦耳的 1 kHz 音频声。

13.3.3 程序分析解释

序号 1:程序开始。
序号 2:跳转到 MAIN 主程序处。
序号 3:定时器 T1 中断入口地址 001BH。
序号 4:跳转到中断服务子程序 INSER 处。
序号 5:主程序 MAIN 从地址 0030H 开始。
序号 6:置 T1 为方式 0。
序号 7、8:载入定时初值。
序号 9:开总中断。

序号 10:定时器 T1 允许中断。
序号 11:启动定时器 T1。
序号 12:等待中断,虚拟主程序。
序号 13:中断服务子程序从地址 0200H 开始。
序号 14、15:重装定时初值。
序号 16:P1.7 输出端取反。
序号 17:中断返回。
序号 18:程序结束。

13.4 利用外中断方式进行数据采集实验

实验的原理框图如图 13-3 所示。

将 P1 口的外接短路块取下,由随机配带的试验线来置 P1 口各端的高、低电平。试验线一端插到标示有 0 电平的排针上,另一端如插入 P1 口的某一端排针,则此端被置低电平;如不插入,则由于 P1 口内部具有上拉电阻,此端为高电平。置好一组数据后,用另一根试验线将 P3.2/INT0 接地(只须碰一下),向单片机发出中断申请。单片机响应

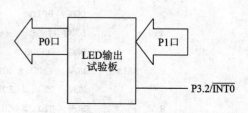

图 13-3 数据采集实验原理框图

后,执行中断服务子程序,读入这组数据,经内部处理后,再送给 P0 口输出显示。

13.4.1 实现方法

采用外部中断 0 方式进行数据采集,向 P1 口置数 10101010B,随后申请中断。单片机响应中断后,采集这组数据并取反,然后从 P0 口输出 01010101B 并显示。

13.4.2 源程序文件

在"我的文档"中建立一个文件目录 S13-2,然后建立一个 S13-2.uv2 工程项目,最后建立源程序文件 S13-2.asm。输入以下源程序:

```
序号:    1              ORG    0000H
         2              LJMP   MAIN
         3              ORG    0003H
         4              LJMP   0100H
         5              ORG    0030H
         6    MAIN:     MOV    A,#0FFH
         7              SETB   EA
         8              SETB   EX0
         9    LOOP:     MOV    P0,A
```

10		LCALL	DEL
11		AJMP	LOOP
12	DEL:	MOV	R7,#0FFH
13	DEL1:	MOV	R6,#0FFH
14	DEL2:	DJNZ	R6,DEL2
15		DJNZ	R7,DEL1
17		RET	
18		ORG	0100H
19		MOV	A,P1
20		CPL	A
21		MOV	P0,A
22		RETI	
23		END	

编译通过后,将 S13-2 文件夹中的 hex 文件烧录到 89C51 芯片中,将芯片插入到 LED 输出试验板上,取下 P1 口及 P3.2 处的短路块。接上 5 V 稳压电源后,P0 口外接的 8 个 LED 均不亮(输出状态为 FFH)。将 P1 口置成 10101010B,用另一根试验线将 P3.2/INT0 接地(只须碰一下),这时 P0 口输出 01010101B 并点亮相应的 LED 作显示。读者自己也可多试几组数据。单片机的数据采集系统非常有用,如要设计一个数字温度表,应先将温度量转换成电压(流)量;然后进行模/数转换;转换完成后,向单片机发出中断申请;单片机响应后,将数据读入,经运算处理后,以数字方式进行显示及控制。

13.4.3 程序分析解释

序号 1:程序开始。

序号 2:跳转到 MAIN 主程序处。

序号 3:外部中断 0 入口地址 0003H。

序号 4:跳转到 0100H 地址处。

序号 5:主程序 MAIN 从地址 0030H 开始。

序号 6:累加器 A 置初值 0FFH。

序号 7:开放总中断。

序号 8:开放外部中断 $\overline{INT0}$。

序号 9:将累加器内容送 P0 口显示。

序号 10:调用延时子程序,维持 P0 口点亮时间,便于观察。

序号 11:跳转到标号 LOOP 处循环运行。

序号 12~17:延时子程序。

序号 18:中断服务子程序从地址 0100H 处开始。

序号 19:将 P1 口数据读入累加器。

序号 20:累加器内容取反。

序号 21:将累加器内容送 P0 口显示。

序号 22:中断返回。

序号 23:程序结束。

13.5 中断嵌套实验

利用外部中断源$\overline{INT0}$、$\overline{INT1}$实现中断,其中$\overline{INT1}$设置为高优先级。

13.5.1 实现方法

开机后执行主程序,P0 口输出 00H,P0 口外接的 8 个 LED 全部点亮。有低优先级中断$\overline{INT0}$产生时,P1 口输出 10 s 的 00H,P1 口外接的 8 个 LED 全部点亮,其他 LED 均熄灭,然后返回。当有高优先级中断$\overline{INT1}$产生时,P2 口输出 2 s 的 00H,P2 口外接的 8 个 LED 全部点亮,P1 口外接的 8 个 LED 均熄灭,然后返回。

13.5.2 源程序文件

在"我的文档"中建立一个文件目录 S13-3,然后建立一个 S13-3.uv2 工程项目,最后建立源程序文件 S13-3.asm。输入以下源程序:

```
序号:    1                ORG    0000H
         2                LJMP   MAIN
         3                ORG    0003H
         4                LJMP   INSER0
         5                ORG    0013H
         6                LJMP   INSER1
         7                ORG    0030H
         8    MAIN:       MOV    SP,#70H
         9                MOV    IE,#85H
        10                SETB   PX1
        11    LOOP:       MOV    P0,#00H
        12                MOV    P1,#0FFH
        13                MOV    P2,#0FFH
        14                SJMP   LOOP
        15                ORG    0100H
        16    INSER0:     MOV    R5,#3FH
        17    DS0:        MOV    P0,#0FFH
        18                MOV    P1,#00H
        19                MOV    P2,#0FFH
        20                LCALL  DEL
        21                DJNZ   R5,DS0
        22                RETI
        23                ORG    0150H
        24    INSER1:     MOV    A,R5
```

```
25              PUSH  ACC
26              MOV   R5,#0FH
27      DS1:    MOV   P0,#0FFH
28              MOV   P1,#0FFH
29              MOV   P2,#00H
30              LCALL DEL
31              DJNZ  R5,DS1
32              POP   ACC
33              MOV   R5,A
34              RETI
35              ORG   0200H
36      DEL:    MOV   R4,#0FFH
37      DEL1:   MOV   R3,#0FFH
38      DEL2:   DJNZ  R3,DEL2
39              DJNZ  R4,DEL1
40              RET
41              END
```

编译通过后,将 S13-3 文件夹中的 hex 文件烧录到 89C51 芯片中,将芯片插入 LED 输出试验板上,取下 P3.2 及 P3.3 处的短路块。接上 5 V 稳压电源后,P0 口外接的 8 个 LED 点亮。用一根试验线将 $\overline{P3.2}$/INT0 接地(只须碰一下),这时 P0 口的 LED 熄灭,而 P1 口的 8 个 LED 点亮 10 s,即处理中断 0 的服务子程序,10 s 后又回到 P0 口 LED 点亮而其他口的 LED 熄灭状态。如果在 P1 口 LED 点亮的过程中(中断 0 服务子程序处理),用试验线将 $\overline{P3.3}$/INT1 接地(只须碰一下),则这时 P1 口 LED 熄灭,而 P2 口 LED 点亮 2 s,即优先处理中断 1 的服务子程序,处理完后再去处理中断 0 的服务子程序,随后恢复。通过这个实验,可深刻体会中断及嵌套的过程。

13.5.3 程序分析解释

序号 1:程序开始。

序号 2:跳转到 MAIN 主程序处。

序号 3:外部中断 0 入口地址 0003H。

序号 4:跳转到标号 INSER0 处。

序号 5:外部中断 1 入口地址 0013H。

序号 6:跳转到标号 INSER1 处。

序号 7:主程序 MAIN 从地址 0030H 开始。

序号 8:主程序开始。设置堆栈指针为 70H。

序号 9:开放总中断。开放总中断及中断 0、中断 1。

序号 10:设置中断 1 为高优先级。

序号 11~13:P0 置 00H,点亮 8 个 LED。P1、P2 口的 LED 熄灭。

序号 14:跳转到标号 LOOP 处循环运行。

序号 15:中断 0 服务子程序从地址 0100H 处开始。

序号 16:R5 置初值 3FH。

序号 17~19:P1 置 00H,点亮 8 个 LED。P0、P2 口的 LED 熄灭。

序号 20:调用延时子程序。

序号 21:判 10 s 到否。10 s 到,向下执行;否则转回 DS0 处。

序号 22:中断返回。

序号 23:中断 1 服务子程序从地址 0150H 处开始。

序号 24:将 R5 内容送累加器中。

序号 25:R5 内容入栈保护。

序号 26:R5 重载初值 0FH。

序号 27~29:P2 置 00H,点亮 8 个 LED。P0、P1 口的 LED 熄灭。

序号 30:调用延时子程序。

序号 31:判 2 s 到否。2 s 到,向下执行;否则转回 DS1 处。

序号 32:弹出栈中内容至累加器。

序号 33:恢复 R5 中原先保护的内容。

序号 34:中断返回。

序号 35:延时子程序从地址 0200H 处开始。

序号 36~40:延时子程序。

序号 41:程序结束。

13.6 交通灯控制器实验

在 LED 输出试验板上做一个交通灯控制器的实验。在正常情况下,90 s 后信号灯由"红灯"转"黄灯",经过 2 s 的过渡后"黄灯"转"绿灯"。另外设东西方向、南北方向紧急开关各一个,利用外部中断 $\overline{INT0}$、$\overline{INT1}$ 实现中断。紧急开关闭合时,相应方向切换成"绿灯",以利特种车辆通过。

13.6.1 实现方法

设定 P1.0 控制东西方向"绿灯",P1.1 控制东西方向"黄灯",P1.2 控制东西方向"红灯";P1.3 控制南北方向"绿灯",P1.4 控制南北方向"黄灯",P1.5 控制南北方向"红灯"。主程序执行对 P1 口各使用位的控制,并调用相应的延时子程序实现。有中断产生时,则转入相应的中断服务子程序,使相应方向切换成"绿灯",另外方向切换成"红灯"。

13.6.2 源程序文件

在"我的文档"中建立一个文件目录 S13-4,然后建立一个 S13-4.uv2 工程项目,最后建立源程序文件 S13-4.asm。输入以下源程序:

```
序号:   1           ORG   0000H
        2           LJMP  MAIN
```

```
3              ORG   0003H
4              LJMP  ZD0
5              ORG   0013H
6              LJMP  ZD1
7              ORG   0030H
8     MAIN:    MOV   SP,#70H
9              MOV   IE,#85H
10    LOOP:    SETB  P1.1
11             SETB  P1.2
12             CLR   P1.0
13             SETB  P1.3
14             SETB  P1.4
15             CLR   P1.5
16             ACALL DEL90S
17             ACALL YELL
18             ACALL DEL2S
19             SETB  P1.0
20             SETB  P1.1
21             CLR   P1.2
22             SETB  P1.4
23             SETB  P1.5
24             CLR   P1.3
25             ACALL DEL90S
26             ACALL YELL
27             ACALL DEL2S
28             SJMP  LOOP
29    YELL:    SETB  P1.0
30             SETB  P1.2
31             CLR   P1.1
32             SETB  P1.3
33             SETB  P1.5
34             CLR   P1.4
35             RET
36    ZD0:     CLR   P1.0
37             SETB  P1.1
38             SETB  P1.2
39             SETB  P1.3
40             SETB  P1.4
41             CLR   P1.5
42             JNB   P3.2,ZD0
43             RETI
44    ZD1:     CLR   P1.3
45             CLR   P1.2
```

46		SETB	P1.1
47		SETB	P1.0
48		SETB	P1.4
49		SETB	P1.5
50		JNB	P3.3,ZD1
51		RETI	
52	DEL2S:	MOV	R5,#10H
53	F3:	MOV	R6,#0FFH
54	F2:	MOV	R7,#0E1H
55	F1:	DJNZ	R7,F1
56		DJNZ	R6,F2
57		DJNZ	R5,F3
58		RET	
59	DEL90S:	MOV	R5,#03H
60	F6:	MOV	R6,#0F0H
61	F5:	MOV	R7,#0F0H
62	F4:	MOV	R0,#0F0H
63		DJNZ	R0,$
64		DJNZ	R7,F4
65		DJNZ	R6,F5
66		DJNZ	R5,F6
67		RET	
68		END	

13.6.3 程序分析解释

序号1:程序开始。

序号2:跳转到MAIN主程序处。

序号3:外部中断0入口地址0003H。

序号4:跳转到标号ZD0处。

序号5:外部中断1入口地址0013H。

序号6:跳转到标号ZD1处。

序号7:主程序MAIN从地址0030H开始。

序号8:主程序开始。设置堆栈指针为70H。

序号9:开放总中断及外中断0、外中断1。

序号10:置P1.1高电平,熄灭东西方向"黄灯"。

序号11:置P1.2高电平,熄灭东西方向"红灯"。

序号12:置P1.0低电平,点亮东西方向"绿灯"。

序号13:置P1.3高电平,熄灭南北方向"绿灯"。

序号14:置P1.4高电平,熄灭南北方向"黄灯"。

序号15:置P1.5低电平,点亮南北方向"红灯"。

序号16:调用90 s延时子程序。

第13章 中断系统及实验

序号17:调用东西、南北两个方向"黄灯"点亮的子程序。

序号18:调用2 s延时子程序。

序号19:置P1.0高电平,熄灭东西方向"绿灯"。

序号20:置P1.1高电平,熄灭东西方向"黄灯"。

序号21:置P1.2低电平,点亮东西方向"红灯"。

序号22:置P1.4高电平,熄灭南北方向"黄灯"。

序号23:置P1.5高电平,熄灭南北方向"红灯"。

序号24:置P1.3低电平,点亮南北方向"绿灯"。

序号25:调用90 s延时子程序。

序号26:调用东西、南北两个方向"黄灯"点亮的子程序。

序号27:调用2 s延时子程序。

序号28:跳转至LOOP处循环执行。

序号29:东西、南北两个方向"黄灯"点亮的子程序,置P1.0高电平,熄灭东西方向"绿灯"。

序号30:置P1.2高电平,熄灭东西方向"红灯"。

序号31:置P1.1低电平,点亮东西方向"黄灯"。

序号32:置P1.3高电平,熄灭南北方向"绿灯"。

序号33:置P1.5高电平,熄灭南北方向"红灯"。

序号34:置P1.4低电平,点亮南北方向"黄灯"。

序号35:子程序返回。

序号36:外部中断0子程序ZD0开始,置P1.0低电平,点亮东西方向"绿灯"。

序号37:置P1.1高电平,熄灭东西方向"黄灯"。

序号38:置P1.2高电平,熄灭东西方向"红灯"。

序号39:置P1.3高电平,熄灭南北方向"绿灯"。

序号40:置P1.4高电平,熄灭南北方向"黄灯"。

序号41:置P1.5低电平,点亮南北方向"红灯"。

序号42:若P3.2为低电平,则反复执行ZD0;否则顺序执行。

序号43:中断子程序返回。

序号44:外部中断1子程序ZD1开始,置P1.3低电平,点亮南北方向"绿灯"。

序号45:置P1.2低电平,点亮东西方向"红灯"。

序号46:置P1.1高电平,熄灭东西方向"黄灯"。

序号47:置P1.0高电平,熄灭东西方向"绿灯"。

序号48:置P1.4高电平,熄灭南北方向"黄灯"。

序号49:置P1.5低电平,点亮南北方向"红灯"。

序号50:若P3.3为低电平,则反复执行ZD1;否则顺序执行。

序号51:中断子程序返回。

序号52~58:2 s延时子程序。

序号59~67:90 s延时子程序。

序号68:程序结束。

13.7 键控计数实验

在 LED 数码管输出试验板上实现：通电后，P0 口数码管显示 0～9 循环。按一下 7#键后，循环暂停；再按一下 7#键，循环继续。

13.7.1 实现方法

建立一个位标志 BIT_FLAG 及一个加法单元 X。若位标志为 1，则累加器加 1；若位标志为 0，则累加器内容不变。主程序将 A 中内容读出并送 P0 口显示。每次外中断发生时，将位标志取反。这样即可实现此实验。

13.7.2 源程序文件

在"我的文档"中建立一个文件目录 S13-5，然后建立一个 S13-5.uv2 工程项目，最后建立源程序文件 S13-5.asm。输入以下源程序：

序号：				
1		BIT_FLAG	BIT 20H.0	
2		X DATA	30H	
3		ORG	0000H	
4		LJMP	MAIN	
5		ORG	0003H	
6		LJMP	0200H	
7		ORG	0030H	
8	MAIN：	MOV	X,#00H	
9		SETB	BIT_FLAG	
10		MOV	P0,#0FFH	
11	ST：	CLR	P3.5	
12		SETB	IT0	
13		SETB	EX0	
14		SETB	EA	
15		JNB	BIT_FLAG,NEXT	
16		MOV	A,X	
17		INC	A	
18		CJNE	A,#0AH,SF	
19		MOV	A,#00H	
20	SF：	MOV	X,A	
21	NEXT：	MOV	A,X	
22		MOV	DPTR,#TAB	
23		MOVC	A,@A+DPTR	
24		MOV	P0,A	

第13章 中断系统及实验

25		ACALL	DEL0_5S
26		AJMP	ST
27		ORG	0200H
28		CPL	BIT_FLAG
29		RETI	
30	DEL4MS:	MOV	R7,#04H
31	DL0:	MOV	R6,#0FFH
32	DL1:	DJNZ	R6,DL1
33		DJNZ	R7,DL0
34		RET	
35	DEL0_5S:	MOV	R5,0FFH
36	FX:	ACALL	DEL4MS
37		DJNZ	R5,FX
38		RET	
39	TAB:	DB 0C0H,0F9H,0A4H,0B0H,099H	
40		DB 092H,082H,0F8H,080H,090H	
41		END	

13.7.3 程序分析解释

序号1:定义位标志 20H.0 为 BIT_FLAG。

序号2:定义 30H 为加法单元 X。

序号3:程序从地址 0000H 开始。

序号4:跳转到 MAIN 主程序处。

序号5:外部中断 INT0 入口地址。

序号6:跳转到地址 0200H 处。

序号7:主程序从地址 030H 开始。

序号8:X 内容置 0。

序号9:位标志置 1。

序号10:熄灭 P0 口。

序号11:P3.5 输出低电平。

序号12:置外中断 INT0 为边沿触发。

序号13:开放 INT0 中断。

序号14:开放总中断。

序号15:位标志为 0,转 NEXT。

序号16:加法单元内容送 A。

序号17:位标志为 1,A 加 1。

序号18:A 的内容不为 10,转 SF。

序号19:A 的内容为 10,则 A 清 0。

序号20:A 送回 X 存放。

序号21:X 内容送 A。

序号22:数据表格首地址送 DPTR。

序号 23：查表。
序号 24：送 P0 口显示。
序号 25：延时观察。
序号 26：循环运行。
序号 27：INT0 中断服务子程序从地址 200H 开始。
序号 28：位标志取反。
序号 29：INT0 中断返回。
序号 30~34：4 ms 延时子程序。
序号 35~38：0.5 s 延时子程序。
序号 39~40：数码管字形表。
序号 41：程序结束。

第 14 章
汇编语言的程序设计及实验

单片机的体积小、价格便宜、控制功能强大,可广泛应用于各个领域。但单片机本身毕竟只是一片微控制器,用它组成应用系统,还需要一个研制过程,该过程称为对单片机进行"开发"。

14.1 单片机应用系统的设计过程

单片机应用系统就是为某应用目的所设计的专门用户系统。虽然单片机各应用系统功能和用途不尽相同,硬件结构和应用软件差异也很大,但是其开发方法和设计过程却大致相同。从用户提出的任务开始,以芯片为基础进行设计,最后构成一个实用系统,大致可分为以下几个阶段:

1. 确定任务

单片机应用系统的开发过程是以确定系统的功能和技术指标开始的。要细致分析、研究实际问题,明确各项任务和要求。从系统的先进性、可靠性、可维护性以及成本、经济效益出发,拟定出合理、可行的技术性能指标。

2. 总体设计

在对应用系统进行总体设计时,应根据应用系统提出的各项技术性能指标,拟定出性/价比最高的一套方案。首先应依据任务的繁杂程度、技术指标的要求来选择单片机机型。在机型选定之后,再选择系统中要用到的其他元器件。在总体方案设计过程中,必须对软件和硬件综合考虑。原则上能够由软件来完成的任务就尽可能用软件来实现,以降低硬件成本,简化硬件结构。同时还要求大致规定各接口电路的地址、软件的结构和功能、上下位机的通信协议、程序的驻留区域及工作缓冲区等。总体设计方案一旦确定,系统的大致规模及软件的基本框架就确定了。

3. 硬件设计(电路设计)

硬件设计是指应用系统的电路设计,包括主机、控制电路、存储器、I/O 接口、A/D 和 D/A

转换电路等。在硬件设计时,应考虑留有充分余量,电路设计力求正确无误,因为系统调试中不易修改硬件结构。

4. 软件设计(程序设计)

要想使单片机完成某一具体的工作任务,必须按序执行一条条指令。这种按工作要求编排指令序列的过程称为程序设计。程序设计可采用汇编语言或高级语言。对初学者来说,为掌握单片机的硬件结构,一般可从汇编语言开始学,等熟悉了单片机的硬件结构后再用高级语言编写程序会觉得十分方便。

14.2 汇编语言程序设计步骤

使用汇编语言作为程序设计语言的编程步骤与高级语言编程步骤类似,但又略有差异。其程序设计步骤大致可分为以下几步:

① 熟悉与分析工作任务,明确其要求和要达到的工作目的、技术指标等;
② 确定解决问题的计算方法和工作步骤;
③ 画程序状态工作流程图;
④ 分配内存工作单元,确定程序与数据区存放地址;
⑤ 按流程图编写源程序;
⑥ 上机调试、修改及最后确定源程序。

在进行程序设计时,必须根据实际问题和所使用的单片机特点来确定算法,然后按照尽可能使程序简短和缩短运行时间两个原则编写程序。编程技巧需经大量实践逐渐地加以提高。

14.3 顺序程序设计

顺序结构程序是一种最简单、最基本的程序,其特点是按程序编写的顺序依次执行,程序流向不变。顺序结构程序是所有复杂程序的基础及基本组成部分。图14-1为顺序结构程序的状态流程图。

图14-1 顺序结构程序的状态流程图

第 14 章 汇编语言的程序设计及实验

下面我们学习设计一个简单的顺序结构程序,让读者从简单开始逐步掌握程序设计。

14.4 右移循环流水灯实验

在第 8 章实验 3 中,我们曾用移位指令设计了一个程序,使 LED 输出试验板 P0 口的输出为:一个发光二极管点亮右移循环,形成流水灯。这里我们使用顺序结构程序,同样实现在 LED 输出试验板 P0 口上的右移循环流水灯。

14.4.1 实现方法

使用位指令,依次清除/置位 P0.7~P0.0 并调用延时子程序,然后循环执行。

14.4.2 源程序文件

在"我的文档"中建立一个文件目录 S14-1,然后建立一个 S14-1.uv2 工程项目,最后建立源程序文件 S14-1.asm。输入以下源程序:

序号:	1		ORG	0000H
	2		LJMP	MAIN
	3		ORG	030H
	4	MAIN:	CLR	P0.7
	5		ACALL	DEL
	6		SETB	P0.7
	7		CLR	P0.6
	8		ACALL	DEL
	9		SETB	P0.6
	10		CLR	P0.5
	11		ACALL	DEL
	12		SETB	P0.5
	13		CLR	P0.4
	14		ACALL	DEL
	15		SETB	P0.4
	16		CLR	P0.3
	17		ACALL	DEL
	18		SETB	P0.3
	19		CLR	P0.2
	20		ACALL	DEL
	21		SETB	P0.2
	22		CLR	P0.1
	23		ACALL	DEL
	24		SETB	P0.1

25		CLR	P0.0
26		ACALL	DEL
27		SETB	P0.0
28		AJMP	MAIN
29	DEL:	MOV	R7,#0FFH
30	DEL1:	MOV	R6,#0FFH
31	DEL2:	MOV	R5,#01FH
32	DEL3:	DJNZ	R5,DEL3
33		DJNZ	R6,DEL2
34		DJNZ	R7,DEL1
35		RET	
36		END	

编译通过后,将其烧录到89C51芯片中,将芯片插入LED输出试验板上。在LED输出试验板上通电运行后,P0口的输出状态为:一个发光二极管点亮并右移循环,形成流水灯。

14.4.3 程序分析解释

序号1:程序开始。
序号2:跳转到MAIN主程序处。
序号3:主程序MAIN从地址0030H开始。
序号4:P0.7置低电平,点亮对应的发光二极管。
序号5:调用延时子程序,维持发光二极管点亮。
序号6:P0.7置高电平,熄灭对应的发光二极管。
序号7:P0.6置低电平,点亮对应的发光二极管。
序号8:调用延时子程序,维持发光二极管点亮。
序号9:P0.6置高电平,熄灭对应的发光二极管。
序号10:P0.5置低电平,点亮对应的发光二极管。
序号11:调用延时子程序,维持发光二极管点亮。
序号12:P0.5置高电平,熄灭对应的发光二极管。
序号13:P0.4置低电平,点亮对应的发光二极管。
序号14:调用延时子程序,维持发光二极管点亮。
序号15:P0.4置高电平,熄灭对应的发光二极管。
序号16:P0.3置低电平,点亮对应的发光二极管。
序号17:调用延时子程序,维持发光二极管点亮。
序号18:P0.3置高电平,熄灭对应的发光二极管。
序号19:P0.2置低电平,点亮对应的发光二极管。
序号20:调用延时子程序,维持发光二极管点亮。
序号21:P0.2置高电平,熄灭对应的发光二极管。
序号22:P0.1置低电平,点亮对应的发光二极管。
序号23:调用延时子程序,维持发光二极管点亮。
序号24:P0.1置高电平,熄灭对应的发光二极管。
序号25:P0.0置低电平,点亮对应的发光二极管。

序号 26：调用延时子程序，维持发光二极管点亮。
序号 27：P0.0 置高电平，熄灭对应的发光二极管。
序号 28：跳转到标号 MAIN 处进行循环运行。
序号 29～35：延时子程序。
序号 36：程序结束。

14.5 循环程序设计

在程序设计中，有时要求对某一段程序重复执行多次，在这种情况下可用循环程序结构，有助于缩减程序长度。一个循环程序的结构由以下 3 部分组成：

① 循环初态。在循环开始时，往往需要设置循环过程工作单元的初始值，如工作单元初值、计数器初值等。

② 循环体。即要求重复执行的程序段部分，它用于完成主要的计算或操作任务。

③ 循环控制部分。在循环程序中必须给出循环结束的条件，否则就成为死循环。循环控制就是根据循环结束条件，判断是否结束循环。

图 14-2 为循环结构程序的状态流程图。

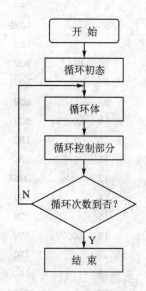

图 14-2 循环结构程序的状态流程图

14.6 找数据块中最大数的实验

在 LED 输出试验板上做一个实验，内部 RAM 从 40H 单元开始，有一个无符号数数据块，其长度存于 30H 单元，试求出数据块中最大的数，并存入 35H 单元，同时送 P0 口显示。40H 单元开始的数据块中存有从 100 开始的 10 个立即数（100,101,102,103,104,105,106,107,108,109）；4AH 单元开始的数据块中存有从 50 开始的 15 个立即数（50,51,52,53,54,55,56,57,58,59,60,61,62,63,64）。

14.6.1 实现方法

先向 40H～58H 单元存入 25 个立即数，然后判别数据块中的最大数。判断的方法是：将 A 中的数作为被减数（从 0 开始）与数据块中的数逐个相减，若 A 中内容大于或等于数据块中减数，则保留 A 中内容；若 A 中内容小于数据块中减数，则由减数取代 A 中内容。这样即能找出最大数。

14.6.2 源程序文件

在"我的文档"中建立一个文件目录 S14-2,然后建立一个 S14-2.uv2 工程项目,最后建立源程序文件 S14-2.asm。输入以下源程序:

序号:			
1		LEN	DATA 30H
2		MAX	DATA 35H
3		BLOCK	DATA 40H
4		ORG	0000H
5		LJMP	MAIN
6		ORG	0030H
7	MAIN:	MOV	LEN,#10
8		MOV	A,#100
9		MOV	R1,#BLOCK
10	LOOP1:	MOV	@R1,A
11		INC	R1
12		INC	A
13		DJNZ	LEN,LOOP1
14		MOV	LEN,#15
15		MOV	A,#50
16	LOOP2:	MOV	@R1,A
17		INC	R1
18		INC	A
19		DJNZ	LEN,LOOP2
20		CLR	A
21		MOV	LEN,#25
22		MOV	R2,LEN
23		MOV	R1,#BLOCK
24	LOOP:	CLR	C
25		SUBB	A,@R1
26		JNC	NEXT1
27		MOV	A,@R1
28		SJMP	NEXT2
29	NEXT1:	ADD	A,@R1
30	NEXT2:	INC	R1
31		DJNZ	R2,LOOP
32		MOV	MAX,A
33		MOV	P1,MAX
34		ACALL	DEL
35		SJMP	$
36	DEL:	MOV	R7,#0FFH
37	DEL1:	MOV	R6,#0FFH

38	DEL2:	MOV R5,♯1FH
39	DEL3:	DJNZ R5,DEL3
40		DJNZ R6,DEL2
41		DJNZ R7,DEL1
42		RET
43		END

编译通过后,将其烧录到 89C51 芯片中,将芯片插入 LED 输出试验板上。在 LED 输出试验板上通电运行后,P1 口的输出状态为 01101101,换算成十进制数为 109。这个结果对不对呢?对程序进行分析便可知对否。

14.6.3 程序分析解释

序号 1：定义 30H 数据单元地址为 LEN。
序号 2：定义 35H 数据单元地址为 MAX。
序号 3：定义 40H 数据单元地址为 BLOCK。
序号 4：程序从地址 0000H 开始。
序号 5：跳转到 MAIN 主程序处。
序号 6：主程序 MAIN 从地址 0030H 开始。
序号 7：向 30H 单元送立即数 10,此为第 1 个数据块长度。
序号 8：向累加器 A 中送立即数 100。
序号 9：向寄存器 R1 中送立即数 40H。
序号 10：将累加器 A 内容送 40H 单元中。
序号 11：寄存器 R1 内容加 1。
序号 12：累加器 A 内容加 1。
序号 13：30H 内容减 1。若不为 0 转 LOOP1；若为 0 向下执行。这样,即可将从 100 开始的 10 个立即数 (100、101、102、103、104、105、106、107、108、109)送入从 40H 单元开始的数据块中。
序号 14：再向 30H 单元送立即数 15,此为第 2 个数据块长度。
序号 15：向累加器 A 中送立即数 50。
序号 16：将累加器 A 中内容送入以 R1 内容为地址的单元,由于 R1 已加至 4AH,故第 2 个数据块首与第 1 个数据块尾连接在一起。
序号 17：寄存器 R1 内容加 1。
序号 18：累加器 A 内容加 1。
序号 19：30H 内容减 1。若不为 0 转 LOOP2；若为 0 向下执行。这样,即可将从 50 开始的 15 个立即数 (50、51、52、53、54、55、56、57、58、59、60、61、62、63、64)送入从 4AH 单元开始的数据块中。
序号 20：向累加器 A 中送立即数 00H。
序号 21：接下来的动作是判别数据块中的最大数。由于两个数据块合在一起,总长度为 25,故向 30H 单元送立即数 25。
序号 22：将立即数 25 转送至寄存器 R2 中。
序号 23：R1 中送入数据块首地址。
序号 24：清除进位位 CY。
序号 25：将 A 中内容减以 R1 内容为地址的单元内容,结果存 A 中。
序号 26：若 CY 为 0,说明 A 中内容大于或等于以 R1 内容为地址的单元内容,程序转 NEXT1；否则顺序执行。

序号27：将以R1内容为地址的单元内容送至累加器A中。

序号28：跳转至标号NEXT2处。

序号29：将减后结果与减数相加，恢复被减数并存入A中。

序号30：R1内容（即数据块地址）加1。

序号31：R2内容（即总的数据块长度）减1，若结果不为0,跳转至LOOP处循环执行；若为0,向下执行。

序号24～31这段程序的意思是：将A中的数作为被减数（从0开始）与数据块中的数逐个相减，若A中内容大于或等于数据块中减数，保留A中内容；若A中内容小于数据块中减数，则由减数取代A中内容。

序号32：将判别出的最大数送入MAX(35H)单元。

序号33：将最大数送P1口显示。

序号34：调用延时子程序，以便观察清楚。

序号35：动态停机。

序号36～42：延时子程序。

序号43：程序结束。

好了，这样我们分析清楚了，数据块中的最大数为109。单片机自己找出了数据块中的最大数。可能有的读者要问，这样一个找最大数的小程序有什么实用价值呢？现在我们已初步学会了一些简单程序的设计，但不会永远停留在这一阶段，将来设计的程序会更复杂，会用到许多数学运算及判断，而一个复杂程序大多由一系列的功能子程序组成，因此学习这类程序设计，就是在向提高自己的程序设计能力进军，是很有必要的。

14.7 延时子程序的结构

在程序中经常调用的延时子程序也属于循环程序结构。延时是靠执行一条条指令延时来实现的，因此编程使得某指令循环若干次，即可达到延时目的。延时子程序一般用以下指令来实现。

DJNZ Rn,rel

说明：Rn=Rn-1,Rn不等于0时,PC=PC+3+ rel；Rn等于0时,PC=PC+3。

该指令的长度为3字节，指令执行周期为2个机器周期,Rn为工作寄存器。当Rn-1不等于0时，程序执行该段循环延时程序；当Rn-1等于0时，则执行下一条指令。工作寄存器Rn作为该指令循环次数指针。编程模式如下：

```
DELAYn:MOV Rn,#datan
  ⋮
DELAY6:MOV R6,#data6
DELAY7:MOV R7,#data7
  DJNZ R7,$
  DJNZ R6,DELAY7
  ⋮
  DJNZ Rn,DELAYn+1
  ⋮
```

延时子程序的延时时间=R7×R6×…×Rn×(2×机器周期)。其中 Rn 为工作寄存器 R1～R7，机器周期由单片机的晶振主频决定。MCS-51 单片机晶振频率与机器周期如下所列。

晶振频率/MHz	12	6	4	3	2	1
机器周期/μs	1	2	3	4	6	12

14.8 寻找 ASCII 码"$"的实验

在 LED 输出试验板上做一个实验，把内部 RAM 中起始地址为 20H 的数据块传送至地址为 50H 的一个区域，直到发现"$"字符的 ASCII 码(24H)为止。将"$"字符的 ASCII 码(24H)在 P0 口显示。同时规定数据块最大长度为 40 字节。

14.8.1 实现方法

数据块传送时，同时与立即数 24H 进行比较，若数据块中内容等于 24H，则传送停止，同时将 24H 送 P1 口显示。

14.8.2 源程序文件

在"我的文档"中建立一个文件目录(S14-3)，然后建立一个 S14-3.uv2 的工程项目，最后建立源程序文件(S14-3.asm)。输入下面的程序：

```
序号    1               ORG   0000H
        2               LJMP  MAIN
        3               ORG   030H
        4      MAIN:    MOV   R2,#40
        5               MOV   R1,#00H
        6               MOV   R0,#20H
        7      THERE:   MOV   A,R1
        8               MOV   @R0,A
        9               INC   R0
       10               INC   R1
       11               DJNZ  R2,THERE
       12               MOV   R2,#40
       13               MOV   R0,#20H
       14               MOV   R1,#50H
       15     LOOP:     MOV   A,@R0
       16               CJNE  A,#24H,LOOP2
       17               MOV   P1,A
       18               ACALL DEL
       19               AJMP  LOOP1
```

```
20  LOOP2:   MOV    @R1,A
21           MOV    P0,A
22           ACALL  DEL
23           INC    R0
24           INC    R1
25           DJNZ   R2,LOOP
26  LOOP1:   SJMP   $
27  DEL:     MOV    R7,#0FFH
28  DEL1:    MOV    R6,#0FFH
29  DEL2:    MOV    R5,#08H
30  DEL3:    DJNZ   R5,DEL3
31           DJNZ   R6,DEL2
32           DJNZ   R7,DEL1
33           RET
34           END
```

编译通过后,将其烧录到 AT89C51(或 AT89S51)芯片中,将芯片插入 LED 输出实验板上,在 LED 输出试验板上通电运行后,P0 口从 00H 开始,每隔 1s 刷新显示数据块中传送的内容。当显示 23H 后,传送停止。同时 P1 口显示"$"字符的 ASCII 码(24H)。

14.8.3 程序分析解释

序号 1：程序开始。

序号 2：跳转到 MAIN 主程序处。

序号 3：主程序 MAIN 从地址 0030H 开始。

序号 4：向 R2 中送数 40(即数据块长度)。

序号 5：向寄存器 R1 中送数 00H。

序号 6：向寄存器 R0 中送数 20H(源数据块首址)。

序号 7：R1 的内容送累加器 A。

序号 8：A 中内容送以 R0 内容为地址的单元。

序号 9：寄存器 R0 内容加 1。

序号 10：寄存器 R1 内容加 1。

序号 11：R2 内容(数据块长度)减 1,若不为 0,则跳转至 THERE 执行;若为 0,则顺序执行。序号 4~11 的作用是将 0~39(即 00H~27H)立即数存入从 20H 单元开始的源数据块中,长度为 40。

序号 12：再向 R2 中送立即数 40(即数据块长度)。

序号 13：R0 中存入立即数 20H(源数据块首地址)。

序号 14：R1 中存入立即数 50H(目标数据块首地址)。

序号 15：源数据块内容送 A。

序号 16：判断 A 中内容是否为 24H。若不等,则转至 LOOP2;若相等,则顺序执行。

序号 17：A 中内容送 P1 口显示。

序号 18：调用延时子程序,以便观察清楚。

序号 19：跳转至 LOOP1。

序号 20：A 中内容送目标数据块中。

第14章 汇编语言的程序设计及实验

序号21：同时 A 中内容送 P0 显示。

序号22：调用延时子程序，以便观察清楚。

序号23：R0 内容（源数据块地址）加 1。

序号24：R1 内容（目标数据块地址）加 1。

序号25：R2 内容（数据块长度）减 1，若不为 0，则跳转至 LOOP 循环执行；若为 0，则顺序执行。序号12～25 的作用是将 20H 单元开始的源数据块传送至 50H 单元开始的目标数据块中，长度为 40。若数据块中内容不为 24H，则传送进行，同时送 P0 口显示；若数据块中内容等于 24H，则传送停止，同时将 24H 送 P1 口显示。

序号26：动态停机。

序号27～33：延时子程序。

序号34：程序结束。

这段程序也是相当有用的，例如要将一个数据块的部分内容读出时，可以设一个标志（如24H），一旦程序运行到标志时，数据读出即结束。

14.9 子程序设计、调用及返回

当程序中出现多次执行同一程序段的时候，就可以把多次执行的程序段编成子程序，在需要的时候可以被其他程序多次调用，这就是所谓的子程序结构。子程序结构减少了主程序的长度，使程序的层次结构更加清楚。使用子程序的过程，称为调用子程序。子程序执行完后返回主程序的过程称为子程序返回。

14.9.1 子程序的结构特点

子程序是一种具有某种功能的程序段，其资源需要为所有调用程序共享，因此，子程序在功能上应具有通用性，在结构上应具有独立性。它在结构上与一般程序的主要区别是在子程序末尾有一条子程序返回指令（RET），其功能是执行完子程序后，通过将堆栈内的断点地址弹出至 PC 返回到主程序中。

14.9.2 编写子程序时的注意要点

① 给每个子程序赋一个名字，即入口地址的标号。

② 为了能正确地传递参数，要有入口条件，说明进入子程序时它所要处理的数据如何得到（例如是把它放在 ACC 中，还是放在某工作寄存器中等）。另外，要有出口条件，即处理的结果是如何存放的。

③ 注意保护现场和恢复现场。在执行子程序时，可能要使用累加器或某些工作寄存器。而在调用子程序之前，这些寄存器中可能存放有主程序的中间结果，这些中间结果是不允许被破坏的。因此，在子程序使用累加器和这些工作寄存器之前，要将其中的内容保存起来，即保护现场。当子程序执行完，即将返回主程序之前，再将这些内容取

出,送回到累加器或原来的工作寄存器中,这一过程称为恢复现场。保护和恢复现场通常用堆栈来进行。对于需要保护现场的情况,编写子程序时,要在子程序的开始使用压栈指令,把需要保护的寄存器内容压入堆栈。当子程序执行完,在返回指令前,使用弹出指令,把堆栈中保护的内容弹出到原来的寄存器,这样即恢复了现场。

④ 为了使子程序具有一定的通用性,子程序中的操作对象应尽量用地址或寄存器形式,而不用立即数形式。另外,子程序中如含有转移指令,应尽量用相对转移指令,以便它不管放在内存的哪个区域,都能正确执行。

14.9.3　子程序的调用与返回

主程序调用子程序是通过子程序调用指令"LCALL add16"和"ACALL add11"来实现的。"LCALL add16"称为长调用指令,指令的操作数给出 16 位的子程序首地址;ACALL add11 称为绝对调用指令,它的操作数提供子程序的低 11 位入口地位,此地址与程序计数器 PC 的高 5 位并在一起,构成 16 位的转移地址(即子程序入口地址)。子程序调用指令的功能是将 PC 中的内容(调用指令的下一条指令地址称断点)压入堆栈(即保护断点),然后将调用地址送入 PC,使程序转向子程序的入口地址。

子程序的返回是通过返回指令 RET 实现的。RET 指令的功能是将堆栈中存放的返回地址(即断点)弹出堆栈,送回到 PC,使程序继续从断点处执行。

14.9.4　子程序嵌套

子程序嵌套(或称多重转子)是指在子程序执行过程中还可以调用另一个子程序。子程序嵌套的次数从理论上说是无限的,但实际上,由于受堆栈深度的限制,嵌套次数是有限的。

14.10　使 P0 口的 8 个 LED 闪烁 20 次的实验

14.10.1　实现方法

向累加器 A 送数 FFH,然后送 P0 口,调用延时子程序维持一段时间(LED 熄灭)。然后将累加器 A 取反(00H),再调用延时子程序维持一段时间(LED 点亮)。反复执行。每调用一次子程序,R0 的内容加 1。由于只要求 P0 口的 8 个 LED 闪烁 20 次,故延时子程序调用 40 次后即停止向 P0 口送数。

14.10.2　源程序文件

在"我的文档"中建立一个文件目录 S14-4,然后建立一个 S14-4.uv2 工程项目,最后建

立源程序文件 S14-4.asm。输入以下源程序:

序号:	1		ORG	0000H
	2		LJMP	MAIN
	3		ORG	0030H
	4	MAIN:	MOV	R0,#0
	5		MOV	A,#0FFH
	6	LOOP:	CPL	A
	7		MOV	P0,A
	8		ACALL	DEL
	9		CJNE	R0,#40,LOOP
	10		SJMP	$
	11	DEL:	MOV	R7,#0FFH
	12	DEL1:	MOV	R6,#0FFH
	13	DEL2:	MOV	R5,#08H
	14	DEL3:	DJNZ	R5,DEL3
	15		DJNZ	R6,DEL2
	16		DJNZ	R7,DEL1
	17		INC	R0
	18		RET	
	19		END	

编译通过后,将其烧录到89C51芯片中,将芯片插入LED输出试验板上。试验板通电运行后,P0口的输出状态为:8个发光二极管点亮/熄灭,共重复20次。

14.10.3 程序分析解释

序号1:程序开始。

序号2:跳转到MAIN主程序处。

序号3:主程序MAIN从地址0030H开始。

序号4:将寄存器R0清0,这也是子程序调用时的入口条件。

序号5:向累加器A送数FFH(二进制为11111111)。

序号6:累加器A内容取反(二进制为00000000)。

序号7:将A中内容送P0口,点亮或熄灭发光二极管(低电平点亮,高电平熄灭)。

序号8:调用延时子程序,以便观察清楚。

序号9:判R0内容是否等于十进制数40。若不等,跳转至LOOP;若相等,向下执行。

序号10:动态停机(原地踏步)。

序号11~18:延时子程序。其中序号17的指令作用为,每调用一次子程序,R0的内容加1。由于本子程序只要求调用40次,因此有入口条件(R0=#0),但不需出口条件;并且也不要求对现场进行保护和恢复。

序号19:程序结束。

14.11 分支程序设计

分支程序即根据条件对程序的执行进行判断,若满足指定条件,则进行程序分支转移。分支程序又可分单分支程序及多分支程序。

14.11.1 单分支程序

在 51 单片机指令系统中,通过条件判断实现程序单分支的指令有 JZ、JNZ、CJNE 和 DJNZ 等,此外还有以位状态作为条件实现程序分支的指令,如 JC、JNC、JB、JNB 和 JBC 等。使用这些指令,可以完成对 0、正负、大小、溢出、状态等各种条件判断。图 14-3 为单分支程序的状态流程图。

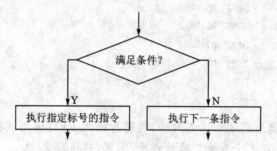

图 14-3 单分支程序状态流程图

14.11.2 多分支程序

多分支程序又称散转程序。在单片机应用程序开发中经常要用到程序多分支散转的情况,因此,散转程序设计技术也是开发者需要掌握的。

散转程序通常是按照数值进行转移,假定分支转移值为 K,则其分支转移状态流程图如图 14-4 所示。

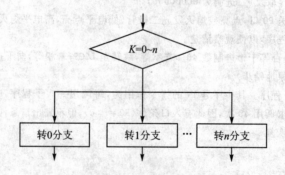

图 14-4 散转程序状态流程图

51单片机指令系统中并没有多分支转移指令,无法使用一条指令完成多分支转移。要实现多分支转移,可根据情况采用不同的方法,下面分别介绍。

1. 使用 CJNE 指令,通过逐次比较,以转向不同的分支入口

假定分支转移值在 A 中,则可使用"CJNE A,#data,rel"指令,其分支流程图如图 14-5 所示。

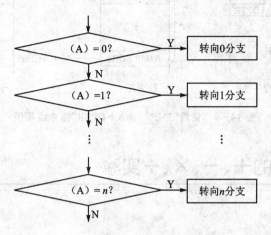

图 14-5 分支流程图

这种多分支方法的优点是层次清晰,程序简单易懂。但这种方法分支速度较慢,特别是层次较多时。此外分支入口地址应在 8 位偏移量(256)有效范围之内。

2. 使用 JMP @A+DPTR 指令,转向不同的分支入口

它是一条无条件程序转移指令,采用基址+变址的间接寻址方式。基址为 DPTR,相当于指令转移的基地址,A 为偏移地址,A 中的内容不同,使程序转移到相对于 DPTR 偏移量为 A 中内容的地址处。从该指令看出,散转程序设计的关键之处在于,在程序中建立一个子程序散转地址表,使数据寄存器 DPTR 指向表的入口地址,然后根据变址寄存器 A 中的内容,用判断指令确定程序跳转到散转地址表中的哪一个子程序处。

还有一种方法:将 A 清 0,根据 DPTR 的值来决定程序转向的目标地址。DPTR 的内容可以通过查表或其他方法获得。

散转子程序设计一般有两个步骤:首先,用 AJMP 或 LJMP 指令构成一个子程序散转地址表;随后用"JMP @A+DPTR"指令使程序跳转到散转地址表相应的位置,从而实现相应子程序跳转,如图 14-6 所示。

实际上,散转编程技术与中断编程技术类似。中断是由中断地址表实现应用系统对外界不同随机事件的相应处理;而散转是用散转表实现对外界随机事件的相应处理。所不同的是中断机制有硬件支持部分,而散转却是由纯软件实现正确的程序转移。所以,也可以说,程序散转是用纯软件实现程序中断的处理。

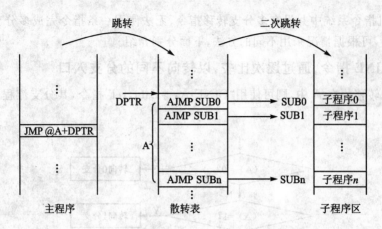

图 14-6 使用"JMP @A+DPTR"指令流程图

14.12 做简单的+、-、×、÷实验

14.12.1 实现方法

下面在 LED 输出试验板上做一个实验,采用散转程序设计。定义 P2.0、P2.1、P2.2、P2.3 为四则运算中的+、-、×、÷命令键,P2.7 为输出显示键,操作数从 P1、P3 口输入,按下输出显示键后,结果由 P1、P3 口输出并显示。

14.12.2 源程序文件

在"我的文档"中建立一个文件目录 S14-5,然后建立一个 S14-5.uv2 工程项目,最后建立源程序文件 S14-5.asm。输入以下源程序:

```
序号:   1              ORG    0000H
        2              AJMP   MAIN
        3              ORG    0030H
        4    MAIN:     MOV    R0,#0FFH
        5              MOV    DPTR,#TAB
        6    START:    JNB    P2.0,L0
        7              JNB    P2.1,L1
        8              JNB    P2.2,L2
        9              JNB    P2.3,L3
       10              JNB    P2.7,L7
       11              CJNE   R0,#0FFH,NEXT
       12              AJMP   START
       13    NEXT:     MOV    A,R0
```

第14章 汇编语言的程序设计及实验

```
14              RL      A
15              JMP     @A+DPTR
16      L0:     ACALL   DEL10MS
17              JB      P2.0,START
18              MOV     R0,#00H
19              AJMP    START
20      L1:     ACALL   DEL10MS
21              JB      P2.1,START
22              MOV     R0,#01H
23              AJMP    START
24      L2:     ACALL   DEL10MS
25              JB      P2.2,START
26              MOV     R0,#02H
27              AJMP    START
28      L3:     ACALL   DEL10MS
29              JB      P2.3,START
30              MOV     R0,#03H
31              LJMP    START
32      L7:     LCALL   DEL10MS
33              JB      P2.7,START
34              MOV     R0,#04H
35              AJMP    START
36      TAB:    AJMP    SUADD
37              AJMP    SUSUB
38              AJMP    SUMUL
39              AJMP    SUDIV
40              AJMP    DIS
41      SUADD:  MOV     A,P1
42              ADD     A,P3
43              MOV     R1,A
44              CLR     A
45              ADDC    A,#00H
46              MOV     R3,A
47              AJMP    START
48      SUSUB:  MOV     A,P1
49              CLR     C
50              SUBB    A,P3
51              MOV     R1,A
52              CLR     A
53              RLC     A
54              MOV     R3,A
55              AJMP    START
56      SUMUL:  MOV     A,P1
```

57		MOV	B,P3
58		MUL	AB
59		MOV	R1,A
60		MOV	R3,B
61		AJMP	START
62	SUDIV:	MOV	A,P1
63		MOV	B,P3
64		DIV	AB
65		MOV	R1,A
66		MOV	R3,B
67		AJMP	START
68	DIS:	MOV	P1,R1
69		MOV	P3,R3
70		ACALL	DEL10MS
71		AJMP	START
72	DEL10MS:	MOV	R5,#0BH
73	F1:	MOV	R7,#02H
74	F2:	MOV	R6,#0FFH
75	F3:	DJNZ	R6,F3
76		DJNZ	R7,F2
77		DJNZ	R5,F1
78		RET	
79		END	

编译通过后,将 S14-5 文件夹中的 hex 文件烧录到 89C51 芯片中,将芯片插入 LED 输出试验板上,将 P1 口及 P3 口外接的 16 个短路块取下,同时取下 P2.0、P2.1、P2.2、P2.3 及 P2.7 的短路块。接上 5V 电源,用试验线一端接 0 电平,另一端碰触一下 P2.0,进行加法运算。然后将 P1 口及 P3 口外接的 16 个短路块插上(注意 5V 电源不要断开,让单片机工作)。最后再用试验线碰触一下 P2.7,激活输出,这时 P3、P1 口输出为 0000000111111110。结果正确吗? 我们核对一下。P3 口及 P1 口外接的 16 个短路块取下后,由于内部弱上拉电阻的作用,输入均为高电平"0",即 P3、P1 口的输入均为十进制数 255,做加法后结果为 510,而 P3、P1 口输出 0000000111111110,换算为十进制数正是 510。读者也可自己进行加、减、乘、除的实验。由此实验也可看出,自行设计制作一台能做简单的加、减、乘、除的计算器也并不是一件难事,只要将操作数从键盘输入单片机运算并输出驱动数码管显示即可。

14.12.3 程序分析解释

序号 1:程序开始。

序号 2:跳转到 MAIN 主程序处。

序号 3:主程序 MAIN 从地址 0030H 开始。

序号 4:寄存器 R0 初始化工作,置 FFH。

序号 5:散转表首地址送 DPTR。

序号 6:若 P2.0 为低电平转 L0。
序号 7:若 P2.1 为低电平转 L1。
序号 8:若 P2.2 为低电平转 L2。
序号 9:若 P2.3 为低电平转 L3。
序号 10:若 P2.7 为低电平转 L7。
序号 11:R0 内容不等于 FFH 则转 NEXT。
序号 12:跳转回 START 处重复执行。
序号 13:将 R0 内容送累加器 A。
序号 14:A 中内容左移 1 位,即乘 2。
序号 15:根据 A 的内容进行散转。
序号 16:调用 10 ms 延时子程序。
序号 17:再判 P2.0 是否为低电平。若为低电平顺序执行;不为低电平转 START。
序号 18:R0 送立即数 00H。
序号 19:跳转回 START 处。
序号 20:调用 10 ms 延时子程序。
序号 21:再判 P2.1 是否为低电平。若为低电平顺序执行;不为低电平转 START。
序号 22:R0 送立即数 01H。
序号 23:跳转回 START 处。
序号 24:调用 10 ms 延时子程序。
序号 25:再判 P2.2 是否为低电平。若为低电平顺序执行;不为低电平转 START。
序号 26:R0 送立即数 02H。
序号 27:跳转回 START 处。
序号 28:调用 10 ms 延时子程序。
序号 29:再判 P2.3 是否为低电平。若为低电平顺序执行;不为低电平转 START。
序号 30:R0 送立即数 03H。
序号 31:跳转回 START 处。
序号 32:调用 10 ms 延时子程序。
序号 33:再判 P2.7 是否为低电平。若为低电平顺序执行;不为低电平转 START。
序号 34:R0 送立即数 04H。
序号 35:跳转回 START 处。
序号 36~40:散转地址表,分别散转至加、减、乘、除子程序。
序号 41:加法子程序开始,将 P1 口内容读入 A。
序号 42:P3 口内容与 A 内容相加,相加结果在 A 内。
序号 43:相加结果(低 8 位)送 R1 暂存。
序号 44:清除 A。
序号 45:将 A 内容、立即数 00H、进位标志相加。
序号 46:相加结果(高 8 位)送 R3 暂存。
序号 47:跳转回 START 处。
序号 48:减法子程序开始,将 P1 口内容读入 A。
序号 49:清除借位标志。
序号 50:A 内容减 P3 口内容(即 P1 减 P3),结果存 A。
序号 51:A 内容送 R1 暂存。
序号 52:清除 A。

序号 53：A 左环移一位，以得到借位标志结果。

序号 54：借位结果作为高 8 位显示送 R3 暂存。

序号 55：跳转回 START 处。

序号 56：乘法子程序开始，将 P1 口内容（被乘数）读入 A。

序号 57：将 P3 口内容（乘数）送寄存器 B。

序号 58：A 乘 B。

序号 59：积的低 8 位暂存 R1。

序号 60：积的高 8 位暂存 R3。

序号 61：跳转回 START 处。

序号 62：除法子程序开始，将 P1 口内容（被除数）读入 A。

序号 63：将 P3 口内容（除数）送寄存器 B。

序号 64：A 除 B。

序号 65：整数商存于 A 中，再送 R1 暂存。

序号 66：余数存于 B 中，再送 R3 暂存。

序号 67：跳转回 START 处。

序号 68：显示子程序开始，将 R1 内容送 P1 口显示。

序号 69：将 R3 内容送 P3 口显示。

序号 70：调用延时子程序，以便观察清楚。

序号 71：跳转回 START 处。

序号 72～78：延时子程序。

序号 79：程序结束。

14.13　查表程序设计

单片机是一种控制能力强、运算能力有限的计算机。若控制系统要求进行较复杂的数据处理，则可采用事先建立系统的数学模型的方法。如建立 $y=f(x)$ 数学模型，并且能估计出数据范围，则可以将数据离散化后建立一个数据表，利用查表指令，求得结果。这样一来，将复杂的数学运算变为简单的查表运算，具有程序简单、执行速度快的优点，弥补了单片机数据运算能力有限的缺点。事实上，有些情况下必须采用查表来进行数据处理，例如，在无法建立 $y=f(x)$ 的解析式的情况下，就必须用查表方式代替数学运算来进行数据处理（如通过查表得到 LED 七段字段码）。因此查表程序设计技术是单片机重要的软件技术之一。

查表就是根据变量 x，在表中寻找 y，使 $y=f(x)$，查表程序设计如下：

首先将 $y=f(x)$ 函数离散化，在程序存储器中建立一个线性数据表，$y_0, y_1, \cdots, y_n$。该表一般为最常用的线性表结构，就是用一组连续的存储单元依次存储线性表中的各个元素。在查表时，根据元素的序号来取出对应存储地址中的数据元素即可完成查表运算，数据表一般存放在程序存储器中。

51 系列单片机主要用下面 2 条指令来完成程序存储器查表运算：

```
MOVC  A,@A＋PC
MOVC  A,@A＋DPTR
```

第14章 汇编语言的程序设计及实验

2条指令都采用基址加变址的间接寻址方式访问表格中的数据,使用@A+PC基址加变址寻址时,PC是下一条指令的地址,而A是从下一条指令首地址到线性数据表中被访问元素的偏移量,因此数据表只能位于当前指令后面的256字节内。使用@A+DPTR基址加变址寻址时,DPTR为常数,是数据表的首地址,A为从数据表首地址到被访问数据元素的偏移量,线性数据表可以位于程序存储器的任意位置,最具有通用性。

14.14 单片机演奏音乐的实验

14.14.1 实现方法

单片机演奏音乐的原理是,通过控制定时器的定时来产生不同频率的方波,驱动蜂鸣器后便发出不同音阶的声音;再利用延迟来控制发音时间的长短,即可控制音调中的节拍。把乐谱中的音符和相应的节拍变换为定常数和延迟常数,做成数据表格存放在存储器中,由程序查表得到定时常数和延迟常数,分别用以控制定时器产生方波的频率和发出该频率方波的持续时间。当延迟时间到时,再查下一个音符的定时常数和延迟常数。依次进行下去,就可自动演奏出悦耳动听的音乐。

下面是歌曲"新年好"中的一段简谱:

1=C　　1 1 1 5 | 3 3 3 1 | 1 3 5 5 | 4 3 2 — |

用定时器T0方式1来产生歌谱中各音符对应频率的方波,由P1.7输出驱动蜂鸣器发声。节拍的控制可通过调用延时子程序D200(延时100 ms)次数来实现,以每拍400 ms的节拍时间为例,那么一拍需要循环调用D200延时子程序4次。同理,半拍就需要调用2次。设单片机晶振频率为近似12 MHz,乐曲中的音符、频率及定时常数三者的对应关系如下:

C调音符	5̣	6̣	7̣	1	2	3	4	5	6	7
频率/Hz	392	440	494	524	588	660	698	784	880	988
半周期/ms	1.28	1.14	1.01	0.95	0.85	0.76	0.72	0.64	0.57	0.51
定时值	FD80	FDC6	FE07	FE25	FE57	FE84	FE98	FEC0	FEE3	FF01

14.14.2 源程序文件

在"我的文档"中建立一个文件目录S14-6,然后建立一个S14-6.uv2工程项目,最后建立源程序文件S14-6.asm。输入以下源程序:

序号:	1		ORG	0000H
	2		LJMP	MAIN
	3		ORG	0BH
	4		MOV	TH0,R1
	5		MOV	TL0,R0

```
6              CPL    P1.7
7              RETI
8              ORG    0100H
9    MAIN:     MOV    TMOD,#01H
10             MOV    IE,#82H
11             MOV    DPTR,#TAB
12   LOOP:     CLR    A
13             MOVC   A,@A+DPTR
14             MOV    R1,A
15             INC    DPTR
16             CLR    A
17             MOVC   A,@A+DPTR
18             MOV    R0,A
19             ORL    A,R1
20             JZ     NEXT0
21             MOV    A,R0
22             ANL    A,R1
23             CJNE   A,#0FFH,NEXT
24             SJMP   MAIN
25   NEXT:     MOV    TH0,R1
26             MOV    TL0,R0
27             SETB   TR0
28             SJMP   NEXT1
29   NEXT0:    CLR    TR0
30   NEXT1:    CLR    A
31             INC    DPTR
32             MOVC   A,@A+DPTR
33             MOV    R2,A
34   LOOP1:    ACALL  D200
35             DJNZ   R2,LOOP1
36             INC    DPTR
37             AJMP   LOOP
38   D200:     MOV    R3,#81H
39   D200B:    MOV    A,#0FFH
40   D200A:    DEC    A
41             JNZ    D200A
42             DEC    R3
43             CJNE   R3,#00H,D200B
43             RET
44   TAB:      DB     0FEH,25H,02H,0FEH,25H,02H
45             DB     0FEH,25H,04H,0FDH,80H,04H
46             DB     0FEH,84H,02H,0FEH,84H,02H
47             DB     0FEH,84H,04H,0FEH,25H,04H
```

第 14 章　汇编语言的程序设计及实验

```
48          DB      0FEH,25H,02H,0FEH,84H,02H
49          DB      0FEH,0C0H,04H,0FEH,0C0H,04H
50          DB      0FEH,98H,02H,0FEH,84H,02H
51          DB      0FEH,57H,08H,00H,00H,04H
52          DB      0FFH,0FFH
53          END
```

编译通过后，将 S14-6 文件夹中的 hex 文件烧录到 89C51 芯片中，将芯片插入到 LED 输出试验板上。在接上 5 V 电源后，蜂鸣器中立即奏响"新年好"的音乐。

14.14.3　程序分析解释

序号 1：程序开始。
序号 2：跳转到 MAIN 主程序处。
序号 3：定时器 T0 中断入口地址。
序号 4~5：定时器 T0 重装初值。
序号 6：P1.7 取反。
序号 7：定时中断子程序返回。
序号 8：主程序从地址 0100H 开始。
序号 9：定时器 T0 方式 1。
序号 10：允许 T0 中断。
序号 11：数据表格首地址。
序号 12：清除 A。
序号 13：查表。
序号 14：定时器初值高 8 位存 R1。
序号 15：DPTR 加 1。
序号 16：清除 A。
序号 17：查表。
序号 18：定时器初值低 8 位存 R0。
序号 19：A 中内容与 R1 相"或"。
序号 20：若相"或"结果全 0，则为休止符。
序号 21：将 R0 内容送 A。
序号 22：A 中内容与 R1 相"与"。
序号 23：若相"与"结果全 1，则表示乐曲结束。
序号 24：从头开始，循环演奏。
序号 25~26：装入定时初值。
序号 27：启动定时器 T0。
序号 28：跳转至 NEXT1 处。
序号 29：关闭定时器 T0，停止发声。
序号 30：清除 A。
序号 31：DPTR 加 1。
序号 32：查延迟常数。
序号 33：A 内容送 R2。

序号34:调用100 ms延时子程序。

序号35:控制延迟次数。

序号36:DPTR加1。

序号37:处理下一个音符。

序号38~44:延时100 ms子程序。

序号45~53:数据表格。

序号54:程序结束。

14.15 数据排序实验

在LED输出试验板做个实验,进行数据排序。假定8个排序数据连续存放在20H为首地址的内部RAM单元中(50、38、7、13、59、44、78、22),使用冒泡法进行数据排序编程。设R7为各次冒泡的比较次数计数器,初始值为R7=07H。TR0为冒泡过程中是否有互换的状态标志;TR0=0,表明无互换发生;TR0=1,表明有互换发生。排序结束后,P1.0处发光二极管点亮指示。若将P1.7输入低电平,则将排序结果送P0口显示。

14.15.1 实现方法

数据排序的算法很多,常用的有插入排序法、冒泡排序法、快速排序法、选择排序法、堆积排序法、二路归并排序法以及基数排序法等。这里以冒泡排序算法为例,说明数据升序排序算法及编程实现。

冒泡法是一种相邻数互换的排序方法,因类似水中气泡上浮,故称冒泡法。执行时从前向后进行相邻数比较,当数据的大小次序与升序排序要求次序不符时(逆序),就将两个数交换,否则为正序不互换。通过这种相邻数互换方法,使小数向前移,大数向后移。如此从前向后进行一次冒泡(相邻数互换),就会把最大数换到最后,再进行一次冒泡,就会把次大数排在倒数第2的位置……

例如原始数据为50,38,7,13,59,44,78,22。

第一次冒泡的过程是:

50,38,7,13,59,44,78,22 (逆序、互换)

38,50,7,13,59,44,78,22 (逆序、互换)

38,7,50,13,59,44,78,22 (逆序、互换)

38,7,13,50,59,44,78,22 (正序、不互换)

38,7,13,50,59,44,78,22 (逆序、互换)

38,7,13,50,44,59,78,22 (正序、不互换)

38,7,13,50,44,59,78,22 (逆序、互换)

38,7,13,50,44,59,22,78 (第一次冒泡结束)

如此进行,各次冒泡的结果是:

第1次冒泡:38,7,13,50,44,59,22,78

第 2 次冒泡:7,13,38,44,50,22,59,78
第 3 次冒泡:7,13,38,44,22,50,59,78
第 4 次冒泡:7,13,38,22,44,50,59,78
第 5 次冒泡:7,13,22,38,44,50,59,78
第 6 次冒泡:7,13,22,38,44,50,59,78
冒泡排序到此已实际完成。

上述冒泡排序过程,有 2 个问题需说明:

① 为了每次冒泡都从后向前排定一个大数,因此每次冒泡所应进行的比较次数都是递减 1。例如:有 n 个数排序,则第 1 次冒泡须比较 $(n-1)$ 次、第 2 次则需 $(n-2)$ 次,……以此类推。但实际编程时,为了简化程序,往往使各次的比较次数都固定为 $(n-1)$ 次。

② 对于 n 个数,理论上说应进行 $(n-1)$ 次冒泡才能完成排序。但实际上常常不到 $(n-1)$ 次就已排好序,如本例共 8 个数,按说应进行 7 次冒泡,但实际进行到第 5 次排序就完成了。判定排序是否完成的最简单方法是看各次冒泡中是否有互换发生。如果有数据互换,说明排序还没完成,否则就表示已排好序。为此,控制排序结束不使用计数方法,而使用设置互换标志的方法,以其状态记录在一次冒泡中有无数据互换发生。

程序状态流程图如图 14-7 所示。

下面通过实例理解。

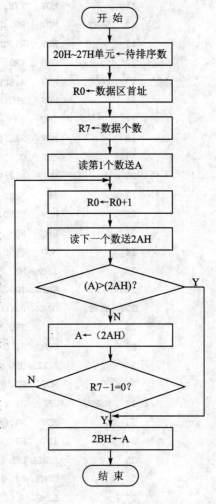

图 14-7 程序状态流程图

14.15.2 源程序文件

在"我的文档"中建立一个文件目录 S14-7,然后建立一个 S14-7.uv2 工程项目,最后建立源程序文件 S14-7.asm。输入以下源程序:

```
序号:   1              ORG    0000H
        2              LJMP   MAIN
        3              ORG    0030H
        4      MAIN:   MOV    20H,#50H
        5              MOV    21H,#38H
        6              MOV    22H,#07H
        7              MOV    23H,#13H
        8              MOV    24H,#59H
        9              MOV    25H,#44H
       10              MOV    26H,#78H
```

11		MOV	27H,#22H
12	SORT:	MOV	R0,#20H
13		MOV	R7,#07H
14		CLR	TR0
15	LOOP:	MOV	A,@R0
16		MOV	2BH,A
17		INC	R0
18		MOV	2AH,@R0
19		CLR	C
20		SUBB	A,@R0
21		JC	NEXT
22		MOV	@R0,2BH
23		DEC	R0
24		MOV	@R0,2AH
25		INC	R0
26		SETB	TR0
27	NEXT:	DJNZ	R7,LOOP
28		JB	TR0,SORT
29		CLR	P1.0
30		ACALL	DEL
31		MOV	R0,#20H
32	HERE:	JB	P1.7,HERE
33		MOV	P0,@R0
34		INC	R0
35		ACALL	DEL
36		CJNE	R0,#28H,HERE
37		SJMP	$
38	DEL:	MOV	R5,#04H
39	F3:	MOV	R6,#0FFH
40	F2:	MOV	R7,#0FFH
41	F1:	DJNZ	R7,F1
42		DJNZ	R6,F2
43		DJNZ	R5,F3
44		RET	
45		END	

编译通过后,先进行软件仿真。打开仿真除错栏,按下 Ctrl+F5 组合键启动仿真界面,再打开外围设备栏中的 P0 口与 P1 口。按下 F5 键让程序开始运行,然后再单击仿真除错栏中的"停止运行"键,这时 P1.0 输出低电平,说明排序结束。将 P1.7 的打勾取消(即为低电平),按 F10 单步之外执行,P0 口即依序输出从小到大的排序结果。仿真输出结果如图 14-8~14-15 所示。仿真结束后,将 S14-7 文件夹中的 hex 文件烧录到 89C51 芯片中,将芯片插入 LED 输出试验板上,接上 5 V 电源,用试验线一端接 0 电平,一端触碰 P1.7,共触发 8 次,则 P0 口的输出与仿真结果完全一致。

第 14 章 汇编语言的程序设计及实验

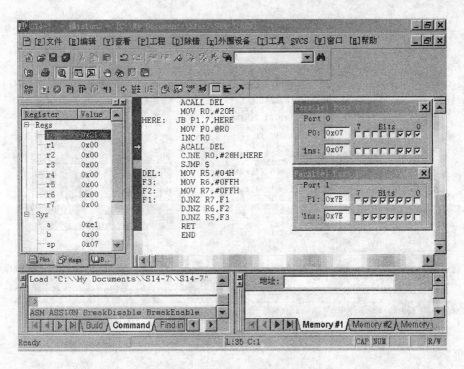

图 14-8 仿真输出结果 1

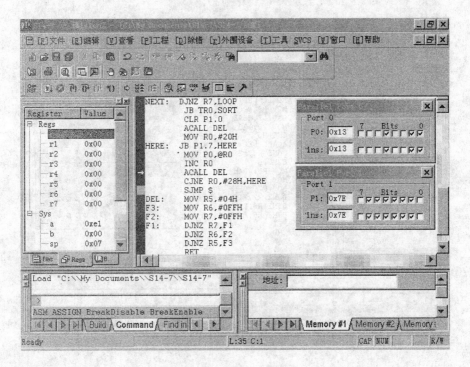

图 14-9 仿真输出结果 2

图 14-10　仿真输出结果 3

图 14-11　仿真输出结果 4

第 14 章 汇编语言的程序设计及实验

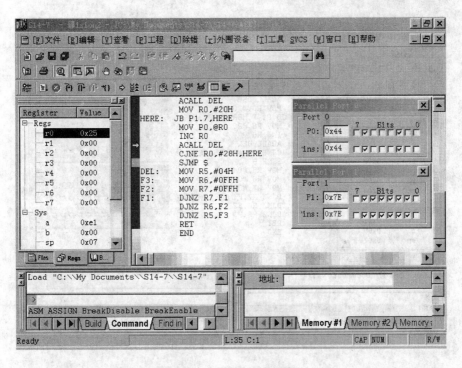

图 14-12　仿真输出结果 5

图 14-13　仿真输出结果 6

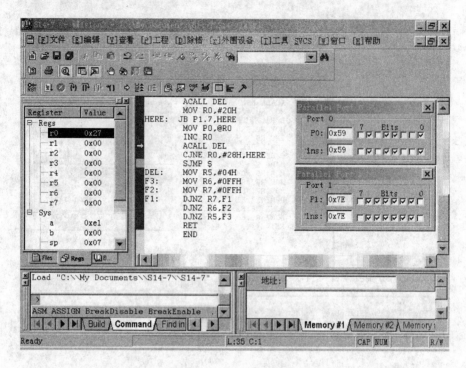

图 14-14 仿真输出结果 7

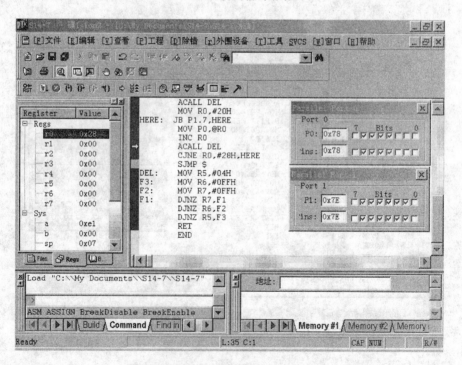

图 14-15 仿真输出结果 8

14.15.3 程序分析解释

序号 1:程序开始。

序号 2:跳转到 MAIN 主程序处。

序号 3:主程序从地址 0030H 开始。

序号 4~11:将 8 个待排序数据(50H、38H、7H、13H、59H、44H、78H、22H)送入 20H~27H 单元。

序号 12:数据存储区首地址送寄存器 R0。

序号 13:设定冒泡比较次数(7 次)。

序号 14:互换标志清 0。

序号 15:取前面的待排序数。

序号 16:将前面的待排序数存入 2BH 单元。

序号 17:地址寄存器 R0 加 1。

序号 18:取后面的待排序数存入 2AH 单元。

序号 19:清除进位位。

序号 20:前面的待排序数减后面的待排序数。

序号 21:若前面的数小于后面的数,转 NEXT(不互换);否则向下执行进行互换。

序号 22~24:两个数交换位置。

序号 25:,地址单元 R0 加 1,准备下一次比较。

序号 26:互换标志置 1。

序号 27:返回 LOOP 处进行下一次比较。

序号 28:7 次比较(此轮)完成后返回 SORT 处进行下一轮冒泡比较。

序号 29:排序结束后点亮 P1.0 处的发光二极管。

序号 30:调用 0.5 s 延时子程序。

序号 31:数据存储区首地址送寄存器 R0。

序号 32:若 P1.7 为高电平则动态停机;为低电平向下执行。

序号 33:将首址单元内容送 P0 口显示。

序号 34:地址寄存器 R0 加 1。

序号 35:调用 0.5 s 延时子程序。

序号 36:若地址指向 28H,则向下执行;否则转回 HERE 处。

序号 37:动态停机。

序号 38~44:延时子程序。

序号 45:程序结束。

第 15 章 键盘接口技术及实验

键盘是单片机不可缺少的输入设备,是实现人机对话的纽带。键盘按结构形式可分为非编码键盘和编码键盘,前者用软件方法产生键码,而后者则用硬件方法来产生键码。在单片机中使用的都是非编码键盘,因为非编码键盘结构简单,成本低廉。非编码键盘的类型很多,常用的有独立式键盘、行列式键盘等。

15.1 独立式键盘

独立式键盘是指将每个按键按一对一的方式直接连接到 I/O 输入线上所构成的键盘,如图 15-1 所示。

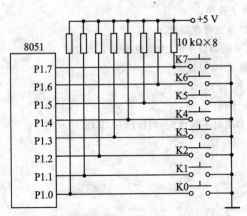

图 15-1 独立式键盘

在图 15-1 中,键盘接口中使用多少根 I/O 线,键盘中就有几个按键。键盘接口使用了 8 根 I/O 口线,该键盘就有 8 个按键。这种类型的键盘,其按键比较少,且键盘中各个按键的工作互不干扰。因此,用户可以根据实际需要对键盘中的按键灵活地编码。

最简单的编码方式就是根据 I/O 输入口所直接反映的相应按键按下的状态进行编码,称按键直接状态码。假如图 15-1 中的 K0 键被按下,则 P1 口的输入状态是 11111110,则 K0

键的直接状态编码就是 FEH。对于这样编码的独立式键盘，CPU 可以通过直接读取 I/O 口的状态来获取按键的直接状态编码值，根据这个值直接进行按键识别。这种形式的键盘结构简单，按键的识别容易。

独立式键盘的缺点是需要占用较多的 I/O 口线。当单片机应用系统键盘中需要的按键比较少或 I/O 口线比较富余时，可以采用这种类型的键盘。

15.2 行列式键盘

行列式键盘是用 n 条 I/O 线作为行线，m 条 I/O 线作为列线组成的键盘。在行线和列线的每一个交叉点上，设置一个按键。这样，键盘中按键的个数是 $m \times n$ 个。这种形式的键盘结构，能够有效地提高单片机系统中 I/O 口的利用率。图 15-2 为行列式键盘输入示意图，列线接 P1.0～P1.3，行线接 P1.4～P1.7。行列式键盘适用于按键输入多的情况。

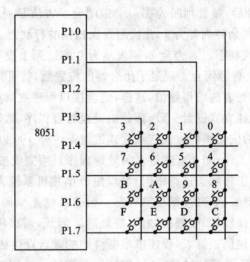

图 15-2　行列式键盘

15.3 独立式键盘接口的编程模式

在确定了键盘的编程结构后，就可以编制键盘接口程序。键盘接口程序的功能实际上就是驱动键盘工作，完成按键的识别，根据所识别按键的键值，完成按键子程序的正确散转，从而完成单片机应用系统对用户按键动作的预定义的响应。

由于独立式键盘的每一个按键占用一条 I/O 口线，每个按键的工作不影响其他按键，因此，可以直接依据每个 I/O 口线的状态来进行子程序散转，使程序编制简练一些。

也可以使用键盘编码值来进行按键子程序的散转，程序更具有通用性。通用的独立式键盘接口程序由键盘管理程序、散转表和键盘处理子程序三部分组成。独立式键盘接口程序各个部分的原理如下：

① 键盘管理程序:担负键盘工作时的循环监测(看是否有键被按下)、键盘去抖动、按键识别、子程序散转(根据所识别的按键进行转子程序处理)等基本工作。
② 散转表:支持应用程序根据按键值进行正确的按键子程序跳转。
③ 键盘处理子程序:负责对具体按键的系统定义功能的执行。

15.4 行列式键盘接口的编程模式

行列式键盘具有更加广泛的应用,可采用计算的方法来求出键值,以得到按键特征码。现以图15-2为例加以说明。
① 检测出是否有键按下。方法是P1.4~P1.7输出全0,然后读P1.0~P1.3的状态,若为全1,则无键闭合;否则表示有键闭合。
② 有键闭合后,调用10~20 ms延时子程序避开按键抖动。
③ 确认键已稳定闭合后,接着判断为哪一个键闭合。方法是对键盘进行扫描,即依次给每一条列线送0,其余各列都为1,并检测每次扫描的行状态。每当扫描输出某一列为0时,相继读入行线状态。若为全1,则表示为0的这列上没有键闭合;否则不为全1,表示为0的这列上有键闭合。确定了闭合键的位置后,就可计算出键值,即产生键码。
行列式键盘也可采用查表法求得键值,这样,键盘接口程序更具有通用性。
它的基本编程模式与独立式键盘一致,都是由键盘管理程序、散转表和按键子程序三部分组成。但是,行列式键盘的按键编码方式与独立式键盘不一样。所以,其键盘管理程序须完成键盘驱动和按键识别两项工作;而独立式键盘的管理程序只须完成按键识别一项工作;行列式键盘如按键盘按键的直接工作状态进行编码,可以使得单片机系统方便地用键盘工作时端口的输入/输出状态获得按键编码,且按键检测容易。但直接状态编码的码值的离散性比较大,若直接用它的值进行子程序跳转,在编程时,不好处理。因此,可以用键盘直接状态扫描码与键盘特征码一起组成一个键码查询表,程序中根据得到的键盘直接状态扫描码,用查表法查询键码查询表,得到按键特征码,程序按特征码散转。所谓的特征码就是根据子程序散转的需要,程序员自己设定的与直接状态扫描码对应的按键特征码。

15.5 键盘工作方式

CPU对键盘的扫描可以采取程序控制的随机方式,即只有在CPU空闲时才去扫描键盘,响应操作员的键盘输入,但CPU在执行应用程序(若应用程序中没有键扫描程序)的过程中,不能响应键盘输入。对键盘的扫描也可采用定时方式,即利用单片机内部定时器,每隔一定时间(如10 ms)对键盘扫描一次。这种控制方式,不管键盘上有无键闭合,CPU总是定时地关心键盘状态。在大多数情况下,CPU对键盘可能进行空扫描。为了提高CPU的效率而又能及时响应键盘输入,可以采用中断方式,即CPU平时不必扫描键盘,只要当键盘上有键闭合时就产生中断请求,向CPU申请中断,CPU响应键盘中断后,立即对键盘进行扫描,识别闭合键,并做相应的处理。

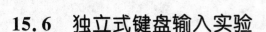

15.6 独立式键盘输入实验

15.6.1 实现方法

在 LED 输出试验板上做一个独立式键盘输入实验，P1 口作输入，P2 口作输出。P1 口的 P1.0 输入低电平后，P2 口的 P1.0 输出低电平，点亮 1 位发光二极管；P1 口的 P1.1 输入低电平后，P2 口的 P1.0、P1.1 输出低电平，点亮 2 位发光二极管；P1 口的 P1.2 输入低电平后，P2 口的 P1.0、P1.1、P1.2 输出低电平，点亮 3 位发光二极管；……P1 口的 P1.7 输入低电平后，P2 口的 P1.0、P1.1、P1.2、P1.3、P1.4、P1.5、P1.6、P1.7 输出低电平，点亮 8 位发光二极管。

15.6.2 源程序文件

在"我的文档"中建立一个文件目录 S15-1，然后建立一个 S15-1.uv2 工程项目，最后建立源程序文件 S15-1.asm。输入以下源程序：

序号：			
1		ORG	0000H
2		AJMP	MAIN
3		ORG	0030H
4	MAIN:	MOV	P2,#0FFH
5		MOV	A,#0FFH
6		MOV	P1,A
7		MOV	A,P1
8		CJNE	A,#0FFH,GO1
9		AJMP	MAIN
10	GO1:	ACALL	DEL
11		CJNE	A,#0FFH,GO2
12		AJMP	MAIN
13	GO2:	MOV	DPTR,#TAB
14		MOV	R0,#00H
15	L1:	RRC	A
16		JNC	N1
17		INC	R0
18		SJMP	L1
19	N1:	MOV	A,R0
20		RLC	A
21		JMP	@A+DPTR
22	TAB:	AJMP	PR0
23		AJMP	PR1

24		AJMP	PR2
25		AJMP	PR3
26		AJMP	PR4
27		AJMP	PR5
28		AJMP	PR6
29		AJMP	PR7
30	PR0:	MOV	P2,#0FEH
31		ACALL	DEL
32		AJMP	MAIN
33	PR1:	MOV	P2,#0FCH
34		ACALL	DEL
35		AJMP	MAIN
36	PR2:	MOV	P2,#0F8H
37		ACALL	DEL
38		AJMP	MAIN
39	PR3:	MOV	P2,#0F0H
40		ACALL	DEL
41		AJMP	MAIN
42	PR4:	MOV	P2,#0E0H
43		ACALL	DEL
44		AJMP	MAIN
45	PR5:	MOV	P2,#0C0H
46		ACALL	DEL
47		AJMP	MAIN
48	PR6:	MOV	P2,#80H
49		ACALL	DEL
50		AJMP	MAIN
51	PR7:	MOV	P2,#00H
52		ACALL	DEL
53		AJMP	MAIN
54	DEL:	MOV	R7,#0FFH
55	DEL1:	MOV	R6,#0FFH
56	DEL2:	DJNZ	R6,DEL2
57		DJNZ	R7,DEL1
58		RET	
59		END	

编译通过后,将 S15-1 文件夹中的 hex 文件烧录到 89C51 芯片中,将芯片插入到 LED 试验板上,取下 P1 口的短路块。在接上 5 V 稳压电源后,P2 口外接的 8 个 LED 均不亮。用一根试验线一端接地,另一端依次触碰 P1.0~P1.7,会发现 P2 口的 LED 点亮情况从 1 个变化到 8 个。

15.6.3 程序分析解释

序号 1:程序开始。

序号 2:跳转到 MAIN 主程序处。

序号 3:主程序从地址 30H 开始。

序号 4:将立即数 FFH 传送至 P2 口,关闭 P2 口的 8 个发光二极管。

序号 5:将立即数 FFH 传送至累加器 A。

序号 6:累加器的数送 P1 口(全 1),准备读取输入状态。

序号 7:读取 P1 口输入状态。

序号 8:若 A 不等于 FFH,说明有键闭合,转 GO1;否则无键闭合,顺序执行。

序号 9:跳转至主程序 MAIN 处。

序号 10:调用延时子程序,避开按键抖动干扰。

序号 11:再判键闭合,若 A 不等于 FFH,说明有键闭合,转 GO2;否则无键闭合,顺序执行。

序号 12:跳转至主程序 MAIN 处。

序号 13:散转表首地址送 DPTR 数据指针。

序号 14:设置初始键号(0)送寄存器 R0。

序号 15:累加器 A 的内容右移 1 位,这样最低位首先移入进位寄存器 CY(即从最低位 P1.0 开始寻找闭合键)。

序号 16:CY 不等于 1,说明有键按下,转 N1;否则顺序执行。

序号 17:键号加 1。

序号 18:跳转至 L1 处继续寻找闭合键。

序号 19:将键号送累加器中。

序号 20:键号乘 2,修正变址值。

序号 21:散转形成的键值入口地址表。

序号 22:转向 P1.0 号键功能程序 PR0。

序号 23:转向 P1.1 号键功能程序 PR1。

序号 24:转向 P1.2 号键功能程序 PR2。

序号 25:转向 P1.3 号键功能程序 PR3。

序号 26:转向 P1.4 号键功能程序 PR4。

序号 27:转向 P1.5 号键功能程序 PR5。

序号 28:转向 P1.6 号键功能程序 PR6。

序号 29:转向 P1.7 号键功能程序 PR7。

序号 30:PR0 功能程序,点亮 P2.0 发光二极管。

序号 31:调用延时子程序,维持发光二极管点亮。

序号 32:跳转至主程序循环运行。

序号 33:PR1 功能程序,点亮 P2.0、P2.1 发光二极管。

序号 34:调用延时子程序,维持发光二极管点亮。

序号 35:跳转至主程序循环运行。

序号 36:PR2 功能程序,点亮 P2.0、P2.1、P2.2 发光二极管。

序号 37:调用延时子程序,维持发光二极管点亮。

序号 38:跳转至主程序循环运行。

序号 39:PR3 功能程序,点亮 P2.0、P2.1、P2.2、P2.3 发光二极管。

序号 40:调用延时子程序,维持发光二极管点亮。

序号 41:跳转至主程序循环运行。

序号 42:PR4 功能程序,点亮 P2.0、P2.1、P2.2、P2.3、P2.4 发光二极管。

序号 43:调用延时子程序,维持发光二极管点亮。

序号 44:跳转至主程序循环运行。

序号 45:PR5 功能程序,点亮 P2.0、P2.1、P2.2、P2.3、P2.4、P2.5 发光二极管。

序号 46:调用延时子程序,维持发光二极管点亮。

序号 47:跳转至主程序循环运行。

序号 48:PR6 功能程序,点亮 P2.0、P2.1、P2.2、P2.3、P2.4、P2.5、P2.6 发光二极管。

序号 49:调用延时子程序,维持发光二极管点亮。

序号 50:跳转至主程序循环运行。

序号 51:PR7 功能程序,点亮 P2.0、P2.1、P2.2、P2.3、P2.4、P2.5、P2.6、P2.7 发光二极管。

序号 52:调用延时子程序,维持发光二极管点亮。

序号 53:跳转至主程序循环运行。

序号 54~58:延时子程序。

序号 59:程序结束。

15.7 行列式键盘输入实验

15.7.1 实现方法

在 LED 数码管输出试验板上做一个行列式键盘输入实验。通电后 P0 口的数码管显示 0,按下 0 号键,P0 口的数码管显示 0;按下 1 号键,P0 口的数码管显示 1;……按下 9 号键,P0 口的数码管显示 9;按下"*"、"#"键,P0 口的数码管熄灭。

15.7.2 源程序文件

在"我的文档"中建立一个文件目录 S15-2,然后建立一个 S15-2.uv2 工程项目,最后建立源程序文件 S15-2.asm。输入以下源程序:

```
序号: 1            ORG   0000H
      2            AJMP  MAIN
      3            ORG   0030H
      4   MAIN:    MOV   P0,#0FFH
      5   START:   MOV   P3,#0FH
      6            MOV   A,P3
      7            CJNE  A,#0FH,GO1
      8            MOV   A,R1
      9            MOV   DPTR,#TAB
```

第15章 键盘接口技术及实验

```
10              MOVC   A,@A+DPTR
11              MOV    P0,A
12              ACALL  DEL
13              AJMP   START
14      GO1:    ACALL  DEL
15              CJNE   A,#0FH,GO2
16              AJMP   START
17      GO2:    MOV    R2,#0DFH
18              MOV    R0,#00H
19      ST:     MOV    P3,R2
20              MOV    A,P3
21              JB     ACC.0,ONE
22              MOV    A,#01H
23              AJMP   LKP
24      ONE:    JB     ACC.1,TWO
25              MOV    A,#04H
26              AJMP   LKP
27      TWO:    JB     ACC.2,THR
28              MOV    A,#07H
29              AJMP   LKP
30      THR:    JB     ACC.3,NEXT
31              MOV    A,#0AH
32      LKP:    ADD    A,R0
33              CJNE   A,#0BH,LKP1
34              MOV    A,#00H
35      LKP1:   MOV    R1,A
36              AJMP   START
37      NEXT:   INC    R0
38              CJNE   R0,#03H,L1
39              MOV    R0,#00H
40              AJMP   ST
41      L1:     CJNE   R2,#0DFH,L2
42              MOV    R2,#0BFH
43              AJMP   ST
44      L2:     CJNE   R2,#0BFH,L3
45              MOV    R2,#7FH
46              AJMP   ST
47      L3:     CJNE   R2,#7FH,RE
48              MOV    R2,#0DFH
49      RE:     AJMP   START
50      DEL:    MOV    R7,#0DH
51      DEL1:   MOV    R6,#0FFH
52      DEL2:   DJNZ   R6,DEL2
```

53		DJNZ	R7,DEL1
54		RET	
55	TAB:	DB	0C0H,0F9H,0A4H,0B0H,99H
56		DB	92H,82H,0F8H,80H,90H
57		END	

编译通过后,将 S15-2 文件夹中的 hex 文件烧录到 89C51 芯片中,将芯片插入到 LED 数码管输出试验板上。通电后 P0 口的数码管显示 0,按下 0 号键,P0 口的数码管显示 0;按下 1 号键,P0 口的数码管显示 1;……按下 9 号键,P0 口的数码管显示 9;按下" * "、"♯"键,P0 口的数码管熄灭。完全达到设计目的。

15.7.3 程序分析解释

序号 1:程序开始。
序号 2:跳转到 MAIN 主程序处。
序号 3:主程序从地址 30H 开始。
序号 4:熄灭 P0 口数码管。
序号 5:置 P3 口为 0FH,准备读取输入状态。
序号 6:读取 P3 口输入状态。
序号 7:若 A 不等于 FFH,说明有键闭合,转 GO1;否则无键闭合,顺序执行。
序号 8:将寄存器 R1 内容送累加器 A。上电时,R1 内容为 00H。
序号 9:数码管的字段码数据表格首地址送数据指针 DPTR。
序号 10:查表获得的数据存累加器 A。
序号 11:将累加器 A 的内容送 P0 口显示。
序号 12:调用延时子程序,维持数码管点亮。
序号 13:跳转到 START 处循环执行。
序号 14:调用延时子程序,避开按键抖动干扰。
序号 15:再判键闭合。若 A 不等于 FFH,说明有键闭合,转 GO2;否则无键闭合,顺序执行。
序号 16:跳转至主程序 START 处循环执行。
序号 17:向寄存器 R2 送立即数 DFH。
序号 18:向寄存器 R0 送立即数 00H。
序号 19:R2 内容送 P3 口,准备读取最左列的按键输入。
序号 20:读取 P3 口输入至累加器 A 中。
序号 21:1 号键没有闭合转 ONE 处;否则顺序执行。
序号 22:向累加器 A 送立即数 01H。
序号 23:跳转至 LKP 处。
序号 24:4 号键没有闭合转 TWO 处;否则顺序执行。
序号 25:向累加器 A 送立即数 04H。
序号 26:跳转至 LKP 处。
序号 27:7 号键没有闭合转 THR 处;否则顺序执行。
序号 28:向累加器 A 送立即数 07H。
序号 29:跳转至 LKP 处。
序号 30:" * "键没有闭合转 NEXT 处;否则顺序执行。

序号 31:向累加器 A 送立即数 0AH。
序号 32:将 R0 内容与 A 内容相加,计算出键值,结果存 A。
序号 33:若 A 内容不为 0BH,转 LKP1;否则顺序执行。
序号 34:清除累加器 A。
序号 35:累加器 A 内容送寄存器 R1。
序号 36:跳转到 START 循环执行。
序号 37:R0 加 1。
序号 38:若 R0 内容不为 03H,转 L1。
序号 39:清除 R0 内容。
序号 40:跳转到 ST 处进行下一列按键输入的判断。
序号 41:若 R2 不等于 DFH,转 L2;否则顺序执行。
序号 42:向 R2 送立即数 BFH。
序号 43:跳转到 ST 处。
序号 44:若 R2 不等于 BFH,转 L3;否则顺序执行。
序号 45:向 R2 送立即数 7FH。
序号 46:跳转到 ST 处。
序号 47:若 R2 不等于 7FH,转 RE;否则顺序执行。
序号 48:向 R2 送立即数 DFH。
序号 49:跳转到 START 处循环执行。
序号 50~54:延时子程序。
序号 55~56:数码管字段数据表。
序号 57:程序结束。

下来再做两个关于键盘工作方式的实验。前面已介绍了键盘工作方式,但许多读者缺少感性认识,通过这两个实验可理解 CPU 对键盘的程序控制扫描与定时中断扫描的区别。

15.8 扫描方式的键盘输入实验

15.8.1 实现方法

在 LED 输出试验板上做一个键盘输入实验。通电后 P0 口的 8 个发光二极管点亮 10 s,熄灭 10 s,反复循环。用试验线置 P3.0 低电平后,在等待 P0 口的发光二极管在亮、灭转换期间,CPU 才读入 P3.0 状态,使 P1 口的 8 个发光二极管点亮或熄灭。这种 CPU 对键盘的程序控制扫描方式,有时会因 CPU 在忙于处理其他事情而延误或遗漏了对键盘输入的反应。

15.8.2 源程序文件

在"我的文档"中建立一个文件目录 S15-3,然后建立一个 S15-3.uv2 工程项目,最后建立源程序文件 S15-3.asm。输入以下源程序:

序号：	1		ORG	0000H
	2		AJMP	MAIN
	3		ORG	0030H
	4	MAIN:	MOV	P0,#00H
	5		ACALL	DEL10S
	6		ACALL	KEY
	7		MOV	P0,#0FFH
	8		ACALL	DEL10S
	9		ACALL	KEY
	10		AJMP	MAIN
	11	KEY:	JB	P3.0,RE
	12		CPL	C
	13		JC	NEXT1
	14		MOV	P1,#00H
	15		AJMP	NEXT2
	16	NEXT1:	MOV	P1,#0FFH
	17	NEXT2:	ACALL	DEL1S
	18	RE:	RET	
	19	DEL1S:	MOV	R5,#0FFH
	20	F1:	MOV	R6,#0FFH
	21	F2:	DJNZ	R6,F2
	22		DJNZ	R5,F1
	23		RET	
	24	DEL10S:	MOV	R0,0AH
	25	LOOP:	ACALL	DEL1S
	26		DJNZ	R0,LOOP
	27		RET	
	28		END	

编译通过后，将S15-3文件夹中的hex文件烧录到89C51芯片中，将芯片插入LED输出试验板上。通电后P0口的8个发光二极管点亮10 s，熄灭10 s，反复循环。用试验线一端置0，另一端触碰P3.0进行试验。试验中发现，只有连续触碰P3.0且要等待P0口的发光二极管10 s到后，在亮、灭转换期间，才能使P1口的发光二极管点亮或熄灭。如果仅仅短暂地触碰P3.0，不能使P1口的发光二极管状态发生变化。

15.8.3 程序分析解释

序号1：程序开始。
序号2：跳转到MAIN主程序处。
序号3：主程序从地址30H开始。
序号4：点亮P0口发光二极管。
序号5：调用延时子程序，维持点亮P0口发光二极管10 s。
序号6：调用键盘扫描子程序。

序号 7：熄灭 P0 口发光二极管。
序号 8：调用延时子程序，维持点亮 P0 口发光二极管 10 s。
序号 9：调用键盘扫描子程序。
序号 10：跳转到 MAIN 处循环运行。
序号 11：键盘扫描子程序开始，若 P3.0 为高电平（无键闭合），则转标号 RE 处；否则顺序执行。
序号 12：进位位 CY 取反。
序号 13：若 CY 为 1，则转 NEXT1；否则顺序执行。
序号 14：P1 口置全 0，点亮 8 个发光二极管。
序号 15：跳转至 NEXT2。
序号 16：P1 口置全 1，熄灭 8 个发光二极管。
序号 17：调用 1 s 延时子程序，维持发光二极管熄灭或点亮。
序号 18：子程序返回。
序号 19～23：1 s 延时子程序。
序号 24～27：10 s 延时子程序。
序号 28：程序结束。

15.9 定时中断方式的键盘输入实验

15.9.1 实现方法

在 LED 输出试验板上做一个定时中断键盘输入实验。通电后 P0 口的 8 个发光二极管点亮 25 s，熄灭 25 s，反复循环。用试验线置 P3.0 低电平后，P1 口的 8 个发光二极管状态马上发生变化（点亮或熄灭）。这种 CPU 对键盘的定时中断扫描方式，只要定时时间足够短（几十 ms），就不会因 CPU 在忙于处理其他事情而延误或遗漏了对键盘输入的反应。

15.9.2 源程序文件

在"我的文档"中建立一个文件目录 S15-4，然后建立一个 S15-4.uv2 工程项目，最后建立源程序文件 S15-4.asm。输入以下源程序：

```
序号：    1              ORG    0000H
         2              AJMP   MAIN
         3              ORG    000BH
         4              AJMP   CTC0
         5              ORG    0030H
         6    MAIN:     MOV    TMOD,#00H
         7              MOV    TL0,#0FFH
         8              MOV    TH0,#0FFH
         9              SETB   EA
        10              SETB   ET0
```

11		SETB	TR0
12	GOON:	MOV	P0,#00H
13		ACALL	DEL25S
14		MOV	P0,#0FFH
15		ACALL	DEL25S
16		AJMP	GOON
17	CTC0:	MOV	TL0,#0FFH
18		MOV	TH0,#0FFH
19		JB	P3.0,RE
20		CLR	TR0
21		CPL	C
22		JC	NEXT
23		MOV	P1,#00H
24		AJMP	NEXT1
25	NEXT:	MOV	P1,#0FFH
26	NEXT1:	ACALL	DEL1S
27		SETB	TR0
28	RE:	RETI	
29	DEL1S:	MOV	R5,#0FFH
30	F1:	MOV	R6,#0FFH
31	F2:	DJNZ	R6,F2
32		DJNZ	R5,F1
33		RET	
34	DEL25S:	MOV	R0,0AH
35	LOOP:	ACALL	DEL1S
36		DJNZ	R0,LOOP
37		RET	
38		END	

编译通过后,将 S15-4 文件夹中的 hex 文件烧录到 89C51 芯片中,将芯片插入 LED 输出试验板上。通电后 P0 口的 8 个发光二极管点亮 25 s,熄灭 25 s,反复循环。用试验线一端置 0,另一端触碰 P3.0 进行试验。试验发现,只要一触碰 P3.0,P1 口的发光二极管状态马上发生变化(点亮或熄灭),说明 CPU 很快就对键盘输入进行反应,这样就不会延误或遗漏了每一次的键盘输入事件。有些读者会问,上一个实验和这一个实验的延时子程序完全一样,为什么 10 s 变成了 25 s 呢?这主要由于在延时过程中 CPU 不断被 T0 定时中断打断而去判断键盘输入,这样就使延时时间加长了。

15.9.3 程序分析解释

序号 1:程序开始。

序号 2:跳转到 MAIN 主程序处。

序号 3:定时器 T0 的中断服务子程序入口地址。

序号 4：跳转到定时器 T0 中断服务子程序(标号 CTC0 处)。
序号 5：主程序从地址 30H 开始。
序号 6：设置定时器 T0 方式 0。
序号 7、8：T0 载入定时初值(在晶振为 12 MHz 时定时约 8 ms)。
序号 9：总中断允许。
序号 10：T0 开中断。
序号 11：启动 T0。
序号 12：点亮 P0 口发光二极管。
序号 13：调用延时子程序，维持点亮 P0 口发光二极管 25 s。
序号 14：熄灭 P0 口发光二极管。
序号 15：调用延时子程序，维持点亮 P0 口发光二极管 25 s。
序号 16：跳转到标号 GOON 处循环运行。
序号 17：T0 定时中断子程序开始。
序号 17、18：重装定时初值。
序号 19：若 P3.0 为高电平(无键闭合)，则转标号 RE 处；否则顺序执行。
序号 20：关闭定时器 T0。
序号 21：进位位 CY 取反。
序号 22：若 CY 为 1，则转 NEXT；否则顺序执行。
序号 23：P1 口置全 0，点亮 8 个发光二极管。
序号 24：跳转至 NEXT1。
序号 25：P1 口置全 1，熄灭 8 个发光二极管。
序号 26：调用 1 s 延时子程序，维持发光二极管熄灭或点亮。
序号 27：启动定时器 T0。
序号 28：定时中断子程序返回。
序号 29～33：1 s 延时子程序。
序号 34～37：25 s 延时子程序。
序号 38：程序结束。

第 16 章
LED 显示器接口技术及实验

在单片机系统中,经常用 LED(发光二极管)数码显示器来显示单片机系统的工作状态、运算结果等各种信息,LED 数码显示器是单片机与人对话的一种重要输出设备。

16.1 LED 数码显示器的构造及特点

图 16-1 是 LED 数码显示器的构造。它实际上是由 8 个发光二极管构成的,其中 7 个发光二极管排列成"8"字形的笔画段,另一个发光二极管为圆点形状,安装在显示器的右下角,作为小数点使用。通过发光二极管亮暗的不同组合,从而可显示出 0~9 的阿拉伯数字符号以及其他能由这些笔画段构成的各种字符。

图 16-1 LED 数码显示器的构造

LED 数码显示器的内部结构有两种不同形式:一种是共阳极显示器,其内部电路如图 16-2 所示,即 8 个发光二极管的正极全部连接在一起,组成公共端,8 个发光二极管的负极则各自独立引出;另一种是共阴极显示器,其内部电路如图 16-3 所示,即 8 个发光二极管的负极全部连接在一起,组成公共端,8 个发光二极管的正极则各自独立引出。

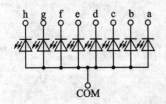

图 16-2 共阳极显示器内部电路

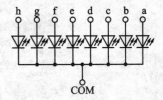

图 16-3 共阴极显示器内部电路

LED 数码显示器中的发光二极管有两种连接方法:

共阳极接法。把发光二极管的阳极连在一起,使用时公共阳极接+5 V,这时阴极接低电平的段发光二极管就导通点亮,而接高电平的则不点亮。

第16章 LED显示器接口技术及实验

共阴极接法。把发光二极管的阴极连在一起,使用时公共阴极接地,这时阳极接高电平的段发光二极管就导通点亮,而接低电平的则不点亮。

驱动电路中的限流电阻 R,通常根据 LED 的工作电流计算而得到

$$R = (V_{CC} - V_{LED})/I_{LED}$$

式中, V_{CC} 为电源电压(+5 V); V_{LED} 为 LED 压降(一般取 2 V 左右); I_{LED} 为工作电流(可取 1~20 mA); R 通常取数百 Ω。

实验中使用的 89C51 单片机,其 P0~P3 口具有 20 mA 的灌电流输出能力,因此可直接驱动共阳极的 LED 数码显示器。

为了显示数字或符号,要为 LED 数码显示器提供代码,因为这些代码是为显示字形的,因此称之为字形代码。

7 段发光二极管,再加上一个小数点位,共计 8 位代码,由一个数据字节提供。各数据位的对应关系如下所示:

数据位	D7	D6	D5	D4	D3	D2	D1	D0
显示段	h	g	f	e	d	c	b	a

LED 数码显示器的字形(段)码表如表 16-1 所列。

表 16-1 LED 数码显示器的字形(段)码

显示字形	字形码(共阳极)	字形码(共阴极)
0	C0H	3FH
1	F9H	06H
2	A4H	5BH
3	B0H	4FH
4	99H	66H
5	92H	6DH
6	82H	7DH
7	F8H	07H
8	80H	7FH
9	90H	6FH
A	88H	77H
B	83H	7CH
C	C6H	39H
D	A1H	5EH
E	86H	79H
F	8EH	71H
熄灭	FFH	00H

16.2 LED 数码显示器的显示方法

在单片机应用系统中,LED 数码显示器的显示方法有两种:静态显示法和动态扫描显示法。

16.2.1 静态显示法

所谓静态显示,就是每一个显示器各笔画段都要独占具有锁存功能的输出口线,CPU 把欲显示的字形代码送到输出口上,就可以使显示器显示出所需的数字或符号。此后,即使 CPU 不再去访问它,显示的内容也不会消失(因为各笔画段接口具有锁存功能)。

静态显示法的优点是,显示程序十分简单,显示亮度大,由于 CPU 不必经常扫描显示器,所以节约了 CPU 的工作时间。但静态显示也有其缺点,主要是占用 I/O 口线较多,硬件成本也较高。所以静态显示法常用在显示器数目较少的应用系统中。图 16-4 为静态显示示意图。

图 16-4 中由 74LS273(8D 锁存器)作扩展输出口,输出控制信号由 P2.0 和 $\overline{WR}$ 合成,当二者同时为 0 时,"或"门输出为 0,将 P0 口数据锁存到 74LS273 中,口地址为 FEEEH。输出口线的低 4 位和高 4 位分别接 BCD-7 段显示译码驱动器 74LS47,它们驱动 2 位数码管作静态的连续显示。

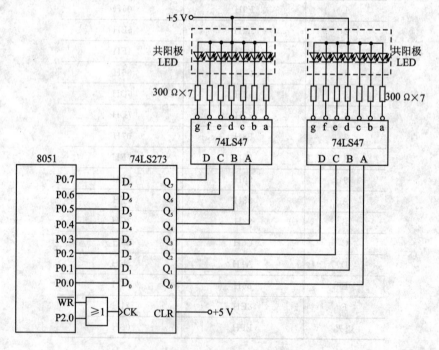

图 16-4 静态显示示意图

16.2.2 动态扫描显示法

动态扫描显示是单片机应用系统中最常用的显示方式之一。它是把所有显示器的 8 个笔画段 a~h 的各同名段端互相并接在一起,并把它们接到字段输出口上。为了防止各显示器同时显示相同的数字,各显示器的公共端 COM 还要受到另一组信号控制,即把它们接到位输出口上。这样,对于一组 LED 数码显示器,需要由两组信号来控制:一组是字段输出口输出的字形代码,用来控制显示的字形,称为段码;另一组是位输出口输出的控制信号,用来选择第几位显示器工作,称为位码。在这两组信号的控制下,可以一位一位地轮流点亮各显示器显示各自的数码,以实现动态扫描显示。在轮流点亮一遍的过程中,每位显示器点亮的时间则是极为短暂的(1~5 ms)。由于 LED 具有余辉特性以及人眼视觉的惰性,尽管各位显示器实际上是分时断续地显示,但只要适当选取扫描频率,给人眼的视觉印象就会是在连续稳定地显示,并不察觉有闪烁现象。由于各数码管的字段线是并联使用的,因而动态扫描显示大大简化了硬件线路。图 16-5 为动态显示示意图。

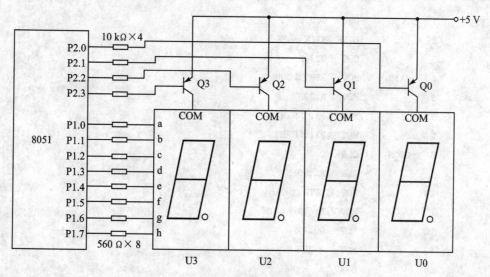

图 16-5 动态显示示意图

在实际的单片机系统中,LED 显示程序都是作为一个子程序供监控程序调用,因此各位显示器都扫过一遍之后,就返回监控程序。返回监控程序后,进行一些其他操作,再调用显示扫描程序。通过这种反复调用来实现 LED 数码显示器的动态扫描。

动态扫描显示接口电路虽然硬件简单,但在使用时必须反复调用显示子程序,若 CPU 要进行其他操作,那么显示子程序只能插入循环程序中,这往往束缚了 CPU 的工作,降低了 CPU 的工作效率。另外扫描显示电路中,显示器数目也不宜太多,一般在 12 个以内,否则会使人察觉出显示器在分时轮流显示。

16.3 静态显示实验

16.3.1 实现方法

在LED数码管输出试验板上做一个静态显示实验,通电后左边2个数码管静态显示56,右边2个数码管则做累加显示。

16.3.2 源程序文件

在"我的文档"中建立一个文件目录S16-1,然后建立一个S16-1.uv2工程项目,最后建立源程序文件S16-1.asm。输入以下源程序:

序号			
1		ORG	0000H
2		LJMP	MAIN
3		ORG	0030H
4	MAIN:	MOV	20H,#00H
5		MOV	A,20H
6		MOV	P3,#92H
7		MOV	P2,#82H
8	GOON:	CLR	C
9		ANL	A,#0FH
10		MOV	DPTR,#TAB
11		MOVC	A,@A+DPTR
12		MOV	P0,A
13		MOV	A,20H
14		SWAP	A
15		ANL	A,#0FH
16		MOVC	A,@A+DPTR
17		MOV	P1,A
18		ACALL	DEL
19		MOV	A,20H
20		INC	A
21		DA	A
22		MOV	20H,A
23		AJMP	GOON
24	DEL:	MOV	R7,#014H
25	DEL1:	MOV	R6,#0FFH
26	DEL2:	MOV	R5,#01FH
27	DEL3:	DJNZ	R5,DEL3

第16章 LED 显示器接口技术及实验

```
28        DJNZ  R6,DEL2
29        DJNZ  R7,DEL1
30        RET
31        ORG   0100H
32  TAB:  DB    0C0H,0F9H,0A4H,0B0H,99H,92H,82H,0F8H
33        DB    80H,90H,88H,83H,0C6H,0A1H,86H,08EH
34        END
```

编译通过后,将 S16-1 文件夹中的 hex 文件烧录到 89C51 芯片中,将芯片插入到 LED 数码管输出试验板上。通电运行后,可看到左边 2 个数码管静态显示 56,右边 2 个数码管则从 00~99 做累加显示。

16.3.3 程序分析解释

序号1:程序开始。
序号2:跳转到 MAIN 主程序处。
序号3:主程序 MAIN 从地址 0030H 开始。
序号4:将立即数 00H 传送给 20H 单元中。
序号5:将 20H 单元中的内容传送给累加器 A。
序号6:将立即数 92H 送 P3 口,使最左的数码管显示 5。
序号7:将立即数 82H 送 P2 口,使左边第 2 个数码管显示 6。
序号8:进位位 CY 置 0。
序号9:屏蔽累加器 A 中高 4 位。
序号10:将数据表格的首地址(0100H)存入 16 位数据地址指针 DPTR 中。
序号11:查表。
序号12:将累加器 A 中内容传送给 P0 输出口,点亮"个"位数码管。
序号13:再将 20H 单元中的内容传送给累加器 A。
序号14:交换累加器 A 中的高、低 4 位。
序号15:屏蔽 A 中高 4 位。
序号16:查表。
序号17:将累加器 A 中内容传送给 P1 输出口,点亮"十"位数码管。
序号18:调用延时子程序,便于观察。
序号19:20H 单元中的内容传送给累加器 A。
序号20:累加器 A 内容加 1。
序号21:二-十进制调整。
序号22:累加器 A 中的内容传送给 20H 单元。
序号23:跳转到标号 GOON 处继续执行。
序号24~30:延时子程序。
序号31:数据表格的首地址为 0100H。
序号32~33:数据表格内容。
序号34:程序结束。

可以看出,一开始 CPU 对 P3、P2 口置数点亮左边 2 个数码管(显示 56),以后 CPU 不再访问 P3、P2 口。由于 P3、P2 口具有锁存功能,因此左边 2 个数码管被持续点亮,处于静态显示状态。

下面再在 LED 数码管输出试验板上做慢速扫描动态显示与快速扫描动态显示的对比实验。

16.4　慢速动态显示实验

P3~P0 口的数码管依次慢速(显示时间为 0.5 s)显示 1,2,3,4 四个字的实验。

16.4.1　源程序文件

在"我的文档"中建立一个文件目录 S16-2,然后建立一个 S16-2.uv2 工程项目,最后建立源程序文件 S16-2.asm。输入以下源程序:

```
序号：  1              ORG    0000H
        2              LJMP   MAIN
        3              ORG    0030H
        4     MAIN:    MOV    P3,#0F9H
        5              ACALL  DEL0_5S
        6              MOV    P3,#0FFH
        7              MOV    P2,#0A4H
        8              ACALL  DEL0_5S
        9              MOV    P2,#0FFH
       10              MOV    P1,#0B0H
       11              ACALL  DEL0_5S
       12              MOV    P1,#0FFH
       13              MOV    P0,#99H
       14              ACALL  DEL0_5S
       15              MOV    P0,#0FFH
       16              AJMP   MAIN
       17     DEL0_5S: MOV    R5,#04H
       18     DEL1:    MOV    R6,#0FFH
       19     DEL2:    MOV    R7,#0FFH
       20     DEL3:    DJNZ   R7,DEL3
       21              DJNZ   R6,DEL2
       22              DJNZ   R5,DEL1
       23              RET
       24              END
```

编译通过后,将 S16-2 文件夹中的 hex 文件烧录到 89C51 芯片中,将芯片插入到 LED 数码管输出试验板上。通电运行后,可看到左边第 1 个(千位)数码管显示"1"字 0.5 s,随即熄灭；接下来百位数码管显示"2"字0.5 s，随即熄灭；再下来十位数码管显示"3"字0.5 s，随即熄灭；最后个位数码管显示"4"字0.5 s，随即熄灭。重复循环，反复不已。显示过程采用了分时动态扫描的方法依次点亮4位数码管，但由于每位数码管在点亮0.5 s的过程中，其他3位数码管处于熄灭状态，扫描频率太低，因此观察起来很不舒服。

16.4.2 程序分析解释

序号1：程序开始。
序号2：跳转到MAIN主程序处。
序号3：主程序MAIN从地址0030H开始。
序号4：将立即数F9H送P3口，使"千"位数码管显示1。
序号5：调用0.5 s延时子程序，维持"千"位数码管点亮。
序号6：将立即数FFH送P3口，熄灭"千"位数码管。
序号7：将立即数A4H送P2口，使"百"位数码管显示2。
序号8：调用0.5 s延时子程序，维持"百"位数码管点亮。
序号9：将立即数FFH送P2口，熄灭"百"位数码管。
序号10：将立即数B0H送P1口，使"十"位数码管显示3。
序号11：调用0.5 s延时子程序，维持"十"位数码管点亮。
序号12：将立即数FFH送P1口，熄灭"十"位数码管。
序号13：将立即数99H送P0口，使"个"位数码管显示4。
序号14：调用0.5 s延时子程序，维持"个"位数码管点亮。
序号15：将立即数FFH送P0口，熄灭"个"位数码管。
序号16：跳转到MAIN处循环运行。
序号17～23：0.5 s延时子程序。
序号24：程序结束。

16.5 快速动态显示实验

P3～P0口的数码管依次快速（显示时间为1 ms）显示1,2,3,4四个字的实验。

16.5.1 源程序文件

在"我的文档"中建立一个文件目录S16-3，然后建立一个S16-3.uv2工程项目，最后建立源程序文件S16-3.asm。输入以下源程序：

```
序号：   1              ORG    0000H
        2              LJMP   MAIN
        3              ORG    0030H
        4       MAIN:  MOV    P3,#0F9H
        5              ACALL  DEL1mS
        6              MOV    P3,#0FFH
```

7		MOV	P2,＃0A4H
8		ACALL	DEL1mS
9		MOV	P2,＃0FFH
10		MOV	P1,＃0B0H
11		ACALL	DEL1mS
12		MOV	P1,＃0FFH
13		MOV	P0,＃99H
14		ACALL	DEL1mS
15		MOV	P0,＃0FFH
16		AJMP	MAIN
17	DEL1mS：	MOV	R6,＃02H
18	DEL1：	MOV	R7,＃0FFH
19		DJNZ	R7,$
20		DJNZ	R6,DEL1
21		RET	
22		END	

编译通过后，将 S16-3 文件夹中的 hex 文件烧录到 89C51 芯片中，将芯片插入到 LED 数码管输出试验板上。通电运行后，可看到 4 个（个、十、百、千位）数码管同时稳定地显示 1、2、3、4 四个字，没有闪烁感。这次尽管也采用了分时动态扫描的方法依次点亮 4 位数码管，但由于每位数码管点亮的时间仅为 1 ms，扫描频率较高，故显示效果十分理想。

16.5.2 程序分析解释

序号 1：程序开始。

序号 2：跳转到 MAIN 主程序处。

序号 3：主程序 MAIN 从地址 0030H 开始。

序号 4：将立即数 F9H 送 P3 口，使"千"位数码管显示 1。

序号 5：调用 1 ms 延时子程序，维持"千"位数码管点亮。

序号 6：将立即数 FFH 送 P3 口，熄灭"千"位数码管。

序号 7：将立即数 A4H 送 P2 口，使"百"位数码管显示 2。

序号 8：调用 1 ms 延时子程序，维持"百"位数码管点亮。

序号 9：将立即数 FFH 送 P2 口，熄灭"百"位数码管。

序号 10：将立即数 B0H 送 P1 口，使"十"位数码管显示 3。

序号 11：调用 1 ms 延时子程序，维持"十"位数码管点亮。

序号 12：将立即数 FFH 送 P1 口，熄灭"十"位数码管。

序号 13：将立即数 99H 送 P0 口，使"个"位数码管显示 4。

序号 14：调用 1 ms 延时子程序，维持"个"位数码管点亮。

序号 15：将立即数 FFH 送 P0 口，熄灭"个"位数码管。

序号 16：跳转到 MAIN 处循环运行。

序号 17～21：1 ms 延时子程序。

序号 22：程序结束。

16.6 实时时钟实验

做一个综合实验,让 LED 数码管输出试验板成为一个实时时钟。

16.6.1 实现方法

设计一个电子钟程序的基本思路为:让定时器 T0 作为时钟基准,每 50 ms 产生一次定时中断。此外,还须建立 50 ms 计数单元、秒计数单元、分计数单元、时计数单元各一个。每次定时中断时,50 ms 计数单元加 1。还要建立一个走时转换子程序,其工作是判断走时:50 ms 计数单元满 20 时令秒计数单元加 1,秒计数单元满 60 时令分计数单元加 1,分计数单元满 60 时令时计数单元加 1,时计数单元满 24 时令时、分计数单元清 0。另外分别建立一个数码管显示子程序及一个按键判断子程序,用于显示及调整时间。主程序的工作是:先判有无键按下,若有,则调用按键判断子程序;随后分别调用走时转换子程序、数码管显示子程序,反复执行。

16.6.2 源程序文件

在"我的文档"中建立一个文件目录 S16-4,然后建立一个 S16-4.uv2 工程项目,最后建立源程序文件 S16-4.asm。输入以下源程序:

```
序号:    1            FLAG  BIT  25H.0
        2            DI_DA DATA 20H
        3            SEC   DATA 21H
        4            MIN   DATA 22H
        5            HOUR  DATA 23H
        ;***********************
        6            ORG   0000H
        7            LJMP  MAIN
        8            ORG   000BH
        9            LJMP  CLOCK
        10           ORG   0030H
        11   MAIN:   MOV   TMOD,#01H
        12           MOV   TL0,#0B0H
        13           MOV   TH0,#3CH
        14           SETB  ET0
        15           SETB  TR0
        16           MOV   DI_DA,#00H
        17           SETB  EA
        18   BEGIN:  MOV   P3,#7FH
        19           MOV   A,P3
```

```
20              CJNE   A,#7FH,NEXT
21              SETB   P3.7
22              ACALL  CONV
23              ACALL  DIS
24              JB     FLAG,FLAG_SEC
25              SETB   P2.7
26              AJMP   BEGIN
27    FLAG_SEC: CLR    P2.7
28              AJMP   BEGIN
29    NEXT:     ACALL  KEY
30              AJMP   BEGIN
;* * * * * * * * * * * * * *
31    KEY:      ACALL  DEL10MS
32              JB     P3.0,HOUR_KEY
33    MIN_ADJ:  CLR    C
34              MOV    A,MIN
35              INC    A
36              DA     A
37              CJNE   A,#60H,X1
38              CLR    A
39    X1:       MOV    MIN,A
40              ACALL  DIS
41              ACALL  DEL200MS
42              MOV    P3,#7FH
43              JNB    P3.0,MIN_ADJ
44    HOUR_KEY: JB     P3.1,X2
45    HOUR_ADJ: CLR    C
46              MOV    A,HOUR
47              INC    A
48              DA     A
49              CJNE   A,#24H,X3
50              CLR    A
51    X3:       MOV    HOUR,A
52              ACALL  DIS
53              ACALL  DEL200MS
54    X2:       MOV    P3,#7FH
55              JNB    P3.1,HOUR_ADJ
56              SETB   P3.7
57              RET
;* * * * * * * * * * * * * *
58    CONV:     MOV    A,DI_DA
59              CJNE   A,#0AH,F1
60              SETB   FLAG
```

第16章 LED显示器接口技术及实验

```
61  F1:     CJNE    A,#14H,DONE
62          CLR     FLAG
63          MOV     DI_DA,#00H
64          MOV     A,SEC
65          ADD     A,#01H
66          DA      A
67          MOV     SEC,A
68          CJNE    A,#60H,DONE
69          MOV     SEC,#00H
70          MOV     A,MIN
71          ADD     A,#01H
72          DA      A
73          MOV     MIN,A
74          CJNE    A,#60H,DONE
75          MOV     MIN,#00H
76          MOV     A,HOUR
77          ADD     A,#01H
78          DA      A
79          MOV     HOUR,A
80          CJNE    A,#24H,DONE
81          MOV     HOUR,#00H
82  DONE:   RET
;******************
83  DIS:    MOV     A,MIN
84          ANL     A,#0FH
85          MOV     DPTR,#TAB
86          MOVC    A,@A+DPTR
87          MOV     P0,A
88          ACALL   DEL1MS
89          MOV     A,MIN
90          SWAP    A
91          ANL     A,#0FH
92          MOVC    A,@A+DPTR
93          MOV     P1,A
94          ACALL   DEL1MS
95          MOV     A,HOUR
96          ANL     A,#0FH
97          MOVC    A,@A+DPTR
98          MOV     P2,A
99          ACALL   DEL1MS
100         MOV     A,HOUR
101         SWAP    A
102         ANL     A,#0FH
```

```
103         MOVC   A,@A+DPTR
104         MOV    P3,A
105         ACALL  DEL1MS
106         RET
;* * * * * * * * * * * * *
107  CLOCK: MOV    TL0,#0B0H
108         MOV    TH0,#3CH
109         INC    DI_DA
110         RETI
;* * * * * * * * * * * * *
111  DEL1MS: MOV   R6,#02H
112  DEL1:  MOV    R7,#0FFH
113         DJNZ   R7,$
114         DJNZ   R6,DEL1
115         RET
116  DEL10MS:MOV   R5,#10H
117  TX1:   MOV    R4,#0FFH
118         DJNZ   R4,$
119         DJNZ   R5,TX1
120         RET
121  DEL200MS:MOV  R3,#14H
122  TX2:   ACALL  DEL10MS
123         DJNZ   R3,TX2
124         RET
;* * * * * * * * * * * * * * * * * *
125  TAB:   DB     0C0H,0F9H,0A4H,0B0H,099H,092H,082H,0F8H
126         DB     080H,090H,088H,083H,0C6H,0A1H,086H,08EH
127         END
```

编译通过后,将S16-4文件夹中的hex文件烧录到89C51芯片中,将芯片插入LED数码管输出试验板上。通电运行后,可看到4个(个、十、百、千位)数码管显示0000,同时百位数码管的小数点每秒闪动一次(作秒点显示)。按下3#键(S9),可调整个位、十位显示的"分";按下6#键(S10),可调整百位、千位显示的"时"。

16.6.3 程序分析解释

序号1:定义25H.0为秒点闪烁的位标志FLAG。
序号2:定义20H单元为50 ms计数单元DI_DA。
序号3:定义21H单元为秒计数单元SEC。
序号4:定义22H单元为分计数单元MIN。
序号5:定义23H单元为时计数单元HOUR。
序号6:程序从地址0000H开始。
序号7:跳转到MAIN处。

第 16 章　LED 显示器接口技术及实验

序号 8：定时器 T0 中断入口地址 000BH。
序号 9：跳转到 CLOCK 处。
序号 10：主程序从地址 0030H 开始。
序号 11：主程序开始。置定时器 T0 方式 1。
序号 12：定时器 T0 装入 50 ms 初值。
序号 13：定时器 T0 装入 50 ms 初值。
序号 14：开放 T0 中断。
序号 15：启动定时器 T0。
序号 16：清除 50 ms 计数单元。
序号 17：开放总中断。
序号 18：向 P3 口送立即数 7FH，即 P3.7 为低电平。
序号 19：读取 P3 口状态至累加器 A。
序号 20：若 A 中内容不为 7FH，转 NEXT；否则顺序执行。
序号 21：置 P3.7 为高电平。
序号 22：调用走时转换子程序。
序号 23：调用数码管显示子程序。
序号 24：判秒点标志 FLAG，若 FLAG 为 1，转 FLAG_SEC；若 FLAG 为 0，顺序执行。
序号 25：置 P2.7 为高电平，熄灭秒点。
序号 26：跳转到 BEGIN 处循环执行。
序号 27：置 P2.7 为低电平，点亮秒点。
序号 28：跳转到 BEGIN 处循环执行。
序号 29：调用按键判断子程序。
序号 30：跳转到 BEGIN 处循环执行。
序号 31：按键判断子程序开始。调用 10 ms 延时子程序。
序号 32：若 P3.0 为 0（即按下 3#键），顺序执行；否则跳转到 HOUR_KEY 处。
序号 33：清除进位 CY。
序号 34：将分计数单元 MIN 送累加器 A。
序号 35：累加器 A 加 1。
序号 36：二-十进制调整。
序号 37：若 A 不为 60H，跳转到 X1 处；若 A 为 60H，则顺序执行。
序号 38：清除累加器 A。
序号 39：调整后的累加器 A 内容送回分计数单元 MIN。
序号 40：调用显示子程序。
序号 41：调用 200 ms 延时子程序。
序号 42：向 P3 口送立即数 7FH，即 P3.7 为低电平。
序号 43：若 P3.0 为 0（即仍按下 3#键），跳转到 MIN_ADJ 处继续进行"分"调整；否则顺序执行。
序号 44：若 P3.1 为 0 顺序执行；否则跳转到 X2 处。
序号 45：清除进位 CY。
序号 46：将时计数单元 HOUR 送累加器 A。
序号 47：累加器 A 加 1。
序号 48：二-十进制调整。
序号 49：若 A 不为 24H，跳转到 X3 处；若 A 为 24H，则顺序执行。
序号 50：清除累加器 A。

序号 51：调整后的累加器 A 内容送回时计数单元 HOUR。
序号 52：调用显示子程序。
序号 53：调用 200 ms 延时子程序。
序号 54：向 P3 口送立即数 7FH，即 P3.7 为低电平。
序号 55：若 P3.1 为 0（即仍按下 6#键），跳转到 HOUR_ADJ 处继续进行"时"调整；否则顺序执行。
序号 56：置 P3.7 为高电平。
序号 57：按键判断子程序返回。
序号 58：走时转换子程序开始。50 ms 计数单元内容送累加器 A。
序号 59：若 A 为 0AH（十进制为 10），顺序执行；否则跳转到 F1 处。
序号 60：置位秒点标志 FLAG。
序号 61：若 A 为 14H（十进制为 20）顺序执行；否则跳转到 DONE 处。
序号 62：清除秒点标志 FLAG。
序号 63：清除 50 ms 计数单元。
序号 64：将秒计数单元内容送累加器 A。
序号 65：累加器加 1。
序号 66：二-十进制调整。
序号 67：调整后的累加器 A 内容送回秒计数单元 SEC。
序号 68：若 A 为 60H，顺序执行；否则跳转到 DONE 处。
序号 69：清除秒计数单元 SEC。
序号 70：将分计数单元内容送累加器 A。
序号 71：累加器加 1。
序号 72：二-十进制调整。
序号 73：调整后的累加器 A 内容送回分计数单元 MIN。
序号 74：若 A 为 60H，顺序执行；否则跳转到 DONE 处。
序号 75：清除分计数单元 MIN。
序号 76：将时计数单元内容送累加器 A。
序号 77：累加器加 1。
序号 78：二-十进制调整。
序号 79：调整后的累加器 A 内容送回时计数单元 HOUR。
序号 80：若 A 为 24H，顺序执行；否则跳转到 DONE 处。
序号 81：清除时计数单元 HOUR。
序号 82：走时转换子程序返回。
序号 83：数码管显示子程序开始。分计数单元送累加器 A。
序号 84：屏蔽分的高 4 位。
序号 85：数据表格首地址送数据指针 DPTR。
序号 86：根据 A 的内容查表。
序号 87：查表内容送 P0 口。
序号 88：调用 1 ms 延时子程序，维持数码管显示。
序号 89：分计数单元送累加器 A。
序号 90：交换累加器 A 的高 4 位、低 4 位。
序号 91：屏蔽分的高 4 位。
序号 92：根据 A 的内容查表。
序号 93：查表内容送 P1 口。

第 16 章　LED 显示器接口技术及实验

序号 94：调用 1 ms 延时子程序，维持数码管显示。

序号 95：时计数单元送累加器 A。

序号 96：屏蔽时的高 4 位。

序号 97：根据 A 的内容查表。

序号 98：查表内容送 P2 口。

序号 99：调用 1 ms 延时子程序，维持数码管显示。

序号 100：时计数单元送累加器 A。

序号 101：交换累加器 A 的高 4 位、低 4 位。

序号 102：屏蔽时的高 4 位。

序号 103：根据 A 的内容查表。

序号 104：查表内容送 P3 口。

序号 105：调用 1 ms 延时子程序，维持数码管显示。

序号 106：数码管显示子程序返回。

序号 107：定时器 T0 中断子程序开始。重装定时初值。

序号 108：重装定时初值。

序号 109：50 ms 计数单元内容加 1。

序号 110：定时器 T0 中断子程序返回。

序号 111～115：1 ms 延时子程序。

序号 116～120：10 ms 延时子程序。

序号 121～124：200 ms 延时子程序。

序号 125～126：数码管显示 0～F 字形码数据表格。

序号 127：程序结束。

第 17 章

字符型液晶(LCD)模块原理及设计学习

17.1 液晶显示器概述

在小型的智能化电子产品中,普通的 7 段 LED 数码管只能用来显示数字,若要显示英文字母或图像、汉字,则必须使用液晶显示器(简称 LCD)。

LCD 的应用很广,简单的如手表、计算器上的液晶显示器,复杂的如笔记本电脑上的显示器等。在一般的商务办公机器上,如复印机和传真机,以及一些娱乐器材、医疗仪器上,也常常看见 LCD 的足迹。

LCD 可分为两种类型,一种是字符模式 LCD,另一种为图形模式 LCD。这里要介绍的 LCD 为字符型点矩阵式 LCD 模组(Liquid Crystal Display Module,简称 LCM),或称字符型 LCD。市场上有各种不同品牌的字符显示类型的 LCD,但大部分的控制器都是使用同一块芯片来控制的,编号为 HD44780,或是兼容的控制芯片。

字符型液晶显示模块是一类专门用于显示字母、数字、符号等的点阵型液晶显示模块。在显示器件的电极图形设计上,它是由若干个 5×7 或 5×11 等点阵字符位组成的。每一个点阵字符位都可以显示一个字符。点阵字符位之间有一个点距的间隔,起到字符间距和行距的作用。

目前,常用的有 16 字×1 行、16 字×2 行、20 字×2 行和 40 字×2 行等的字符模组。这些 LCM 虽然显示的字数各不相同,但是都具有相同的输入/输出界面。

这里我们以 16 字×2 行(简称 16×2)字符型液晶显示模块为例,详细介绍字符液晶显示模块的应用技术。读者经过学习并实践实际的 LCD 程序设计,可掌握字符形液晶显示模块的程序设计技术,使液晶显示器可显示出各种字符及信息。

字符 LCD 模块的控制器主要为日立公司的 HD44780 及其替代集成电路,驱动器为 HD44100 及其替代的兼容集成电路。

17.2　16×2字符型液晶显示模块(LCM)特性

① +5 V电压,反视度(明暗对比度)可调整。
② 内含振荡电路,系统内含重置电路。
③ 提供各种控制命令,如清除显示器、字符闪烁、光标闪烁、显示移位等多种功能。
④ 显示用数据 DDRAM 共有 80 字节。
⑤ 字符发生器 CGROM 有 160 个 5×7 点阵字型。
⑥ 字符发生器 CGRAM 可由使用者自行定义 8 个 5×7 的点阵字型。

17.3　16×2字符型液晶显示模块(LCM)引脚及功能

引脚 1(V_{DD}/V_{SS}):电源 5(1±10%)V 或接地。
引脚 2(V_{SS}/V_{DD}):接地或电源 5(1±10%)V。
引脚 3(V_O):反视度调整。使用可变电阻调整,通常接地。
引脚 4(RS):寄存器选择。1:选择数据寄存器;0:选择指令寄存器。
引脚 5(R/$\overline{W}$):读/写选择。1:读;0:写。
引脚 6(E):使能操作。1:LCM 可做读/写操作;0:LCM 不能做读/写操作。
引脚 7(DB0):双向数据总线的第 0 位。
引脚 8(DB1):双向数据总线的第 1 位。
引脚 9(DB2):双向数据总线的第 2 位。
引脚 11(DB3):双向数据总线的第 3 位。
引脚 11(DB4):双向数据总线的第 4 位。
引脚 12(DB5):双向数据总线的第 5 位。
引脚 13(DB6):双向数据总线的第 6 位。
引脚 14(DB7):双向数据总线的第 7 位。
引脚 15(V_{DD}):背光显示器电源+5 V。
引脚 16(V_{SS}):背光显示器接地。

说明:由于生产 LCM 厂商众多,使用时应注意电源引脚 1、2 的不同。LCM 数据读/写方式可以分为 8 位及 4 位 2 种。若以 8 位数据进行读/写,则 DB7~DB0 都有效;若以 4 位数据进行读/写,则只用到 DB7~DB4。

17.4　16×2字符型液晶显示模块(LCM)的内部结构

LCM 的内部结构可分为 3 个部分:LCD 控制器、LCD 驱动器、LCD 显示装置,如图 17-1 所示。

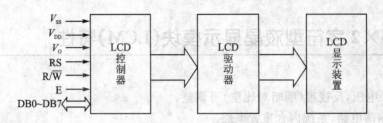

图 17-1 LCM 的内部结构

LCM 与单片机之间是利用 LCM 的控制器进行通信的。HD44780 是集驱动器与控制器于一体,专用于字符显示的液晶显示控制驱动集成电路。HD44780 是字符型液晶显示控制器的代表电路,熟知 HD44780,便可通晓字符型液晶显示控制器的工作原理。

17.5 液晶显示控制驱动集成电路 HD44780 特点

① HD44780 不仅作为控制器而且还具有驱动 40×16 点阵液晶像素的能力,并且 HD44780 的驱动能力可通过外接驱动器扩展 360 列驱动。
② HD44780 的显示缓冲区及用户自定义的字符发生器 CGRAM 全部内藏于芯片。
③ HD44780 具有适用于 M6800 系列 MCU 的接口,并且接口数据传输可为 8 位数据传输和 4 位数据传输两种方式。
④ HD44780 具有简单而功能较强的指令集,可实现字符移动、闪烁等显示功能。

图 17-2 为 HD44780 的内部组成结构。

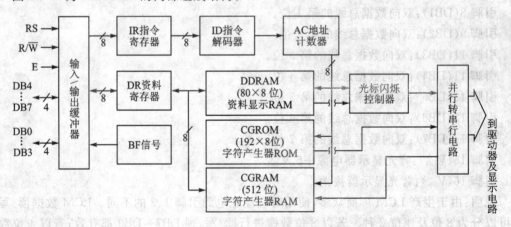

图 17-2 HD44780 的内部组成结构

因 HD44780 的 DDRAM 容量所限,HD44780 可控制的字符为每行 80 个字,也就是 5×80=400 点。HD44780 内藏有 16 路行驱动器和 40 路列驱动器,所以 HD44780 本身就具有驱动 16×40 点阵 LCD 的能力,即单行 16 个字符或 2 行 8 个字符。如果在外部加一个 HD44100 外扩展多 40 路/列驱动,则可驱动 16×2LCD,如图 17-3 所示。

第17章 字符型液晶(LCD)模块原理及设计学习

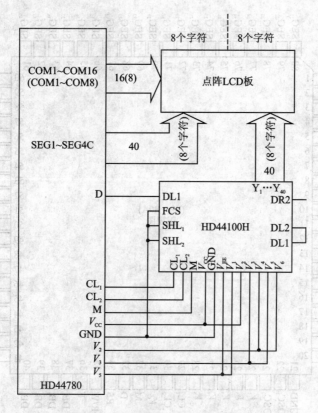

图 17-3 HD44780 加 HD44100 外扩展

当单片机写入指令设置了显示字符体的形式和字符行数后,驱动器的液晶显示驱动的占空比系数就确定了下来。驱动器在时序发生器的作用下,产生帧扫描信号和扫描时序,同时把由字符代码确定的字符数据通过并/串转换电路串行输出给外部列驱动器和内部列驱动。数据的传输顺序总是起始于显示缓冲区所对应一行显示字符的最高地址的数据。当全部一行数据到位后,锁存时钟 CL_1 将数据锁存在列驱动器的锁存器内,最后传输的 40 位数据,也就是说各显示行的前 8 个字符位总是被锁存在 HD44780 的内部列驱动器的锁存器中。CL_1 同时也是行驱动器的移位脉冲,使得扫描行更新。如此循环,使得屏上呈现字符的组合。

17.6 HD44780 工作原理

HD44780 的引脚图如图 17-4 所示。

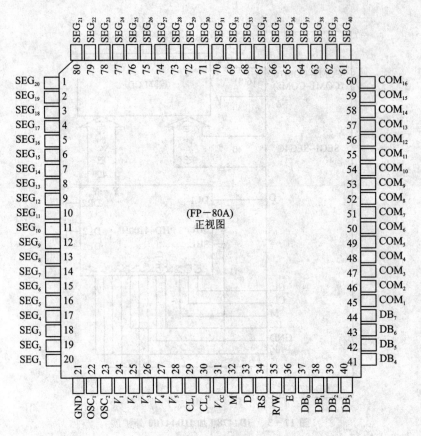

图 17-4 HD44780 引脚图

17.6.1 DDRAM——数据显示用 RAM

DDRAM——数据显示用 RAM(Data Display RAM,简称 DDRAM),用来存放 LCD 显示的数据。只要将标准的 ASCII 码送入 DDRAM,内部控制电路会自动将数据传送到显示器上。例如要 LCD 显示字符 A,则只需将 ASCII 码 41H 存入 DDRAM 即可。DDRAM 有 80 字节空间,共可显示 80 个字(每个字为 1 字节)。其存储器地址与实际显示位置的排列顺序与 LCM 的型号有关,如图 17-5 所示。

图 17-5(a)为 16 字×1 行的 LCM,它的地址为 00H~0FH;图 17-5(b)为 20 字×2 行的 LCM,第 1 行的地址为 00H~13H,第 2 行的地址为 40H~53H;图 17-5(c)为 20 字×4 行的 LCM,第 1 行的地址为 00H~13H,第 2 行的地址为 40H~53H,第 3 行的地址为 14H~27H,第 4 行的地址为 54H~67H。

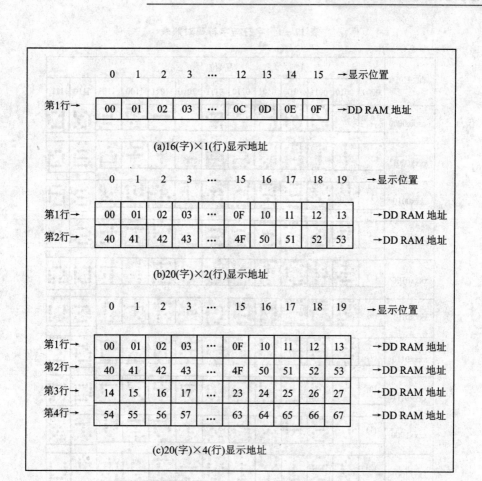

图 17-5 DDRAM 地址与显示位置映射图

17.6.2 CGROM——字符产生器 ROM

CGROM——字符产生器 ROM(Character Generator ROM,简称 CGROM),储存了 192 个 5×7 的点矩阵字型。CGROM 的字型要经过内部电路的转换才会传到显示器上,仅能读出不可写入。字型或字符的排列方式与标准的 ASCII 码相同,例如字符码 31H 为 1 字符,字符码 41H 为 A 字符。如要在 LCD 中显示 A,就可将 A 的 ASCII 代码 41H 写入 DDRAM 中,同时电路到 CGROM 中将 A 的字型点阵数据找出来显示在 LCD 上。字符与字符码对照表如表 17-1 所列。

表 17-1 字符与字符码对照表

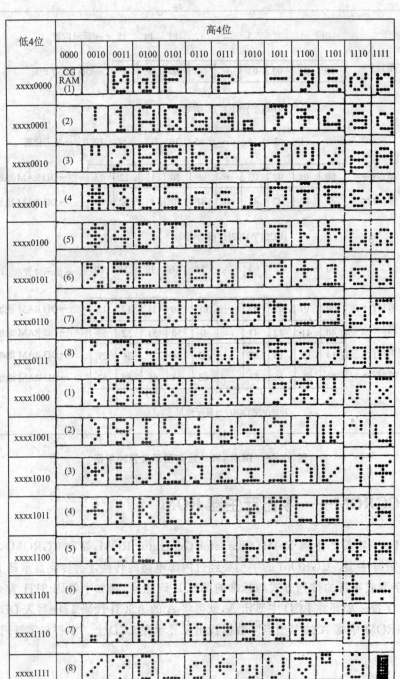

17.6.3 CGRAM——字型、字符产生器 RAM

CGRAM——字型、字符产生器 RAM(Character Generator RAM,简称 CGRAM),是供使用者储存自行设计的特殊造型的造型码 RAM。CGRAM 共有 512 位(64 字节)。一个 5×

7点矩阵字型占用8×8位,所以CGRAM最多可存8个造型。

17.6.4　IR——指令寄存器

　　IR——指令寄存器(Instruction Register,简称IR),负责储存MCU要写给LCM的指令码。当MCU要发送一个命令到IR寄存器时,必须控制LCM的RS、R/$\overline{\text{W}}$及E这3个引脚。当RS及R/$\overline{\text{W}}$引脚信号为0,E引脚信号由1变为0时,就会把在DB0~DB7引脚上的数据送入IR寄存器。

17.6.5　DR——数据寄存器

　　DR——数据寄存器(Data Register,简称DR),负责储存MCU要写到CGRAM或DDRAM的数据,或储存MCU要从CGRAM或DDRAM读出的数据。因此DR寄存器可视为一个数据缓冲区,它也是由LCM的RS、R/$\overline{\text{W}}$及E这3个引脚来控制的。当RS及R/$\overline{\text{W}}$引脚信号为1,E引脚信号由1变为0时,LCM会将DR寄存器内的数据由DB0~DB7输出,以供MCU读取;当RS引脚信号为1,R/$\overline{\text{W}}$引脚信号为0,E引脚信号由1变为0时,就会把在DB0~DB7引脚上的数据存入DR寄存器。

17.6.6　BF——忙碌标志信号

　　BF——忙碌标志信号(Busy Flag,简称BF),负责告诉MCU,LCM内部是否正忙着处理数据。当BF=1时,表示LCM内部正在处理数据,不能接受MCU送来的指令或数据。LCM设置BF的原因是,MCU处理一个指令的时间很短,只需几微秒,而LCM须花上40 μs~1.64 ms的时间,所以MCU要写数据或指令到LCM之前,必须先查看BF是否为0。

17.6.7　AC——地址计数器

　　AC——地址计数器(Address Counter,简称AC),负责计数写到CGRAM、DDRAM数据的地址,或从DDRAM、CGRAM读出数据的地址。使用地址设定指令写到IR寄存器后,则地址数据会经过指令解码器(Instruction Decoder),再存入AC。当MCU从DDRAM或CGRAM存取资料时,AC依照MCU对LCM的操作而自动地修改它的地址计数值。

17.7　LCD控制器的指令

　　用MCU来控制LCD模块,方法十分简单。LCD模块其内部可以看成两组寄存器,一个为指令寄存器,一个为数据寄存器,由RS引脚来控制。所有对指令寄存器或数据寄存器的存取均须检查LCD内部的忙碌标志BF,此标志用来告知LCD内部正在工作,并不允许接收任何控制命令。而此位的检查可以令RS=0,用读取DB7来加以判断。当DB7为0时,才可以写入指令寄存器或数据寄存器。LCD 控制器的指令共有 11 组,以下分别介绍。

17.7.1 清除显示器

RS	R/W	E	DB7	DB6	DB5	DB4	DB3	DB2	DB1	DB0
0	0	1	0	0	0	0	0	0	0	1

指令代码为 01H,将 DDRAM 数据全部填入"空白"的 ASCII 代码 20H。执行此指令将清除显示器的内容,同时光标移到左上角。

17.7.2 光标归位设定

RS	R/W	E	DB7	DB6	DB5	DB4	DB3	DB2	DB1	DB0
0	0	1	0	0	0	0	0	0	1	*

指令代码为 02H,地址计数器被清 0,DDRAM 数据不变,光标移到左上角。"*"表示可以为 0 或 1。

17.7.3 设定字符进入模式

RS	R/W	E	DB7	DB6	DB5	DB4	DB3	DB2	DB1	DB0
0	0	1	0	0	0	0	0	1	I/D	S

I/D	S	工作情形
0	0	光标左移 1 格,AC 值减 1,字符全部不动
0	1	光标不动,AC 值减 1,字符全部右移 1 格
1	0	光标右移 1 格,AC 值加 1,字符全部不动
1	1	光标不动,AC 值加 1,字符全部左移 1 格

17.7.4 显示器开关

RS	R/W	E	DB7	DB6	DB5	DB4	DB3	DB2	DB1	DB0
0	0	1	0	0	0	0	1	D	C	B

D:显示屏开启或关闭控制位。D=1 时,显示屏开启;D=0 时,显示屏关闭,但显示数据仍保存于 DDRAM 中。

C:光标出现控制位。C=1 时,光标会出现在地址计数器所指的位置;C=0 时,光标不出现。

B:光标闪烁控制位。B=1 时,光标出现后会闪烁;B=0 时,光标不闪烁。

17.7.5 显示光标移位

RS	R/W	E	DB7	DB6	DB5	DB4	DB3	DB2	DB1	DB0
0	0	1	0	0	0	1	S/C	R/L	*	*

"*"表示可以为0或1。

S/C	R/L	工作情形
0	0	光标左移1格，AC值减1
0	1	光标右移1格，AC值加1
1	0	字符和光标同时左移1格
1	1	字符和光标同时右移1格

17.7.6 功能设定

RS	R/W	E	DB7	DB6	DB5	DB4	DB3	DB2	DB1	DB0
0	0	1	0	0	1	DL	N	F	*	*

"*"表示可以为0或1。

DL：数据长度选择位。DL=1时，为8位（DB7～DB0）数据转移；DL=0时，为4位数据转移。使用DB7～DB4位，分2次送入一个完整的字符数据。

N：显示屏为单行或双行选择。N=1为双行显示；N=0则为单行显示。

F：大小字符显示选择。当F=1时，为5×10字型（有的产品无此功能）；当F=0时，则为5×7字型。

17.7.7 CGRAM 地址设定

RS	R/W	E	DB7	DB6	DB5	DB4	DB3	DB2	DB1	DB0
0	0	1	0	1	A5	A4	A3	A2	A1	A0

设定下一个要读/写数据的 CGRAM 地址（A5～A0）。

17.7.8 DDRAM 地址设定

RS	R/W	E	DB7	DB6	DB5	DB4	DB3	DB2	DB1	DB0
0	0	1	1	A6	A5	A4	A3	A2	A1	A0

设定下一个要读/写数据的 DDRAM 地址（A6～A0）。

17.7.9 忙碌标志 BF 或 AC 地址读取

RS	R/W	E	DB7	DB6	DB5	DB4	DB3	DB2	DB1	DB0
0	1	1	BF	A6	A5	A4	A3	A2	A1	A0

LCD 的忙碌标志 BF 用以指示 LCD 目前的工作情况：当 BF＝1 时，表示正在做内部数据的处理，不接收 MCU 送来的指令或数据；当 BF＝0 时，则表示已准备接收命令或数据。当程序读取此数据的内容时，DB7 表示忙碌标志，而另外 DB6～DB0 的值表示 CGRAM 或 DDRAM 中的地址。至于是指向哪一地址，则根据最后写入的地址设定指令而定。

17.7.10 写数据到 CGRAM 或 DDRAM 中

RS	R/W	E	DB7	DB6	DB5	DB4	DB3	DB2	DB1	DB0
1	0	1								

先设定 CGRAM 或 DDRAM 地址，再将数据写入 DB7～DB0 中，以使 LCD 显示出字型。也可将使用者自创的图形存入 CGRAM。

17.7.11 从 CGRAM 或 DDRAM 中读取数据

RS	R/W	E	DB7	DB6	DB5	DB4	DB3	DB2	DB1	DB0
1	1	1								

先设定 CGRAM 或 DDRAM 地址，再读取其中的数据。

17.8 LCM 工作时序

控制 LCD 所使用的芯片 HD44780 其读/写周期约为 1 μs，这与 8051 单片机的读/写周期相当，所以很容易与单片机相互配合使用。

时序参数如表 17-2 所列。

表 17-2 时序参数表

时序参数	符号	极限值			单位	测试条件
		最小值	典型值	最大值		
E 信号周期	t_C	400	—	—	ns	
E 脉冲宽度	t_{PW}	150	—	—	ns	引脚 E
E 上升沿/下降沿时间	t_R, t_F	—	—	25	ns	

第 17 章 字符型液晶(LCD)模块原理及设计学习

续表 17-2

时序参数	符号	极限值			单位	测试条件
		最小值	典型值	最大值		
地址建立时间	t_{SP1}	30	—	—	ns	引脚 E、RS、R/$\overline{W}$
地址保持时间	t_{HD1}	10	—	—	ns	
数据建立时间(读操作)	t_D	—	—	100	ns	引脚 DB0～DB7
数据保持时间(读操作)	t_{HD2}	20	—	—	ns	
数据建立时间(写操作)	t_{SP2}	40	—	—	ns	
数据保持时间(写操作)	t_{HD2}	10	—	—	ns	

1. 读取时序

读取时序如图 17-6 所示。

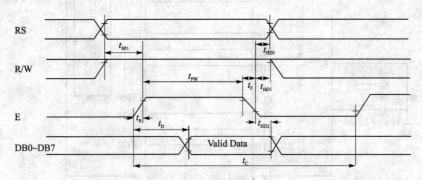

图 17-6 读取时序图

2. 写入时序

写入时序如图 17-7 所示。

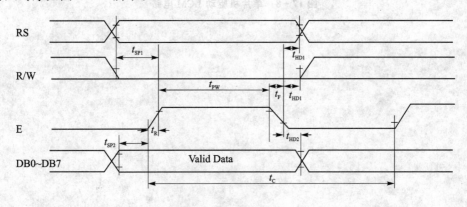

图 17-7 写入时序图

17.9 单片机驱动 LCM 的电路

用配套实验器材中的 LED 数码管输出试验板(单片机为 89C51 或 89S51)与 LCM 连接的

电路如图17-8所示。

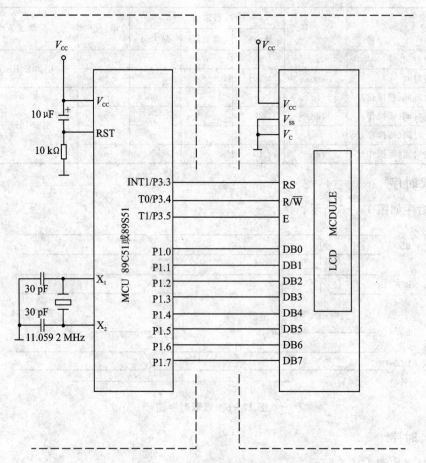

图17-8 单片机驱动LCM电路

第 18 章

体验第一个液晶程序的效果并建立模块化设计的相关子程序

实际上,液晶显示模块与单片机的连接方式有两种:一种为直接访问方式(总线方式),另一种为间接控制方式(模拟口线)。直接访问方式就是将液晶显示模块的接口作为存储器或I/O 设备直接挂在单片机总线上,单片机以访问存储器或 I/O 设备的方式控制液晶显示模块的工作。间接控制方式是单片机通过自身的或系统中的并行接口与液晶显示模块连接,单片机通过对这些接口的操作,实现对液晶显示模块的控制。间接控制方式的特点是电路简单,可省略单片机外围的数字逻辑电路,控制时序由软件产生,可以实现高速的单片机与液晶显示模块的接口。因此,我们学习和做实验时采用的也是间接控制方式。

连接好实验器材后,液晶显示屏尚不能显示我们需要的内容。

18.1 体验第一个液晶程序的效果

为了使初学者摆脱液晶显示的神秘感,我们先来体验第一个液晶程序的效果,让显示屏显示英文字母"A"。

18.1.1 源程序文件

在"我的文档"中建立一个文件目录 S18-1,然后建立一个 S18-1.uv2 工程项目,最后建立源程序文件 S18-1.asm。输入以下源程序:

```
序号:   1      ;****89C51 引脚定义***
        2              RS      BIT P3.3
        3              R_W     BIT P3.4
        4              E BIT   P3.5
        5              DB0_DB7 EQU P1
        6      ;****程序开始***
        7              ORG     0000H
        8              LJMP    MAIN
```

```
9         ;* * * * 主程序开始* * * *
10                ORG      0030H
11        MAIN:   MOV      SP,#70H
12        ;* * * *LCM 初始化* * * *
13                MOV      A,#00111000B
14        ;- - - -判 LCM 忙碌- - - -
15                PUSH     ACC
16        BUSY_LOOP: CLR    E
17                SETB     R_W
18                CLR      RS
19                SETB     E
20                MOV      A,DB0_DB7
21                CLR      E
22                JB       ACC.7,BUSY_LOOP
23                POP      ACC
24                LCALL    DEL
25        ;- - - -写指令到 LCM - - - -
26                CLR      E
27                CLR      R_W
28                CLR      RS
29                SETB     E
30                MOV      DB0_DB7,A
31                CLR      E
32        ;* * * * * * * * * * * * *
33                MOV      A,#00001110B
34        ;- - - -判 LCM 忙碌- - - -
35                PUSH     ACC
36        BUSY_LOOP1: CLR   E
37                SETB     R_W
38                CLR      RS
39                SETB     E
40                MOV      A,DB0_DB7
41                CLR      E
42                JB       ACC.7,BUSY_LOOP1
43                POP      ACC
44                LCALL    DEL
45        ;- - - -写指令到 LCM - - - -
46                CLR      E
47                CLR      R_W
48                CLR      RS
49                SETB     E
50                MOV      DB0_DB7,A
51                CLR      E
```

第18章 体验第一个液晶程序的效果并建立模块化设计的相关子程序

```
52              ;**************
53                      MOV     A,#00000110B
54              ;----判LCM忙碌----
55                      PUSH    ACC
56      BUSY_LOOP2：     CLR     E
57                      SETB    R_W
58                      CLR     RS
59                      SETB    E
60                      MOV     A,DB0_DB7
61                      CLR     E
62                      JB      ACC.7,BUSY_LOOP2
63                      POP     ACC
64                      LCALL   DEL
65              ;----写指令到LCM----
66                      CLR     E
67                      CLR     R_W
68                      CLR     RS
69                      SETB    E
70                      MOV     DB0_DB7,A
71                      CLR     E
72              ;****LCM初始化结束****
73              ;****设定显示地址并写入LCM****
74                      MOV     A,#10000000B
75              ;----判LCM忙碌----
76                      PUSH    ACC
77      BUSY_LOOP3：     CLR     E
78                      SETB    R_W
79                      CLR     RS
80                      SETB    E
81                      MOV     A,DB0_DB7
82                      CLR     E
83                      JB      ACC.7,BUSY_LOOP3
84                      POP     ACC
85                      LCALL   DEL
86              ;----写指令到LCM----
87                      CLR     E
88                      CLR     R_W
89                      CLR     RS
90                      SETB    E
91                      MOV     DB0_DB7,A
92                      CLR     E
93              ;****将显示字符的ASCII码写入LCM****
94                      MOV     A,#41H
```

```
95      ;- - - -判LCM忙碌- - - -
96              PUSH    ACC
97  BUSY_LOOP4: CLR     E
98              SETB    R_W
99              CLR     RS
100             SETB    E
101             MOV     A,DB0_DB7
102             CLR     E
103             JB      ACC.7,BUSY_LOOP4
104             POP     ACC
105             LCALL   DEL
106     ;- - - -写数据到LCM- - - -
107             CLR     E
108             CLR     R_W
109             SETB    RS
110             SETB    E
111             MOV     DB0_DB7,A
112             CLR     E
113     ;* * * * * * * * * * * * *
114             SJMP    $
115     ;* * * * *主程序结束* * * * *
116     ;* * * *延时子程序开始* * * *
117  DEL:       MOV     R6,#5
118  L1:        MOV     R7,#248
119             DJNZ    R7,$
120             DJNZ    R6,L1
121             RET
122     ;* * * *延时子程序结束* * * *
123             END
124     ;* * * *程序结束* * * *
```

编译通过后,将S18-1文件夹中的hex文件通过TOP851编程器烧录到89C51芯片中,将芯片插入数码管试验板上,试验板上标识LCD1的排针通过14芯排线与液晶显示模组(LCM)正确连接。将TOP851编程器的9 V直流电源插到试验板上通电运行后,可看到液晶显示屏的绿色背光柔和点亮,同时显示英文字符"A"。

18.1.2 程序分析解释

序号1:程序分隔及说明。
序号2:定义LCM的RS引脚由89C51的P3.3引脚控制。
序号3:定义LCM的R_W引脚由89C51的P3.4引脚控制。
序号4:定义LCM的E引脚由89C51的P3.5引脚控制。
序号5:定义LCM的数据口DB0_DB7由89C51的P1口控制。

第 18 章 体验第一个液晶程序的效果并建立模块化设计的相关子程序

序号 6:程序分隔及说明。
序号 7:程序从地址 0000H 开始。
序号 8:跳转到 MAIN 主程序处。
序号 9:程序分隔及说明。
序号 10:主程序 MAIN 从地址 0030H 开始。
序号 11:主程序开始,堆栈指针指向 70H。
序号 12:程序分隔及说明。
序号 13:向累加器送立即数 00111000B,确定 8 位数据传送,双行显示 5×7 点阵字型。
序号 14:程序分隔及说明。
序号 15:将累加器内容压栈保护。
序号 16:置允许端 E 低电平。
序号 17:置读写端 R_W 高电平,选择读方式。
序号 18:置寄存器选择端 RS 低电平,选择指令寄存器。
序号 19:置允许端 E 高电平。
序号 20:将 LCM 的 DB0_DB7 数据读至累加器中。
序号 21:置允许端 E 低电平。
序号 22:若累加器的第 7 位(即为 LCM 的忙碌标志信号 BF)为高电平,说明 LCM 正忙,跳转回 BUSY_LOOP 处继续查询;否则顺序执行。
序号 23:弹出压栈内容至累加器中。
序号 24:调用延时子程序。
序号 25:程序分隔及说明。
序号 26:置允许端 E 低电平。
序号 27:置读写端 R_W 低电平,选择写方式。
序号 28:置寄存器选择端 RS 低电平,选择指令寄存器。
序号 29:置允许端 E 高电平。
序号 30:将累加器内容传送至 LCM。
序号 31:置允许端 E 低电平。
序号 32:程序分隔及说明。
序号 33:向累加器送立即数 00001110B,显示屏开启,显示光标,光标不闪烁。
序号 34:程序分隔及说明。
序号 35:将累加器内容压栈保护。
序号 36:置允许端 E 低电平。
序号 37:置读写端 R_W 高电平,选择读方式。
序号 38:置寄存器选择端 RS 低电平,选择指令寄存器。
序号 39:置允许端 E 高电平。
序号 40:将 LCM 的 DB0_DB7 数据读至累加器中。
序号 41:置允许端 E 低电平。
序号 42:若累加器的第 7 位(即为 LCM 的忙碌标志信号 BF)为高电平,说明 LCM 正忙,跳转回 BUSY_LOOP1 处继续查询;否则顺序执行。
序号 43:弹出压栈内容至累加器中。
序号 44:调用延时子程序。
序号 45:程序分隔及说明。
序号 46:置允许端 E 低电平。

序号 47：置读写端 R_W 低电平，选择写方式。
序号 48：置寄存器选择端 RS 低电平，选择指令寄存器。
序号 49：置允许端 E 高电平。
序号 50：将累加器内容传送至 LCM。
序号 51：置允许端 E 低电平。
序号 52：程序分隔及说明。
序号 53：向累加器送立即数 00000110B，光标右移 1 格，AC 值加 1，字符全部不动。
序号 54：程序分隔及说明。
序号 55：将累加器内容压栈保护。
序号 56：置允许端 E 低电平。
序号 57：置读写端 R_W 高电平，选择读方式。
序号 58：置寄存器选择端 RS 低电平，选择指令寄存器。
序号 59：置允许端 E 高电平。
序号 60：将 LCM 的 DB0_DB7 数据读至累加器中。
序号 61：置允许端 E 低电平。
序号 62：若累加器的第 7 位（即为 LCM 的忙碌标志信号 BF）为高电平，说明 LCM 正忙，跳转回 BUSY_LOOP2 处继续查询；否则顺序执行。
序号 63：弹出压栈内容至累加器中。
序号 64：调用延时子程序。
序号 65：程序分隔及说明。
序号 66：置允许端 E 低电平。
序号 67：置读写端 R_W 低电平，选择写方式。
序号 68：置寄存器选择端 RS 低电平，选择指令寄存器。
序号 69：置允许端 E 高电平。
序号 70：将累加器内容传送至 LCM。
序号 71：置允许端 E 低电平。
序号 72：程序分隔及说明。
序号 73：程序分隔及说明。
序号 74：向累加器送立即数 10000000B，设定要读写数据的 DDRAM 地址。
序号 75：程序分隔及说明。
序号 76：将累加器内容压栈保护。
序号 77：置允许端 E 低电平。
序号 78：置读写端 R_W 高电平，选择读方式。
序号 79：置寄存器选择端 RS 低电平，选择指令寄存器。
序号 80：置允许端 E 高电平。
序号 81：将 LCM 的 DB0_DB7 数据读至累加器中。
序号 82：置允许端 E 低电平。
序号 83：若累加器的第 7 位（即为 LCM 的忙碌标志信号 BF）为高电平，说明 LCM 正忙，跳转回 BUSY_LOOP3 处继续查询；否则顺序执行。
序号 84：弹出压栈内容至累加器中。
序号 85：调用延时子程序。
序号 86：程序分隔及说明。
序号 87：置允许端 E 低电平。

第18章 体验第一个液晶程序的效果并建立模块化设计的相关子程序

序号88:置读写端 R_W 低电平,选择写方式。
序号89:置寄存器选择端 RS 低电平,选择指令寄存器。
序号90:置允许端 E 高电平。
序号91:将累加器内容传送至 LCM。
序号92:置允许端 E 低电平。
序号93:程序分隔及说明。
序号94:向累加器送立即数 41H(英文字母"A"的 ASCII 码)。
序号95:程序分隔及说明。
序号96:将累加器内容压栈保护。
序号97:置允许端 E 低电平。
序号98:置读写端 R_W 高电平,选择读方式。
序号99:置寄存器选择端 RS 低电平,选择指令寄存器。
序号100:置允许端 E 高电平。
序号101:将 LCM 的 DB0_DB7 数据读至累加器中。
序号102:置允许端 E 低电平。
序号103:若累加器的第 7 位(即为 LCM 的忙碌标志信号 BF)为高电平,说明 LCM 正忙,跳转回 BUSY_LOOP4 处继续查询;否则顺序执行。
序号104:弹出压栈内容至累加器中。
序号105:调用延时子程序。
序号106:程序分隔及说明。
序号107:置允许端 E 低电平。
序号108:置读写端 R_W 低电平,选择写方式。
序号109:置寄存器选择端 RS 高电平,选择数据寄存器。
序号110:置允许端 E 高电平。
序号111:将累加器内容传送至 LCM。
序号112:置允许端 E 低电平。
序号113:程序分隔及说明。
序号114:程序动态停机。
序号115:程序分隔及说明。
序号116:程序分隔及说明。
序号117~121:2.7 ms 延时子程序。
序号122:程序分隔及说明。
序号123:程序结束。
序号124:程序分隔及说明。

说明:对 LCM 引脚 RS、R_W、E 的操作要严格按照读/写时序进行,否则可能造成读/写失败。

通过实验我们看到液晶显示屏显示出了所需的字母"A"。但程序较长,不够精简。那好,下面我们按照模块设计方式,先建立起相关的子程序,再来实践更复杂、更实用的液晶显示编程技术。

18.2　查询忙碌标志信号子程序

对单片机而言，LCM 是一个慢速的设备，单片机每下达一个指令到 LCM，LCM 至少要 40 μs 才能完成。在 LCM 执行一个指令的过程中，不能接收其他的指令（忙碌标志信号读取指令除外），所以当单片机要对 LCM 发指令之前，必须先检查 LCM 的忙碌标志信号 BF。BF=0，表示 LCM 空闲，可以接收指令；BF=1，则表示 LCM 正在执行指令中，很忙。单片机必须确定 LCM 有空闲时，才能发指令给 LCM。

单片机要读取 LCM 忙碌标志信号的值时，应使用第 9 组指令：忙碌标志 BF 读取。

18.2.1　源程序文件

序号			
1	CHECK_BUSY:	PUSH	ACC
2	BUSY_LOOP:	CLR	E
3		SETB	R_W
4		CLR	RS
5		SETB	E
6		MOV	A,DB0_DB7
7		CLR	E
8		JB	ACC.7,BUSY_LOOP
9		POP	ACC
10		LCALL	DEL
11		RET	

18.2.2　程序分析解释

序号 1：标号 CHECK_BUSY 作为检查忙碌标志信号子程序的名称，将累加器的内容入栈保护。

序号 2：置 E=0，禁止读/写 LCM。

序号 3：置 R_W=1，选择读模式。

序号 4：置 RS=0，选择指令寄存器。

序号 5：置 E=1，允许读/写 LCM。

序号 6：将 LCM 的 DB0_DB7 数据读至累加器中。

序号 7：置 E=0，禁止读/写 LCM。

序号 8：判断由 LCM 读入数据的第 7 位（即 BF）是否为 1。若等于 1，表示 LCM 忙碌中，程序跳转到 BUSY_LOOP 处继续查询；否则顺序执行。

序号 9：将存入堆栈区中的内容弹出给累加器。

序号 10：调用延时子程序，延时约 2.7 ms。

序号 11：子程序返回。

18.3 写指令到 LCM(IR 寄存器)子程序

写指令到 LCM 应使用第 8 组指令:DDRAM 地址设定。DDRAM 地址设定后,便可对 LCM 写入指令了。

18.3.1 源程序文件

序号				
1	WRITE_COM:	LCALL	CHECK_BUSY	
2		CLR	E	
3		CLR	RS	
4		CLR	R_W	
5		SETB	E	
6		MOV	DB0_DB7,A	
7		CLR	E	
8		RET		

18.3.2 程序分析解释

序号 1:标号 WRITE_COM 作为写指令到 LCM 子程序的名称,调用检查忙碌标志信号子程序 CHECK_BUSY。
序号 2:置 E = 0,禁止读/写 LCM。
序号 3:置 RS = 0,选择指令寄存器。
序号 4:置 R_W = 0,选择写模式。
序号 5:置 E = 1,允许读/写 LCM。
序号 6:将累加器内容(指令)传送至 LCM 的 DB0_DB7 中。
序号 7:置 E = 0,禁止读/写 LCM。
序号 8:子程序返回。

18.4 写数据到 LCM(DR 寄存器)子程序

写数据到 LCM 应使用第 10 组指令:写数据到 CGRAM 或 DDRAM 中。实际上就是写数据到 DR 寄存器。

18.4.1 源程序文件

序号				
1	WRITE_DATA:	LCALL	CHECK_BUSY	
2		CLR	E	
3		SETB	RS	
4		CLR	R_W	

```
        5          SETB    E
        6          MOV     DB0_DB7,A
        7          CLR     E
        8          RET
```

18.4.2　程序分析解释

序号1:标号 WRITE_DATA 作为写数据到 LCM 子程序的名称,调用检查忙碌标志信号子程序 CHECK_BUSY。
序号2:置 E=0,禁止读/写 LCM。
序号3:置 RS=1,选择数据寄存器。
序号4:置 R_W=0,选择写模式。
序号5:置 E=1,允许读/写 LCM。
序号6:将累加器内容(数据)传送至 LCM 的 DB0_DB7 中。
序号7:置 E=0,禁止读/写 LCM。
序号8:子程序返回。

18.5　清除显示屏子程序

清除显示屏使用第1组指令。清除显示屏程序的作用有三个:其一,将 DDRAM 的内容全填入空白码 20H;其二,令光标回到显示屏的左上方;其三,令地址计数器 AC 的值为0。

18.5.1　源程序文件

```
序号    1    CLS:      MOV    A,#00000001B
        2              LCALL  WRITE_COM
        3              RET
```

18.5.2　程序分析解释

序号1:标号 CLS 作为清除显示屏子程序的名称,将立即数 00000001B 传送给累加器。
序号2:调用写指令到 LCM(IR 寄存器)子程序。
序号3:子程序返回。

18.6　启动 LCM 子程序

当电源打开后,单片机必须启动 LCM 工作。启动 LCM 工作的方式有两种:一种是自动启动(冷启动);另一种是指令启动(热启动)。
如果在打开电源时,加在 LCM 上的电源时序变化符合如图 18-1 所示的变化特性,则 LCM 会自动执行下列的指令,以启动工作。

第 18 章 体验第一个液晶程序的效果并建立模块化设计的相关子程序

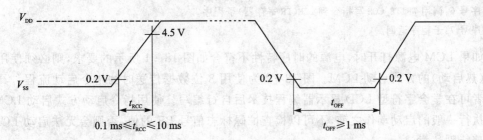

图 18-1 使 LCM 产生自动启动的电源要求

① 自动清除显示屏。

② 自动功能设定。DL=1 设定 8 位数据传送;N=0 设定为显示一行;F=0 设定使用 5×7 字型。

③ 自动设定显示屏 ON/OFF 控制。D=0 设定显示屏不显示;C=0 设定光标不显示;B=0 设定不闪烁。

④ 自动设定进入模式设定。I/O=1 设定为递增模式;S=0 设定显示屏不移动。

在 LCM 执行自动启动的工作后,单片机只要依照系统所需要的功能重新对 LCM 依序下达功能设定指令、显示屏 ON/OFF 控制指令及进入模式设定指令即可。在一般的使用情形之下,电源打开的时序都可以符合如图 18-1 所示的变化特性,所以单片机启动 LCM 的子程序也只需要利用 WRITE_COM 子程序,对 LCM 下达功能设定指令、显示器 ON/OFF 控制指令及进入模式设定指令即可。例如,要让 LCM 使用 8 位数据传送、显示两行、使用 5×7 字型、显示屏显示、光标要显示但不闪烁及每 1 次数据输入 DDRAM 后光标向右移动 1 格,则 LCM 启动子程序可写成如 18.6.1 小节的源程序。

18.6.1 源程序文件

序号			
1	INITIAL:	MOV	A,#00111000B
2		LCALL	WRITE_COM
3		MOV	A,#00001110B
4		LCALL	WRITE_COM
5		MOV	A,#00000110B
6		LCALL	WRITE_COM
7		RET	

18.6.2 程序分析解释

序号 1:标号 INITIAL 作为启动 LCM 子程序的名称,将立即数 00111000B 送入累加器中,LCM 设定为使用 8 位数据传送、显示两行、使用 5×7 字型。

序号 2:调用 WRITE_COM 写指令到 LCM(IR 寄存器)子程序。

序号 3:将立即数 00001110B 送入累加器中,LCM 设定为显示屏显示、光标显示并闪烁。

序号 4:调用 WRITE_COM 写指令到 LCM(IR 寄存器)子程序。

序号 5:将立即数 00000110B 送入累加器中,LCM 设定为每次数据输入 DDRAM 后,光标向右移动 1 格。

序号6:调用 WRITE_COM 写指令到 LCM(IR 寄存器)子程序。
序号7:子程序返回。

如果 LCM 电源打开时,电源的时序特性不符合如图 18-1 所示的要求,则必须使用指令启动(热启动)的方式启动 LCM。图 18-2 为使用 8 位数据传送时的指令启动流程。具体程序读者可在学会字符型 LCD 显示器编程技术后自行编写。使用指令启动方式启动 LCM 时,在未执行一般的启动动作之前,不可以检查忙碌标志信号 BF 的值,否则会无法启动 LCM,这一点请特别注意。

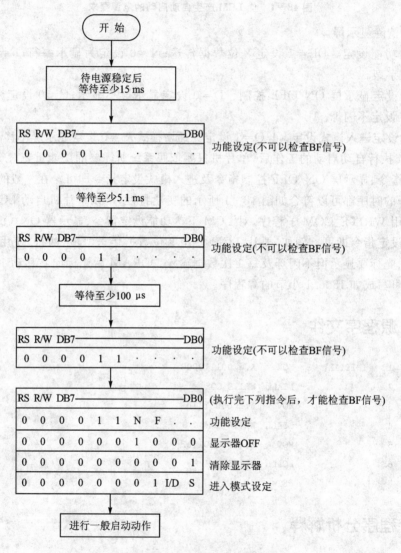

图 18-2　使用 8 位数据传送时的指令启动流程

第18章 体验第一个液晶程序的效果并建立模块化设计的相关子程序

18.7 让字母"F"在显示屏的第2行第10列显示

通过这个实验,我们会掌握在显示屏上定位于什么位置显示字符。

18.7.1 源程序文件

在"我的文档"中建立一个文件目录 S18-2,然后建立一个 S18-.uv2 工程项目,最后建立源程序文件 S18-2.asm。输入以下源程序:

```
序号:   1            ;******89C51 引脚定义***
        2            RS          BIT P3.3
        3            R_W         BIT P3.4
        4            E BIT       P3.5
        5            DB0_DB7     EQU P1
        6            ;******程序开始*****
        7            ORG         0000H
        8            LJMP        MAIN
        9            ;******主程序*******
       10            ORG         0030H
       11   MAIN:    MOV         SP,#70H
       12            LCALL       INITIAL
       13            MOV         A,#11001010B
       14            LCALL       WRITE_COM
       15            MOV         A,#46H
       16            LCALL       WRITE_DATA
       17            SJMP        $
       18            ;******启动LCM子程序****
       19   INITIAL: MOV         A,#00111000B
       20            LCALL       WRITE_COM
       21            MOV         A,#00001110B
       22            LCALL       WRITE_COM
       23            MOV         A,#00000110B
       24            LCALL       WRITE_COM
       25            RET
       26            ;******查询忙碌标志信号子程序****
       27   CHECK_BUSY: PUSH     ACC
       28   BUSY_LOOP: CLR       E
       29            SETB        R_W
       30            CLR         RS
       31            SETB        E
       32            MOV         A, DB0_DB7
```

33		CLR	E
34		JB	ACC.7,BUSY_LOOP
35		POP	ACC
36		LCALL	DEL
37		RET	
38	;******写指令到 LCM 子程序*****		
39	WRITE_COM:	LCALL	CHECK_BUSY
40		CLR	E
41		CLR	RS
42		CLR	R_W
43		SETB	E
44		MOV	DB0_DB7,A
45		CLR	E
46		RET	
47	;******写数据到 LCM 子程序****		
48	WRITE_DATA:	LCALL	CHECK_BUSY
49		CLR	E
50		SETB	RS
51		CLR	R_W
52		SETB	E
53		MOV	DB0_DB7,A
54		CLR	E
55		RET	
56	;******延时子程序****		
57	DEL:	MOV	R6,#5
58	L1:	MOV	R7,#248
59		DJNZ	R7,$
60		DJNZ	R6,L1
61		RET	
62	;************************		
63		END	

编译通过后,将 S18-2 文件夹中的 hex 文件通过 TOP851 编程器烧录到 89C51 芯片中,将芯片插入数码管试验板上,试验板上标识 LCD1 的排针通过 14 芯排线与液晶显示模组(LCM)正确连接。将 TOP851 编程器的 9 V 直流电源插到试验板上通电运行后,可看到液晶显示屏的第 2 行第 10 列显示字母"F"。

18.7.2 程序分析解释

序号 1:程序分隔及说明。
序号 2:定义 LCM 的 RS 引脚由 89C51 的 P3.3 引脚控制。
序号 3:定义 LCM 的 R_W 引脚由 89C51 的 P3.4 引脚控制。
序号 4:定义 LCM 的 E 引脚由 89C51 的 P3.5 引脚控制。

第 18 章 体验第一个液晶程序的效果并建立模块化设计的相关子程序

序号 5：定义 LCM 的数据口 DB0_DB7 由 89C51 的 P1 口控制。
序号 6：程序分隔及说明。
序号 7：程序从地址 0000H 开始。
序号 8：跳转到 MAIN 主程序处。
序号 9：程序分隔及说明。
序号 10：主程序 MAIN 从地址 0030H 开始。
序号 11：主程序开始，堆栈指针指向 70H。
序号 12：调用启动 LCM 子程序进行初始化。
序号 13：向累加器送立即数 11000111B，设定显示地址为第 2 行第 10 列。
序号 14：调用写指令到 LCM 子程序。
序号 15：向累加器送立即数 46H，46H 为字母"F"的 ASCII 码。
序号 16：调用写数据到 LCM 子程序。
序号 17：程序动态停机。
序号 18：程序分隔及说明。
序号 19～25：启动 LCM 子程序。
序号 26：程序分隔及说明。
序号 27～37：查询忙碌标志信号子程序。
序号 38：程序分隔及说明。
序号 39～46：写指令到 LCM 子程序。
序号 47：程序分隔及说明。
序号 48～55：写数据到 LCM 子程序。
序号 56：程序分隔及说明。
序号 57～61：2.7 ms 延时子程序。
序号 62：程序分隔及说明。
序号 63：程序结束。

18.8 使 LCM 显示 2 行字符串（英文信息）

第 1 行显示"Welcome to LCD!!"，第 2 行显示"ABCDEFGHIJKLMNOP"。

18.8.1 源程序文件

在"我的文档"中建立一个文件目录 S18-3，然后建立一个 S18-3.uv2 工程项目，最后建立源程序文件 S18-3.asm。输入以下源程序：

```
序号：   1      ;******89C51 引脚定义*****
        2      RS        BIT P3.3
        3      R_W       BIT P3.4
        4      E         BIT P3.5
        5      DB0_DB7   EQU P1
        6      ;******程序开始********
```

```
7               ORG        0000H
8               LJMP       MAIN
9       ;* * * * * *主程序* * * * * * * * *
10              ORG        0030H
11      MAIN:   MOV        SP,#70H
12              LCALL      INITIAL
13              LCALL      CLS
14              MOV        A,#10000000B
15              LCALL      WRITE_COM
16              MOV        DPTR,#LINE1
17              LCALL      DISP
18              MOV        A,#11000000B
19              LCALL      WRITE_COM
20              MOV        DPTR,#LINE2
21              LCALL      DISP
22              SJMP       $
23      ;* * * * *LCM第1、2行显示字符串* * * *
24      LINE1:  DB "Welcome to LCD!!",00H
25      LINE2:  DB "ABCDEFGHIJKLMNOP",00H
26      ;* * * * * *启动LCM子程序* * * * * *
27      INITIAL: MOV       A,#00111000B
28              LCALL      WRITE_COM
29              MOV        A,#00001110B
30              LCALL      WRITE_COM
31              MOV        A,#00000110B
32              LCALL      WRITE_COM
33              RET
34      ;* * * * * *查询忙碌标志信号子程序* * *
35      CHECK_BUSY: PUSH   ACC
36      BUSY_LOOP: CLR     E
37              SETB       R_W
38              CLR        RS
39              SETB       E
40              MOV        A,DB0_DB7
41              CLR        E
42              JB         ACC.7,BUSY_LOOP
43              POP        ACC
44              LCALL      DEL
45              RET
46      ;* * * * *写指令到LCM子程序* * * * *
47      WRITE_COM: LCALL   CHECK_BUSY
48              CLR        E
49              CLR        RS
```

第 18 章 体验第一个液晶程序的效果并建立模块化设计的相关子程序

```
50              CLR     R_W
51              SETB    E
52              MOV     DB0_DB7,A
53              CLR     E
54              RET
55      ;******写数据到 LCM 子程序******
56  WRITE_DATA: LCALL   CHECK_BUSY
57              CLR     E
58              SETB    RS
59              CLR     R_W
60              SETB    E
61              MOV     DB0_DB7,A
62              CLR     E
63              RET
64      ;******清除 LCM 子程序*******
65  CLS:        MOV     A,#00000001B
66              LCALL   WRITE_COM
67              RET
68      ;******延时子程序***********
69  DEL:        MOV     R6,#5
70  L1:         MOV     R7,#248
71              DJNZ    R7,$
72              DJNZ    R6,L1
73              RET
74      ;******显示字符串到 LCM 子程序****
75  DISP:       PUSH    ACC
76  DISP_LOOP:  CLR     A
77              MOVC    A,@A+DPTR
78              JZ      END_DISP
79              LCALL   WRITE_DATA
80              INC     DPTR
81              SJMP    DISP_LOOP
82  END_DISP:   POP     ACC
83              RET
84      ;***********************
85              END
```

编译通过后,将 S18-3 文件夹中的 hex 文件通过 TOP851 编程器烧录到 89C51 芯片中,将芯片插入数码管试验板上,试验板上标识 LCD1 的排针通过 14 芯排线与液晶显示模组(LCM)正确连接。将 TOP851 编程器的 9V 直流电源插到试验板上通电运行后,可看到液晶显示屏上显示的内容正如我们期待的那样。

18.8.2 程序分析解释

序号1:程序分隔及说明。
序号2:定义 LCM 的 RS 引脚由 89C51 的 P3.3 引脚控制。
序号3:定义 LCM 的 R_W 引脚由 89C51 的 P3.4 引脚控制。
序号4:定义 LCM 的 E 引脚由 89C51 的 P3.5 引脚控制。
序号5:定义 LCM 的数据口 DB0_DB7 由 89C51 的 P1 口控制。
序号6:程序分隔及说明。
序号7:程序从地址 0000H 开始。
序号8:跳转到 MAIN 主程序处。
序号9:程序分隔及说明。
序号10:主程序 MAIN 从地址 0030H 开始。
序号11:主程序开始,堆栈指针指向 70H。
序号12:调用启动 LCM 子程序进行初始化。
序号13:调用清除 LCM 子程序。
序号14:向累加器送立即数 10000000B,设定显示地址为第 1 行第 1 列。
序号15:调用写指令到 LCM 子程序。
序号16:将第 1 行字符串的起始地址送入 DPTR 中。
序号17:调用显示字符串到 LCM 子程序。
序号18:向累加器送立即数 11000000B,设定显示地址为第 2 行第 1 列。
序号19:调用写指令到 LCM 子程序。
序号20:将第 2 行字符串的起始地址送入 DPTR 中。
序号21:调用显示字符串到 LCM 子程序。
序号22:程序动态停机。
序号23:程序分隔及说明。
序号24:第 1 行字符串。
序号25:第 2 行字符串。
序号26:程序分隔及说明。
序号27～33:启动 LCM 子程序。
序号34:程序分隔及说明。
序号35～45:查询忙碌标志信号子程序。
序号46:程序分隔及说明。
序号47～54:写指令到 LCM 子程序。
序号55:程序分隔及说明。
序号56～63:写数据到 LCM 子程序。
序号64:程序分隔及说明。
序号65～67:清除 LCM 子程序。
序号68:程序分隔及说明。
序号69～73:2.7 ms 延时子程序。
序号74:程序分隔及说明。
序号75～83:显示字符串到 LCM 子程序。由于这段子程序前面未出现过,这里做一详细解释。

第18章 体验第一个液晶程序的效果并建立模块化设计的相关子程序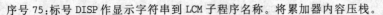

序号75:标号DISP作显示字符串到LCM子程序名称。将累加器内容压栈。
序号76:清除累加器。
序号77:查表将字符串内容送入累加器。
序号78:若查到的内容为0,则终止查表。
序号79:调用写数据到LCM子程序。
序号80:DPTR加1指向下一个对象。
序号81:跳转到DISP_LOOP循环执行。
序号82:弹出压栈内容至累加器。
序号83:子程序返回。
序号84:程序分隔及说明。
序号85:程序结束。

18.9 使LCM显示2行字符串(英文信息)并循环移动

第1行显示"Shanghai",第2行显示"China"。

18.9.1 源程序文件

在"我的文档"中建立一个文件目录S18-4,然后建立一个S18-4.uv2工程项目,最后建立源程序文件S18-4.asm。输入以下源程序:

```
序号:  1         ;******89C51引脚定义********
      2         RS         BIT P3.3
      3         R_W        BIT P3.4
      4         E          BIT P3.5
      5         DB0_DB7    EQU P1
      6         ;******程序开始************
      7         ORG        0000H
      8         LJMP       MAIN
      9         ;******主程序*************
      10        ORG        0030H
      11 MAIN:  MOV        SP,#70H
      12        MOV        R0,#00H
      13        LCALL      INITIAL
      14 AGAIN: LCALL      CLS
      15        MOV        A,#10000000B
      16        ORL        A,R0
      17        CJNE       A,#10001111B,NEXT1
      18        MOV        R0,#00H
      19        SJMP       AGAIN
      20 NEXT1: LCALL      WRITE_COM
```

21		MOV	DPTR,#LINE1
22		LCALL	DISP
23		MOV	A,#11000000B
24		ORL	A,R0
25		CJNE	A,#11001111B,NEXT2
26		MOV	R0,#00H
27		SJMP	AGAIN
28	NEXT2:	LCALL	WRITE_COM
29		MOV	DPTR,#LINE2
30		LCALL	DISP
31		INC	R0
32		MOV	R1,#255
33	DEL_LOOP:	LCALL	DEL
34		DJNZ	R1,DEL_LOOP
35		LJMP	AGAIN
36	;******LCM 第1、2行显示字符串******		
37	LINE1:	DB	"Shanghai ",00H
38	LINE2:	DB	"China ",00H
39	;******启动 LCM 子程序**********		
40	INITIAL:	MOV	A,#00111000B
41		LCALL	WRITE_COM
42		MOV	A,#00001110B
43		LCALL	WRITE_COM
44		MOV	A,#00000110B
45		LCALL	WRITE_COM
46		RET	
47	;******查询忙碌标志信号子程序****		
48	CHECK_BUSY:	PUSH	ACC
49	BUSY_LOOP:	CLR	E
50		SETB	R_W
51		CLR	RS
52		SETB	E
53		MOV	A,DB0_DB7
54		CLR	E
55		JB	ACC.7,BUSY_LOOP
56		POP	ACC
57		LCALL	DEL
58		RET	
59	;******写指令到 LCM 子程序*******		
60	WRITE_COM:	LCALL	CHECK_BUSY
61		CLR	E
62		CLR	RS
63		CLR	R_W

第 18 章 体验第一个液晶程序的效果并建立模块化设计的相关子程序

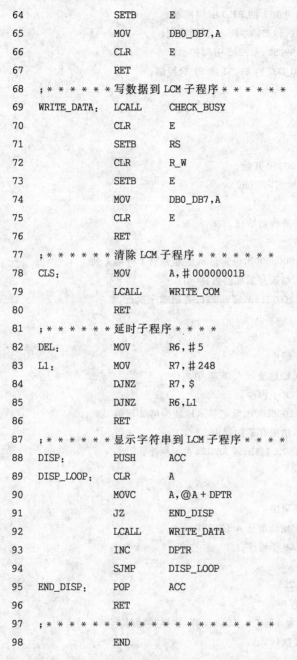

```
64              SETB        E
65              MOV         DB0_DB7,A
66              CLR         E
67              RET
68  ;******写数据到 LCM 子程序******
69  WRITE_DATA: LCALL       CHECK_BUSY
70              CLR         E
71              SETB        RS
72              CLR         R_W
73              SETB        E
74              MOV         DB0_DB7,A
75              CLR         E
76              RET
77  ;******清除 LCM 子程序*******
78  CLS:        MOV         A,#00000001B
79              LCALL       WRITE_COM
80              RET
81  ;******延时子程序****
82  DEL:        MOV         R6,#5
83  L1:         MOV         R7,#248
84              DJNZ        R7,$
85              DJNZ        R6,L1
86              RET
87  ;******显示字符串到 LCM 子程序****
88  DISP:       PUSH        ACC
89  DISP_LOOP:  CLR         A
90              MOVC        A,@A+DPTR
91              JZ          END_DISP
92              LCALL       WRITE_DATA
93              INC         DPTR
94              SJMP        DISP_LOOP
95  END_DISP:   POP         ACC
96              RET
97  ;*******************
98              END
```

编译通过后,将 S18-4 文件夹中的 hex 文件通过 TOP851 编程器烧录到 89C51 芯片中,将芯片插入数码管试验板上,试验板上标识 LCD1 的排针通过 14 芯排线与液晶显示模组(LCM)正确连接。将 TOP851 编程器的 9 V 直流电源插到试验板上通电运行后,可看到液晶显示屏上显示的 2 行英文自左向右移动,反复循环。

18.9.2 程序分析解释

序号1:程序分隔及说明。

序号2：定义 LCM 的 RS 引脚由 89C51 的 P3.3 引脚控制。
序号3：定义 LCM 的 R_W 引脚由 89C51 的 P3.4 引脚控制。
序号4：定义 LCM 的 E 引脚由 89C51 的 P3.5 引脚控制。
序号5：定义 LCM 的数据口 DB0_DB7 由 89C51 的 P1 口控制。
序号6：程序分隔及说明。
序号7：程序从地址 0000H 开始。
序号8：跳转到 MAIN 主程序处。
序号9：程序分隔及说明。
序号10：主程序 MAIN 从地址 0030H 开始。
序号11：主程序开始，堆栈指针指向 70H。
序号12：寄存器 R0 置初值 0。
序号13：调用启动 LCM 子程序进行初始化。
序号14：调用清除 LCM 子程序。
序号15：向累加器送立即数 10000000B，设定显示地址为第 1 行第 1 列。
序号16：将 R0 与累加器相或，结果存累加器内。
序号17：若累加器内容不为 10001111B，转 NEXT1；否则顺序执行。
序号18：清除 R0。
序号19：跳转到标号 AGAIN 处。
序号20：调用写指令到 LCM 子程序。
序号21：将第 1 行字符串的起始地址送入 DPTR 中。
序号22：调用显示字符串到 LCM 子程序。
序号23：向累加器送立即数 11000000B，设定显示地址为第 2 行第 1 列。
序号24：将 R0 与累加器相或，结果存累加器内。
序号25：若累加器内容不为 11001111B，转 NEXT2；否则顺序执行。
序号26：清除 R0。
序号27：跳转到标号 AGAIN 处。
序号28：调用写指令到 LCM 子程序。
序号29：将第 2 行字符串的起始地址送入 DPTR 中。
序号30：调用显示字符串到 LCM 子程序。
序号31：寄存器 R0 加 1。
序号32：置寄存器 R1 立即数 255。
序号33：调用 2.7 ms 延时子程序。
序号34：判断 R1 减 1 后若不为 0 转 DEL_LOOP 循环，这样共延时 0.5 s。
序号35：跳转到 AGAIN 处反复执行。
序号36：程序分隔及说明。
序号37：第 1 行字符串。
序号38：第 2 行字符串。
序号39：程序分隔及说明。
序号40～46：启动 LCM 子程序。
序号47：程序分隔及说明。
序号48～58：查询忙碌标志信号子程序。
序号59：程序分隔及说明。
序号60～67：写指令到 LCM 子程序。

第18章 体验第一个液晶程序的效果并建立模块化设计的相关子程序

序号 68：程序分隔及说明。

序号 69～76：写数据到 LCM 子程序。

序号 77：程序分隔及说明。

序号 78～80：清除 LCM 子程序。

序号 81：程序分隔及说明。

序号 82～86：2.7 ms 延时子程序。

序号 87：程序分隔及说明。

序号 88～96：显示字符串到 LCM 子程序。

序号 97：程序分隔及说明。

序号 98：程序结束。

第 19 章

简单的液晶显示型自动化仪器的设计学习及实验

19.1 工业生产自动计数器

使用 LCM 可以显示机器每天的产量。这种技术非常有用,用户学会后,那么以后在其他机器上设计一个计数器来统计工作产量并以液晶显示,将是易如反掌的事。

19.1.1 实现方法

设计统计外界信号输入的程序一般采用外中断的计数方法。由于实验用的 LED 数码输出板的 P3 口已固定接有 3×4 键盘,因此这里我们就不用这种方法。另外一种方法就是查询,但单纯的查询法效率很低,我们在这里使用的是定时中断加查询的综合方法,既提高了 CPU 效率,又不会漏计数。

在液晶屏上设计 4 个计数器:A、B、C、D,每个计数器均有 5 位计数值,分别用 2、3、5、6 按键触发,使 4 个计数器 A、B、C、D 计数。每个计数器最大可计数 99 999,已能满足绝大部分工业场合的应用了。

液晶屏的显示如下,其中 x 为计数值。

      A:xxxxx B:xxxxx
      C:xxxxx D:xxxxx

19.1.2 源程序文件

在"我的文档"中建立一个文件目录 S19-1,然后建立一个 S19-1.uv2 工程项目,最后建立源程序文件 S19-1.asm。输入以下源程序:

```
序号：   1    ;******89C51引脚定义********
         2         RS        BIT P3.3
         3         R_W       BIT P3.4
```

第19章 简单的液晶显示型自动化仪器的设计学习及实验

```
4            E BIT      P3.5
5            DB0_DB7    EQU P1
6       ;------计数器A缓存单元定义------
7            A4         EQU 40H
8            A3         EQU 41H
9            A2         EQU 42H
10           A1         EQU 43H
11           A0         EQU 44H
12      ;------计数器B缓存单元定义------
13           B4         EQU 45H
14           B3         EQU 46H
15           B2         EQU 47H
16           B1         EQU 48H
17           B0         EQU 49H
18      ;------计数器C缓存单元定义------
19           C4         EQU 4AH
20           C3         EQU 4BH
21           C2         EQU 4CH
22           C1         EQU 4DH
23           C0         EQU 4EH
24      ;------计数器D缓存单元定义------
25           D4         EQU 4FH
26           D3         EQU 50H
27           D2         EQU 51H
28           D1         EQU 52H
29           D0         EQU 53H
30      ;------LCD显示缓存指针------
31           LCD_POINT EQU 54H
32      ;******程序开始******
33           ORG        0000H
34           LJMP       MAIN
35           ORG        000BH
36           LJMP       TIMER0
37      ;*******主程序*********
38           ORG        0030H
39      MAIN: MOV       TMOD,#01H
40           MOV        TL0,#00H
41           MOV        TH0,#00H
42           SETB       EA
43           SETB       ET0
44           SETB       TR0
45           MOV        SP,#60H
46           LCALL      INITIAL
```

```
47              LCALL     CLN
48    ;******显示A:**************
49    AGAIN:    MOV       A,#10000000B
50              LCALL     WRITE_COM
51              MOV       A,#41H
52              LCALL     WRITE_DATA
53              MOV       A,#10000001B
54              LCALL     WRITE_COM
55              MOV       A,#3AH
56              LCALL     WRITE_DATA
57    ;------显示B:-------------
58              MOV       A,#10001001B
59              LCALL     WRITE_COM
60              MOV       A,#42H
61              LCALL     WRITE_DATA
62              MOV       A,#10001010B
63              LCALL     WRITE_COM
64              MOV       A,#3AH
65              LCALL     WRITE_DATA
66    ;------显示C:-------------
67              MOV       A,#11000000B
68              LCALL     WRITE_COM
69              MOV       A,#43H
70              LCALL     WRITE_DATA
71              MOV       A,#11000001B
72              LCALL     WRITE_COM
73              MOV       A,#3AH
74              LCALL     WRITE_DATA
75    ;------显示D:-------------
76              MOV       A,#11001001B
77              LCALL     WRITE_COM
78              MOV       A,#44H
79              LCALL     WRITE_DATA
80              MOV       A,#11001010B
81              LCALL     WRITE_COM
82              MOV       A,#3AH
83              LCALL     WRITE_DATA
84    ;******计数程序启动**********
85    START:    MOV       LCD_POINT,#10000010B
86              MOV       R0,#A4
87              LCALL     DISP
88              MOV       LCD_POINT,#10001011B
89              MOV       R0,#B4
```

第19章 简单的液晶显示型自动化仪器的设计学习及实验

90	LCALL	DISP
91	MOV	LCD_POINT,#11000010B
92	MOV	R0,#C4
93	LCALL	DISP
94	MOV	LCD_POINT,#11001011B
95	MOV	R0,#D4
96	LCALL	DISP
97	LJMP	START
98	;******显示计数值**********	
99	DISP: MOV	R2,#05H
100	MOV	A,LCD_POINT
101	LCALL	WRITE_COM
102	LL0: MOV	A,@R0
103	ADD	A,#30H
104	LCALL	WRITE_DATA
105	INC	R0
106	DJNZ	R2,LL0
107	RET	
108	;*****清除计数缓存(40H～53H)单元****	
109	CLN: MOV	R1,#20
110	MOV	R0,#40H
111	CLR	A
112	THERE: MOV	@R0,A
113	INC	R0
114	DJNZ	R1,THERE
115	RET	
116	;******定时器T0中断服务子程序****	
117	TIMER0: MOV	TL0,#00H
118	MOV	TH0,#00H
119	CLR	P3.7
120	SETB	P3.6
121	JB	P3.0,NEXT1
122	LCALL	DEL
123	JB	P3.0,NEXT1
124	LCALL	CONV_B
125	NEXT1: JB	P3.1,NEXT2
126	LCALL	DEL
127	JB	P3.1,NEXT2
128	LCALL	CONV_D
129	;-------------------	
130	NEXT2: CLR	P3.6
131	SETB	P3.7
132	JB	P3.0,NEXT3

```
133             LCALL   DEL
134             JB      P3.0,NEXT3
135             LCALL   CONV_A
136  NEXT3:     JB      P3.1,NEXT4
137             LCALL   DEL
138             JB      P3.1,NEXT4
139             LCALL   CONV_C
140  NEXT4:     RETI
141  ;********计数器A进行计算*********
142  CONV_A:    PUSH    ACC
143             PUSH    PSW
144             INC     A0
145             MOV     A,A0
146             CJNE    A,#0AH,DONE_A
147             MOV     A0,#00H
148             MOV     A,A1
149             ADD     A,#01H
150             MOV     A1,A
151             CJNE    A,#0AH,DONE_A
152             MOV     A1,#00H
153             MOV     A,A2
154             ADD     A,#01H
155             MOV     A2,A
156             CJNE    A,#0AH,DONE_A
157             MOV     A2,#00H
158             MOV     A,A3
159             ADD     A,#01H
160             MOV     A3,A
161             CJNE    A,#0AH,DONE_A
162             MOV     A3,#00H
163             MOV     A,A4
164             ADD     A,#01H
165             MOV     A4,A
166             CJNE    A,#0AH,DONE_A
167             MOV     A4,#00H
168  DONE_A:    POP     PSW
169             POP     ACC
170             RET
171  ;********计数器B进行计算*********
172  CONV_B:    PUSH    ACC
173             PUSH    PSW
174             INC     B0
175             MOV     A,B0
```

第19章 简单的液晶显示型自动化仪器的设计学习及实验

```
176            CJNE    A,#0AH,DONE_B
177            MOV     B0,#00H
178            MOV     A,B1
179            ADD     A,#01H
180            MOV     B1,A
181            CJNE    A,#0AH,DONE_B
182            MOV     B1,#00H
183            MOV     A,B2
184            ADD     A,#01H
185            MOV     B2,A
186            CJNE    A,#0AH,DONE_B
187            MOV     B2,#00H
188            MOV     A,B3
189            ADD     A,#01H
190            MOV     B3,A
191            CJNE    A,#0AH,DONE_B
192            MOV     B3,#00H
193            MOV     A,B4
194            ADD     A,#01H
195            MOV     B4,A
196            CJNE    A,#0AH,DONE_B
197            MOV     B4,#00H
198   DONE_B:  POP     PSW
199            POP     ACC
200            RET
201   ;*******计数器C进行计算*********
202   CONV_C:  PUSH    ACC
203            PUSH    PSW
204            INC     C0
205            MOV     A,C0
206            CJNE    A,#0AH,DONE_C
207            MOV     C0,#00H
208            MOV     A,C1
209            ADD     A,#01H
210            MOV     C1,A
211            CJNE    A,#0AH,DONE_C
212            MOV     C1,#00H
213            MOV     A,C2
214            ADD     A,#01H
215            MOV     C2,A
216            CJNE    A,#0AH,DONE_C
217            MOV     C2,#00H
218            MOV     A,C3
```

```
219            ADD      A,#01H
220            MOV      C3,A
221            CJNE     A,#0AH,DONE_C
222            MOV      C3,#00H
223            MOV      A,C4
224            ADD      A,#01H
225            MOV      C4,A
226            CJNE     A,#0AH,DONE_C
227            MOV      C4,#00H
228  DONE_C:   POP      PSW
229            POP      ACC
230            RET
231  ;*******计数器 D 进行计算*********
232  CONV_D:   PUSH     ACC
233            PUSH     PSW
234            INC      D0
235            MOV      A,D0
236            CJNE     A,#0AH,DONE_D
237            MOV      D0,#00H
238            MOV      A,D1
239            ADD      A,#01H
240            MOV      D1,A
241            CJNE     A,#0AH,DONE_D
242            MOV      D1,#00H
243            MOV      A,D2
244            ADD      A,#01H
245            MOV      D2,A
246            CJNE     A,#0AH,DONE_D
247            MOV      D2,#00H
248            MOV      A,D3
249            ADD      A,#01H
250            MOV      D3,A
251            CJNE     A,#0AH,DONE_D
252            MOV      D3,#00H
253            MOV      A,D4
254            ADD      A,#01H
255            MOV      D4,A
256            CJNE     A,#0AH,DONE_D
257            MOV      D4,#00H
258  DONE_D:   POP      PSW
259            POP      ACC
260            RET
261  ;******启动 LCM 子程序*******
```

第19章　简单的液晶显示型自动化仪器的设计学习及实验

```
262   INITIAL:      MOV       A,#00111000B
263                 LCALL     WRITE_COM
264                 MOV       A,#00001100B
265                 LCALL     WRITE_COM
266                 MOV       A,#00000110B
267                 LCALL     WRITE_COM
268                 RET
269   ;******查询忙碌标志信号子程序******
270   CHECK_BUSY:   PUSH      ACC
271   BUSY_LOOP:    CLR       E
272                 SETB      R_W
273                 CLR       RS
274                 SETB      E
275                 MOV       A,DB0_DB7
276                 CLR       E
277                 JB        ACC.7,BUSY_LOOP
278                 POP       ACC
279                 LCALL     DEL
280                 RET
281   ;******写指令到LCM子程序******
282   WRITE_COM:    LCALL     CHECK_BUSY
283                 CLR       E
284                 CLR       RS
285                 CLR       R_W
286                 SETB      E
287                 MOV       DB0_DB7,A
288                 CLR       E
289                 RET
290   ;******写数据到LCM子程序******
291   WRITE_DATA:   LCALL     CHECK_BUSY
292                 CLR       E
293                 SETB      RS
294                 CLR       R_W
295                 SETB      E
296                 MOV       DB0_DB7,A
297                 CLR       E
298                 RET
299   ;******清除LCM子程序*******
300   CLS:          MOV       A,#00000001B
301                 LCALL     WRITE_COM
302                 RET
303   ;****延时子程序****
304   DEL:          MOV       R6,#5
```

305	L1:	MOV	R7,#248
306		DJNZ	R7,$
307		DJNZ	R6,L1
308		RET	
309	;********************		
310		END	

编译通过后,将 S19-1 文件夹中的 hex 文件通过 TOP851 编程器烧录到 89C51 芯片中,将芯片插入数码管试验板上,试验板上标识 LCD1 的排针通过 14 芯排线与液晶显示模组(LCM)正确连接。将 TOP851 编程器的 9 V 直流电源插到试验板上通电运行后,可看到液晶显示屏上出现了 4 个计数器 A、B、C、D。每个计数器初始值均为 00000,点动按键 2、3、5、6 后,4 个计数器开始计数。由于按键的抖动效应,按一次键有可能产生计 2 次或更多数的情况,因此按键时要快而干脆,当然,如用于工控生产就不会产生这种情况。这里设计成每 50 ms 中断查询一次计数输入,当机器的运行速度快,产出率高时,还要设法提高计数速度,以防止漏计,如可将定时中断设置为 30 ms 或更短。

19.1.3 程序分析解释

序号 1:程序分隔及说明。
序号 2:定义 LCM 的 RS 引脚由 89C51 的 P3.3 引脚控制。
序号 3:定义 LCM 的 R_W 引脚由 89C51 的 P3.4 引脚控制。
序号 4:定义 LCM 的 E 引脚由 89C51 的 P3.5 引脚控制。
序号 5:定义 LCM 的数据口 DB0_DB7 由 89C51 的 P1 口控制。
序号 6:程序分隔及说明。
序号 7~11:定义计数器 A 的缓存单元为 40H~44H,命名为 A4~A0。
序号 12:程序分隔及说明。
序号 13~17:定义计数器 B 的缓存单元为 45H~49H,命名为 B4~B0。
序号 18:程序分隔及说明。
序号 19~23:定义计数器 C 的缓存单元为 4AH~4EH,命名为 C4~C0。
序号 24:程序分隔及说明。
序号 25~29:定义计数器 D 的缓存单元为 4FH~53H,命名为 D4~D0。
序号 30:程序分隔及说明。
序号 31:定义 54H 单元为液晶显示缓存区地址指针,命名为 LCD_POINT。
序号 32:程序分隔及说明。
序号 33:程序从地址 0000H 开始。
序号 34:跳转到 MAIN 主程序处。
序号 35:定时器 T0 中断入口地址为 000BH。
序号 36:跳转到标号 TIME0 处。
序号 37:程序分隔及说明。
序号 38:主程序 MAIN 从地址 0030H 开始。
序号 39:主程序开始,置定时器 T0 方式 1。
序号 40、41:置定时初值 00H。

第 19 章　简单的液晶显示型自动化仪器的设计学习及实验

序号 42:开总中断。

序号 43:开 T0 中断。

序号 44:启动 T0。

序号 45:堆栈指针指向 60H。

序号 46:调用启动 LCM 子程序进行初始化。

序号 47:调用清除计数缓存区子程序。

序号 48:程序分隔及说明。

序号 49～56:显示"A:"。

序号 57:程序分隔及说明。

序号 58～65:显示"B:"。

序号 66:程序分隔及说明。

序号 67～74:显示"C:"。

序号 75:程序分隔及说明。

序号 76～83:显示"D:"。

序号 84:程序分隔及说明。

序号 85:标号 START,代表计数器启动,液晶显示缓存区地址指针指向第 1 行第 3 列。

序号 86:计数器 A 缓存区最高位地址 A4 送 R0。

序号 87:调用显示子程序,将 A4～A0 中的内容显示于屏幕的第 1 行第 3～7 列。

序号 88:液晶显示缓存区地址指针指向第 1 行第 12 列。

序号 89:计数器 B 缓存区最高位地址 B4 送 R0。

序号 90:调用显示子程序,将 B4～B0 中的内容显示于屏幕的第 1 行第 12～16 列。

序号 91:液晶显示缓存区地址指针指向第 2 行第 3 列。

序号 92:计数器 C 缓存区最高位地址 C4 送 R0。

序号 93:调用显示子程序,将 C4～C0 中的内容显示于屏幕的第 2 行第 3～7 列。

序号 94:液晶显示缓存区地址指针指向第 2 行第 12 列。

序号 95:计数器 D 缓存区最高位地址 D4 送 R0。

序号 96:调用显示子程序,将 D4～D0 中的内容显示于屏幕的第 2 行第 12～16 列。

序号 97:跳转到标号 START 处循环执行。

序号 98:程序分隔及说明。

序号 99:显示计数值于屏幕上的子程序。向寄存器 R2 送计数器长度(立即数 05H)。

序号 100:液晶显示缓存区地址指针所指首址送累加器。

序号 101:调用写指令到 LCM 子程序确定 LCM 地址。

序号 102:将计数缓存单元内的数送累加器。

序号 103:累加器加 30H 修正以取得该数的 ASCII 码。

序号 104:调用写数据到 LCM 子程序。

序号 105:指向下一个计数缓存单元。

序号 106:计数器长度减 1 后若不为 0,转标号 LL0 继续。

序号 107:子程序返回。

序号 108:程序分隔及说明。

序号 109:清除计数缓存单元子程序。向寄存器 R1 送计数缓存区长度(立即数 20)。

序号 110:向寄存器 R0 送计数缓存区首址(立即数 40H)。

序号 111:清除累加器。

序号 112:向 R0 内容所指的单元送 0。

序号113:指向下一个计数缓存单元。
序号114:缓存区长度减1后若不为0,转标号THERE处继续。
序号115:子程序返回。
序号116:程序分隔及说明。
序号117:定时器T0中断服务子程序开始。
序号117～118:重装定时初值。
序号129:置P3.7低电平,以便查询3#、6#键的输入情况。
序号120:置P3.6高电平,禁止查询2#、5#键的输入情况。
序号121:若P3.0为高电平(即3#键未按下)转NEXT1。
序号122:调用2.7 ms延时子程序。
序号123:若P3.0依旧为高电平转NEXT1。
序号124:调用计数器B的计数子程序。
序号125:若P3.1为高电平(即6#键未按下)转NEXT2。
序号126:调用2.7 ms延时子程序。
序号127:若P3.1依旧为高电平转NEXT2。
序号128:调用计数器D的计数子程序。
序号129:程序分隔及说明。
序号130:置P3.6低电平,以便查询2#、5#键的输入情况。
序号131:置P3.7高电平,禁止查询3#、6#键的输入情况。
序号132:若P3.0为高电平(即2#键未按下)转NEXT3。
序号133:调用2.7 ms延时子程序。
序号134:若P3.0依旧为高电平转NEXT3。
序号135:调用计数器A的计数子程序。
序号136:若P3.1为高电平(即2#键未按下)转NEXT4。
序号137:调用2.7 ms延时子程序。
序号138:若P3.1依旧为高电平转NEXT4。
序号139:调用计数器C的计数子程序。
序号140:子程序返回。
序号141:程序分隔及说明。
序号142:计数器A计数子程序开始。累加器内容压栈。
序号143:PSW压栈。
序号144:因为2#键有按下,故计数器A的最低位计数缓存单元A0加1。
序号145:将A0内容送累加器。
序号146:若累加器内容不为10转DONE_A退出。
序号147:累加器内容为10则A0清除。
序号148:将A1内容送累加器。
序号149:累加器内容加1。
序号150:累加器内容再送回A1。
序号151:若累加器内容不为10转DONE_A退出。
序号152:累加器内容为10则A1清除。
序号153:将A2内容送累加器。
序号154:累加器内容加1。
序号155:累加器内容再送回A2。

第 19 章 简单的液晶显示型自动化仪器的设计学习及实验

序号 156：若累加器内容不为 10 转 DONE_A 退出。
序号 157：累加器内容为 10 则 A2 清除。
序号 158：将 A3 内容送累加器。
序号 159：累加器内容加 1。
序号 160：累加器内容再送回 A3。
序号 161：若累加器内容不为 10 转 DONE_A 退出。
序号 162：累加器内容为 10 则 A3 清除。
序号 163：将 A4 内容送累加器。
序号 164：累加器内容加 1。
序号 165：累加器内容再送回 A4。
序号 166：若累加器内容不为 10 转 DONE_A 退出。
序号 167：累加器内容为 10 则 A4 清除。
序号 168：弹出压栈内容至 PSW。
序号 169：弹出压栈内容至累加器。
序号 170：子程序返回。
序号 171：程序分隔及说明。
序号 172~200：计数器 B 计数子程序（与计数器 A 计数子程序类似）。
序号 201：程序分隔及说明。
序号 202~230：计数器 C 计数子程序（与计数器 A 计数子程序类似）。
序号 231：程序分隔及说明。
序号 232~260：计数器 D 计数子程序（与计数器 A 计数子程序类似）。
序号 261：程序分隔及说明。
序号 262~268：启动 LCM 子程序。
序号 269：程序分隔及说明。
序号 270~280：查询忙碌标志信号子程序。
序号 281：程序分隔及说明。
序号 282~289：写指令到 LCM 子程序。
序号 290：程序分隔及说明。
序号 291~298：写数据到 LCM 子程序。
序号 299：程序分隔及说明。
序号 300~302：清除 LCM 子程序。
序号 303：程序分隔及说明。
序号 304~308：延时子程序。
序号 309：程序分隔及说明。
序号 310：程序结束。

19.2 设备运行状态自动显示器

机器设备在运行中有可能遇到各种问题，如复印机卡纸，汽车发动机超温，水箱缺水，油箱缺油等。这个设备运行状态自动显示器可将机器设备在运行中遇到的情况立即显示在液晶屏上，以提醒操作人员。

19.2.1 实现方法

这里使用的是查询的方法,正常工作时屏幕上显示:Hello-Normal!!!。P2.1为低电平时模拟超温,屏幕显示:Over temp. ?????。P2.2为低电平时模拟超速,屏幕显示:Over speed ?????。P2.3为低电平时模拟缺水,屏幕显示:Not water ??????。P2.4为低电平时模拟缺油,屏幕显示:Not oil ????????。

19.2.2 源程序文件

在"我的文档"中建立一个文件目录S19-2,然后建立一个S19-2.uv2工程项目,最后建立源程序文件S19-2.asm。输入以下源程序:

序号:	1	;******89C51引脚定义******	
	2	RS	BIT P3.3
	3	R_W	BIT P3.4
	4	E	BITP3.5
	5	DB0_DB7	EQU P1
	6	;******程序开始********	
	7	ORG	0000H
	8	LJMP	MAIN
	9	;******主程序*********	
	10	ORG	0030H
	11	MAIN: MOV	SP,#60H
	12	LCALL	INITIAL
	13	LCALL	CLS
	14	;******程序启动********	
	15	START: MOV	A,#10000000B
	16	LCALL	WRITE_COM
	17	MOV	A,P2
	18	CPL	A
	19	JNB	ACC.1,DONE2
	20	LCALL	DEL
	21	JNB	ACC.1,DONE2
	22	MOV	DPTR,#LINE1
	23	LCALL	DISP
	24	LJMP	START
	25	DONE2: JNB	ACC.2,DONE3
	26	LCALL	DEL
	27	JNB	ACC.2,DONE3
	28	MOV	DPTR,#LINE2
	29	LCALL	DISP

第 19 章　简单的液晶显示型自动化仪器的设计学习及实验

```
30              LJMP        START
31  DONE3:      JNB         ACC.3,DONE4
32              LCALL       DEL
33              JNB         ACC.3,DONE4
34              MOV         DPTR,#LINE3
35              LCALL       DISP
36              LJMP        START
37  DONE4:      JNB         ACC.4,DONE0
38              LCALL       DEL
39              JNB         ACC.4,DONE0
40              MOV         DPTR,#LINE4
41              LCALL       DISP
42              LJMP        START
43  DONE0:      MOV         DPTR,#LINE0
44              LCALL       DISP
45              LJMP        START
46  ;******显示字符串到LCM子程序*****
47  DISP:       PUSH        ACC
48  DISP_LOOP:  CLR         A
49              MOVC        A,@A+DPTR
50              JZ          END_DISP
51              LCALL       WRITE_DATA
52              INC         DPTR
53              SJMP        DISP_LOOP
54  END_DISP:   POP         ACC
55              RET
56  ;******启动LCM子程序***********
57  INITIAL:    MOV         A,#00111000B
58              LCALL       WRITE_COM
59              MOV         A,#00001100B
60              LCALL       WRITE_COM
61              MOV         A,#00000110B
62              LCALL       WRITE_COM
63              RET
64  ;******查询忙碌标志信号子程序******
65  CHECK_BUSY: PUSH        ACC
66  BUSY_LOOP:  CLR         E
67              SETB        R_W
68              CLR         RS
69              SETB        E
70              MOV         A,DB0_DB7
71              CLR         E
72              JB          ACC.7,BUSY_LOOP
```

73		POP	ACC
74		LCALL	DEL
75		RET	
76	;＊＊＊＊＊写指令到 LCM 子程序＊＊＊＊＊		
77	WRITE_COM:	LCALL	CHECK_BUSY
78		CLR	E
79		CLR	RS
80		CLR	R_W
81		SETB	E
82		MOV	DB0_DB7,A
83		CLR	E
84		RET	
85	;＊＊＊＊＊写数据到 LCM 子程序＊＊＊＊＊		
86	WRITE_DATA:	LCALL	CHECK_BUSY
87		CLR	E
88		SETB	RS
89		CLR	R_W
90		SETB	E
91		MOV	DB0_DB7,A
92		CLR	E
93		RET	
94	;＊＊＊＊＊＊清除 LCM 子程序＊＊＊＊＊＊		
95	CLS:	MOV	A,#00000001B
96		LCALL	WRITE_COM
97		RET	
98	;＊＊＊＊＊延时子程序＊＊＊＊		
99	DEL:	MOV	R6,#5
100	L1:	MOV	R7,#248
101		DJNZ	R7,$
102		DJNZ	R6,L1
103		RET	
104	;＊＊＊＊＊＊显示内容＊＊＊＊＊＊＊		
105	LINE0:	DB " Hello - Normal !!!",00H	
106	LINE1:	DB " Over temp. ?????",00H	
107	LINE2:	DB " Over speed ?????",00H	
108	LINE3:	DB " Not water ??????",00H	
109	LINE4:	DB " Not oil ????????",00H	
110	;＊＊＊＊＊＊＊＊＊＊＊＊＊＊＊＊＊		
111		END	

编译通过后,将 S19-2 文件夹中的 hex 文件通过 TOP851 编程器烧录到 89C51 芯片中,将芯片插入数码管试验板上,试验板上标识 LCD1 的排针通过 14 芯排线与液晶显示模组(LCM)正确连接。将 TOP851 编程器的 9 V 直流电源插到试验板上通电运行后,屏幕上显

第19章 简单的液晶显示型自动化仪器的设计学习及实验

示:Hello-Normal!!!（你好-正常!!!）。拿一支万用表的表笔,一端接地（可搭在试验板上7805稳压器的散热片上）,另一端碰触板上标识P2.1的铜箔（模拟超温微动开关接通）,屏幕显示:Over temp. ?????（超温????）。表笔碰触板上标识P2.2的铜箔,屏幕显示:Over speed?????（超速?????）。表笔碰触板上标识P2.3的铜箔,屏幕显示:Not water??????（无水??????）。表笔碰触板上标识P2.4的铜箔,屏幕显示:Not oil ????????（无油????????）。读者朋友也可根据各种机器设备的不同来设置表达的语句。

19.2.3 程序分析解释

序号1:程序分隔及说明。
序号2:定义LCM的RS引脚由89C51的P3.3引脚控制。
序号3:定义LCM的R_W引脚由89C51的P3.4引脚控制。
序号4:定义LCM的E引脚由89C51的P3.5引脚控制。
序号5:定义LCM的数据口DB0_DB7由89C51的P1口控制。
序号6:程序分隔及说明。
序号7:程序从地址0000H开始。
序号8:跳转到MAIN主程序处。
序号9:程序分隔及说明。
序号10:主程序MAIN从地址0030H开始。
序号11:主程序开始,堆栈指针指向60H。
序号12:调用启动LCM子程序进行初始化。
序号13:调用清除LCM子程序。
序号14:程序分隔及说明。
序号15:标号START,指向显示屏的第1行第1列。
序号16:调用写指令到LCM子程序。
序号17:读取P2口状态至累加器内。
序号18:累加器取反。
序号19:累加器第1位为0转DONE2;否则顺序执行。
序号20:调用2.7 ms延时子程序。
序号21:累加器第1位为0转DONE2;否则顺序执行。
序号22:将需用的字符串首地址送DPTR。
序号23:调用显示子程序。
序号24:跳转到START处循环执行。
序号25:累加器第2位为0转DONE3;否则顺序执行。
序号26:调用2.7 ms延时子程序。
序号27:累加器第2位为0转DONE3;否则顺序执行。
序号28:将需用的字符串首地址送DPTR。
序号29:调用显示子程序。
序号30:跳转到START处循环执行。
序号31:累加器第3位为0转DONE4;否则顺序执行。
序号32:调用2.7 ms延时子程序。
序号33:累加器第3位为0转DONE4;否则顺序执行。

序号 34：将需用的字符串首地址送 DPTR。

序号 35：调用显示子程序。

序号 36：跳转到 START 处循环执行。

序号 37：累加器第 4 位为 0 转 DONE0；否则顺序执行。

序号 38：调用 2.7 ms 延时子程序。

序号 39：累加器第 4 位为 0 转 DONE0；否则顺序执行。

序号 40：将需用的字符串首地址送 DPTR。

序号 41：调用显示子程序。

序号 42：跳转到 START 处循环执行。

序号 43：将需用的字符串首地址送 DPTR。

序号 44：调用显示子程序。

序号 45：跳转到 START 处循环执行。

序号 46：程序分隔及说明。

序号 47～55：显示子程序。

序号 56：程序分隔及说明。

序号 57～63：启动 LCM 子程序。

序号 64～75：查询忙碌标志信号子程序。

序号 76：程序分隔及说明。

序号 77～84：写指令到 LCM 子程序。

序号 85：程序分隔及说明。

序号 86～93：写数据到 LCM 子程序。

序号 94：程序分隔及说明。

序号 95～97：清除 LCM 子程序。

序号 98：程序分隔及说明。

序号 99～103：延时子程序。

序号 104：程序分隔及说明。

序号 105～109：须显示的字符串。

序号 110：程序分隔及说明。

序号 111：程序结束。

19.3 液晶显示计时时钟

下面一个实验是设计一个计时时钟。我们曾在前面实验了数码管显示的电子钟，由于数码管只有 4 位，秒无法显示，只能用小数点（秒点）闪烁来代替。这次我们用液晶来显示，不仅可显示时、分、秒，而且还显示出 Beijing Time（北京时间），看效果令人满意否？

液晶屏上显示：--Beijing Time--

　　　　　　　----xx:xx:xx----

19.3.1　源程序文件

在"我的文档"中建立一个文件目录 S19-3，然后建立一个 S19-3.uv2 工程项目，最后建

第19章　简单的液晶显示型自动化仪器的设计学习及实验

立源程序文件 S19-3.asm。输入以下源程序：

序号：

```
1       ;* * * * * * * *89C51 引脚定义* * * * * * * *
2               RS          BIT P3.3
3               R_W         BIT P3.4
4               E           BIT P3.5
5               DB0_DB7     EQU P1
6       ;* * * * * *定义时、分、秒及 50 ms 单元* * * *
7               DI_DA       DATA 20H
8               SEC         DATA 21H
9               MIN         DATA 22H
10              HOUR        DATA 23H
11      ;* * * * * *程序开始* * * * * * * * * * *
12              ORG         0000H
13              LJMP        MAIN
14              ORG         000BH
15              LJMP        CLOCK
16              ORG         0030H
17      MAIN:   MOV         TMOD,#01H
18              MOV         TL0,#0B0H
19              MOV         TH0,#3CH
20              SETB        ET0
21              SETB        TR0
22              MOV         DI_DA,#00H
23              SETB        EA
24              MOV         SP,#60H
25              LCALL       INITIAL
26              LCALL       CLS
27      ;* * * * *显示--Beijing Time--* * * * * * * * *
28              MOV         A,#10000000B
29              LCALL       WRITE_COM
30              MOV         DPTR,#LINE0
31              LCALL       DISP
32      ;* * * * * * * * * * * * * * * * * * * * *
33              MOV         A,#11000000B
34              LCALL       WRITE_COM
35              MOV         DPTR,#LINE1
36              LCALL       DISP
37      ;* * * * * * * * * * * * * * * * * * * * *
38              MOV         A,#11001100B
39              LCALL       WRITE_COM
40              MOV         DPTR,#LINE1
41              LCALL       DISP
```

```
42          ;* * * * * * *计时开始* * * * * * * * *
43  BEGIN:      MOV     P3,#7FH
44              MOV     A,P3
45              CJNE    A,#7FH,NEXT
46              SETB    P3.7
47              ACALL   CONV
48              ACALL   DIS
49              AJMP    BEGIN
50  NEXT:       ACALL   KEY
51              AJMP    BEGIN
52          ;* * * * * * *扫描按键* * * * * * * * *
53  KEY:        ACALL   DEL10MS
54              JB      P3.0,HOUR_KEY
55  MIN_ADJ:    CLR     C
56              MOV     A,MIN
57              INC     A
58              DA      A
59              CJNE    A,#60H,X1
60              CLR     A
61  X1:         MOV     MIN,A
62              ACALL   DIS
63              ACALL   DEL200MS
64              MOV     P3,#7FH
65              JNB     P3.0,MIN_ADJ
66  HOUR_KEY:   JB      P3.1,X2
67  HOUR_ADJ:   CLR     C
68              MOV     A,HOUR
69              INC     A
70              DA      A
71              CJNE    A,#24H,X3
72              CLR     A
73  X3:         MOV     HOUR,A
74              ACALL   DIS
75              ACALL   DEL200MS
76  X2:         MOV     P3,#7FH
77              JNB     P3.1,HOUR_ADJ
78              SETB    P3.7
79              RET
80          ;* * * * * * *计时转换* * * * * * * * *
81  CONV:       MOV     A,DI_DA
82              CJNE    A,#14H,DONE
83              MOV     DI_DA,#00H
84              MOV     A,SEC
```

第19章 简单的液晶显示型自动化仪器的设计学习及实验

```
85              ADD     A,#01H
86              DA      A
87              MOV     SEC,A
88              CJNE    A,#60H,DONE
89              MOV     SEC,#00H
90              MOV     A,MIN
91              ADD     A,#01H
92              DA      A
93              MOV     MIN,A
94              CJNE    A,#60H,DONE
95              MOV     MIN,#00H
96              MOV     A,HOUR
97              ADD     A,#01H
98              DA      A
99              MOV     HOUR,A
100             CJNE    A,#24H,DONE
101             MOV     HOUR,#00H
102    DONE:    RET
103    ;******显示时间******
104    DIS:     MOV     A,#11000100B
105             LCALL   WRITE_COM
106             MOV     A,HOUR
107             SWAP    A
108             ANL     A,#0FH
109             ADD     A,#30H
110             LCALL   WRITE_DATA
111             MOV     A,HOUR
112             ANL     A,#0FH
113             ADD     A,#30H
114             LCALL   WRITE_DATA
115             MOV     A,#3AH
116             LCALL   WRITE_DATA
117             MOV     A,MIN
118             SWAP    A
119             ANL     A,#0FH
120             ADD     A,#30H
121             LCALL   WRITE_DATA
122             MOV     A,MIN
123             ANL     A,#0FH
124             ADD     A,#30H
125             LCALL   WRITE_DATA
126             MOV     A,#3AH
127             LCALL   WRITE_DATA
```

```
128             MOV       A,SEC
129             SWAP      A
130             ANL       A,#0FH
131             ADD       A,#30H
132             LCALL     WRITE_DATA
133             MOV       A,SEC
134             ANL       A,#0FH
135             ADD       A,#30H
136             LCALL     WRITE_DATA
137             RET
138     ;*******50 ms 定时中断服务子程序*****
139     CLOCK:   MOV       TL0,#0B0H
140              MOV       TH0,#3CH
141              INC       DI_DA
142              RETI
143     ;*******显示字符串到 LCM 子程序*****
144     DISP:        PUSH      ACC
145     DISP_LOOP:   CLR       A
146                  MOVC      A,@A+DPTR
147                  JZ        END_DISP
148                  LCALL     WRITE_DATA
149                  INC       DPTR
150                  SJMP      DISP_LOOP
151     END_DISP:    POP       ACC
152                  RET
153     ;******启动 LCM 子程序***********
154     INITIAL:     MOV       A,#00111000B
155                  LCALL     WRITE_COM
156                  MOV       A,#00001100B
157                  LCALL     WRITE_COM
158                  MOV       A,#00000110B
159                  LCALL     WRITE_COM
160                  RET
161     ;******查询忙碌标志信号子程序******
162     CHECK_BUSY:  PUSH      ACC
163     BUSY_LOOP:   CLR       E
164                  SETB      R_W
165                  CLR       RS
166                  SETB      E
167                  MOV       A,DB0_DB7
168                  CLR       E
169                  JB        ACC.7,BUSY_LOOP
170                  POP       ACC
```

第 19 章　简单的液晶显示型自动化仪器的设计学习及实验

```
171                 LCALL      DEL
172                 RET
173     ;******写指令到 LCM 子程序******
174     WRITE_COM:  LCALL      CHECK_BUSY
174                 CLR        E
175                 CLR        RS
176                 CLR        R_W
177                 SETB       E
178                 MOV        DB0_DB7,A
179                 CLR        E
180                 RET
181     ;******写数据到 LCM 子程序******
182     WRITE_DATA: LCALL      CHECK_BUSY
183                 CLR        E
184                 SETB       RS
185                 CLR        R_W
186                 SETB       E
187                 MOV        DB0_DB7,A
188                 CLR        E
189                 RET
190     ;******清除 LCM 子程序******
191     CLS:        MOV        A,#00000001B
192                 LCALL      WRITE_COM
193                 RET
194     ;****延时 2.7 ms 子程序*********
195     DEL:        MOV        R6,#5
196     L1:         MOV        R7,#248
197                 DJNZ       R7,$
198                 DJNZ       R6,L1
199                 RET
200     ;******延时 10 ms 子程序*******
201     DEL10MS:    MOV        R5,#10H
202     TX1:        MOV        R4,#0FFH
203                 DJNZ       R4,$
204                 DJNZ       R5,TX1
205                 RET
206     ;*******延时 200 ms 子程序******
207     DEL200MS:   MOV        R3,#14H
208     TX2:        ACALL      DEL10MS
209                 DJNZ       R3,TX2
210                 RET
211     ;******字符串************
212     LINE0:      DB "--Beijing Time--",00H
```

```
213 LINE1:         DB "----",00H
214                END
```

编译通过后,将 S19-3 文件夹中的 hex 文件通过 TOP851 编程器烧录到 89C51 芯片中,将芯片插入数码管试验板上,试验板上标识 LCD1 的排针通过 14 芯排线与液晶显示模组(LCM)正确连接。将 TOP851 编程器的 9 V 直流电源插到试验板上通电运行后,屏幕上的时钟从 00:00:00 开始走,按下 6 号键可调整"时",按下 3 号键可调整"分"。调整"秒"一般没什么意义,在此就不设置此功能了。当然走时并非十分精准,如你需精确的时间,可改变定时器的初值,多做几次试验后确定。

19.3.2　程序分析解释

序号 1:程序分隔及说明。
序号 2:定义 LCM 的 RS 引脚由 89C51 的 P3.3 引脚控制。
序号 3:定义 LCM 的 R_W 引脚由 89C51 的 P3.4 引脚控制。
序号 4:定义 LCM 的 E 引脚由 89C51 的 P3.5 引脚控制。
序号 5:定义 LCM 的数据口 DB0_DB7 由 89C51 的 P1 口控制。
序号 6:程序分隔及说明。
序号 7:定义 20H 单元为 50 ms 缓存单元,命名为 DI_DA,每 50 ms 内容加 1。
序号 8:定义 21H 单元为秒缓存单元,命名为 SEC,每秒内容加 1。
序号 9:定义 22H 单元为分缓存单元,命名为 MIN,每分钟内容加 1。
序号 10:定义 23H 单元为时缓存单元,命名为 HOUR,每小时内容加 1。
序号 11:程序分隔及说明。
序号 12:程序从地址 0000H 开始。
序号 13:跳转到 MAIN 主程序处。
序号 14:定时器 T0 中断入口地址。
序号 15:跳转到标号 CLOCK 处。
序号 16:主程序 MAIN 从地址 0030H 开始。
序号 17:定时器 T0 方式 1。
序号 18~19:置定时初值。
序号 20:T0 开中断。
序号 21:启动 T0。
序号 22:50 ms 单元清 0。
序号 23:开总中断。
序号 24:堆栈指针指向 60H。
序号 25:调用启动 LCM 子程序进行初始化。
序号 26:调用清除 LCM 子程序。
序号 27:程序分隔及说明。
序号 28:指向液晶屏幕第 1 行第 0 列。
序号 29:调用写指令到 LCM 子程序。
序号 30:将 LINE0 字符串的首地址送 DPTR。
序号 31:调用显示子程序。
序号 32:程序分隔及说明。

第 19 章 简单的液晶显示型自动化仪器的设计学习及实验

序号 33：指向显示屏的第 2 行第 0 列。
序号 34：调用写指令到 LCM 子程序。
序号 35：将标号 L1NE1 的字符串首址送 DPTR。
序号 36：调用显示子程序。
序号 37：程序分隔及说明。
序号 38：指向第 2 行第 12 列。
序号 39：调用写指令到 LCM 子程序。
序号 40：将标号 L1NE1 的字符串首址送 DPTR。
序号 41：调用显示子程序。
序号 43：程序分隔及说明。
序号 43：向 P3 口送立即数 7FH，即 P3.7 为低电平。
序号 44：读取 P3 口状态至累加器 A。
序号 45：若 A 中内容不为 7FH，转 NEXT；否则顺序执行。
序号 46：置 P3.7 为高电平。
序号 47：调用走时转换子程序。
序号 48：调用显示时间子程序。
序号 49：跳转到 BEGIN 处循环执行。
序号 50：调用扫描按键子程序。
序号 51：跳转到 BEGIN 处循环执行。
序号 52：程序分隔及说明。
序号 53：按键判断子程序开始。调用 10 ms 延时子程序。
序号 54：若 P3.0 为 0（即按下 3 号键），顺序执行；否则跳转到 HOUR_KEY 处。
序号 55：清除进位 CY。
序号 56：将分计数单元 MIN 送累加器 A。
序号 57：累加器 A 加 1。
序号 58：二一十进制调整。
序号 59：若 A 不为 60H，跳转到 X1 处；若 A 为 60H，则顺序执行。
序号 60：清除累加器 A。
序号 61：调整后的累加器 A 内容送回分计数单元 MIN。
序号 62：调用显示时间子程序。
序号 63：调用 200 ms 延时子程序。
序号 64：向 P3 口送立即数 7FH，即 P3.7 为低电平。
序号 65：若 P3.0 为 0（即仍按下 3 号键），跳转到 MIN_ADJ 处继续进行"分"调整；否则顺序执行。
序号 66：若 P3.1 为 0（即按下 6 号键）顺序执行；否则跳转到 X2 处。
序号 67：清除进位 CY。
序号 68：将时计数单元 HOUR 送累加器 A。
序号 69：累加器 A 加 1。
序号 70：二一十进制调整。
序号 71：若 A 不为 24H，跳转到 X3 处；若 A 为 24H，则顺序执行。
序号 72：清除累加器 A。
序号 73：调整后的累加器 A 内容送回时计数单元 HOUR。
序号 74：调用显示时间子程序。
序号 75：调用 200 ms 延时子程序。

序号 76：向 P3 口送立即数 7FH，即 P3.7 为低电平。

序号 77：若 P3.1 为 0（即仍按下 6 号键），跳转到 HOUR_ADJ 处继续进行"时"调整；否则顺序执行。

序号 78：置 P3.7 为高电平。

序号 79：按键判断子程序返回。

序号 80：程序分隔及说明。

序号 81：走时转换子程序开始。50 ms 计数单元内容送累加器 A。

序号 82：若 A 为 14H（十进制为 20）顺序执行；否则跳转到 DONE 处。

序号 83：清除 50 ms 计数单元。

序号 84：将秒计数单元内容送累加器 A。

序号 85：累加器加 1。

序号 86：二—十进制调整。

序号 87：调整后的累加器 A 内容送回秒计数单元 SEC。

序号 88：若 A 为 60H，顺序执行；否则跳转到 DONE 处。

序号 89：清除秒计数单元 SEC。

序号 90：将分计数单元内容送累加器 A。

序号 91：累加器加 1。

序号 92：二—十进制调整。

序号 93：调整后的累加器 A 内容送回分计数单元 MIN。

序号 94：若 A 为 60H，顺序执行；否则跳转到 DONE 处。

序号 95：清除分计数单元 MIN。

序号 96：将时计数单元内容送累加器 A。

序号 97：累加器加 1。

序号 98：二—十进制调整。

序号 99：调整后的累加器 A 内容送回时计数单元 HOUR。

序号 100：若 A 为 24H，顺序执行；否则跳转到 DONE 处。

序号 101：清除时计数单元 HOUR。

序号 102：走时转换子程序返回。

序号 103：程序分隔及说明。

序号 104：指向显示屏第 2 行第 4 列。

序号 105：调用写指令到 LCM 子程序。

序号 106：将时单元内容送累加器中。

序号 107：交换累加器高低半字节。

序号 108：屏蔽高半字节。

序号 109：低半字节加 30 得到 ASCII 码。

序号 110：调用写数据到 LCM 子程序。

序号 111：再将时单元内容送累加器中。

序号 112：屏蔽高半字节。

序号 113：剩下的低半字节加 30 得到 ASCII 码。

序号 114：调用写数据到 LCM 子程序。

序号 115：将立即数 3AH（冒号的 ASCII 码）送累加器。

序号 116：调用写数据到 LCM 子程序，使屏幕出现冒号。

序号 117：将分单元内容送累加器中。

序号 118：交换累加器高低半字节。

第 19 章　简单的液晶显示型自动化仪器的设计学习及实验

序号 119:屏蔽高半字节。
序号 120:低半字节加 30 得到 ASCII 码。
序号 121:调用写数据到 LCM 子程序。
序号 122:再将分单元内容送累加器中。
序号 123:屏蔽高半字节。
序号 124:剩下的低半字节加 30 得到 ASCII 码。
序号 125:调用写数据到 LCM 子程序。
序号 126:将立即数 3AH(冒号的 ASCII 码)送累加器。
序号 127:调用写数据到 LCM 子程序,使屏幕出现冒号。
序号 128:将秒单元内容送累加器中。
序号 129:交换累加器高低半字节。
序号 130:屏蔽高半字节。
序号 131:低半字节加 30 得到 ASCII 码。
序号 132:调用写数据到 LCM 子程序。
序号 133:再将秒单元内容送累加器中。
序号 134:屏蔽高半字节。
序号 135:剩下的低半字节加 30 得到 ASCII 码。
序号 136:调用写数据到 LCM 子程序。
序号 137:子程序结束。
序号 138:程序分隔及说明。
序号 139:50 ms 定时中断服务子程序开始。
序号 139~140:重装定时初值。
序号 141:50 ms 计时单元加 1。
序号 142:定时中断服务子程序返回。
序号 143:程序分隔及说明。
序号 144~152:显示字符串到 LCM 子程序。
序号 153:程序分隔及说明。
序号 154~160:启动 LCM 子程序。
序号 161:程序分隔及说明。
序号 162~172:查询忙碌标志信号子程序。
序号 173:程序分隔及说明。
序号 174~180:写指令到 LCM 子程序。
序号 181:程序分隔及说明。
序号 182~189:写数据到 LCM 子程序。
序号 190:程序分隔及说明。
序号 191~193:清除 LCM 子程序。
序号 194:程序分隔及说明。
序号 195~199:延时 2.7 ms 子程序。
序号 200:程序分隔及说明。
序号 201~205:延时 10 ms 子程序。
序号 206:程序分隔及说明。
序号 207~210:延时 200 ms 子程序。
序号 211:程序分隔及说明。

序号 212～213：须显示的字符串。
序号 214：程序结束。

19.4　让液晶显示屏显示自制图形"中"

在此之前介绍过，字符发生器 CGRAM 中可存储自行设计的 8 个 5×7 点阵图形。以设计一个汉字"中"为例，5×7"中"的点阵组成如图 19-1 所示。

点阵	图形数据（二进制数）	图形数据（十六进制数）
＊＊＊00100	00000100B	04H
＊＊＊00100	00000100B	04H
＊＊＊11111	00011111B	1FH
＊＊＊10101	00010101B	15H
＊＊＊11111	00011111B	1FH
＊＊＊00100	00000100B	04H
＊＊＊00100	00000100B	04H
＊＊＊＊＊＊＊＊	00000000B	00H

图 19-1　"中"的点阵组成

点阵中 1 代表点亮该点元素；0 代表熄灭该点元素；"＊"为无效位，可任意取 0 或 1，一般取 0。

19.4.1　实现方法

使用时，先自行编制出图形数据，然后将图形数据存入 CGRAM 中，再向 DDRAM 写入，就可在屏幕上显出设计的图形。如存入了一个图形造型，则只要向 DDRAM 写入 00H（表示第 0 号图形）即可。如共存入了 8 个图形造型，则只要依序向 DDRAM 写入 00H～07H（表示第 0～7 号图形）8 个数字即可。

下面将这个"中"字显示于屏幕的第 2 行第 0 列。

19.4.2　源程序文件

在"我的文档"中建立一个文件目录 S19-4，然后建立一个 S19-4.uv2 工程项目，最后建立源程序文件 S19-4.asm。输入以下源程序：

序号：
1　;＊＊＊＊＊89C51 引脚定义＊＊＊
2　　　　RS　　　　BIT P3.3
3　　　　R_W　　　BIT P3.4
4　　　　E BIT　　P3.5
5　　　　DB0_DB7　EQU P1
6　;＊＊＊＊＊程序开始＊＊＊＊＊
7　　　　ORG　　　0000H

第 19 章 简单的液晶显示型自动化仪器的设计学习及实验

```
8                LJMP      MAIN
9                ORG       0030H
10    MAIN:      MOV       SP,#60H
11               LCALL     INITIAL
12               LCALL     CLS
13               MOV       R4,#8
14               LCALL     SAVE_CGRAM
15               MOV       A,#11000000B
16               LCALL     WRITE_COM
17               MOV       A,#00H
18               LCALL     WRITE_DATA
19               SJMP      $
20    ;******启动 LCM 子程序******
21    INITIAL:   MOV       A,#00111000B
22               LCALL     WRITE_COM
23               MOV       A,#00001100B
24               LCALL     WRITE_COM
25               MOV       A,#00000110B
26               LCALL     WRITE_COM
27               RET
28    ;*****查询忙碌标志信号子程序****
29    CHECK_BUSY: PUSH     ACC
30    BUSY_LOOP: CLR       E
31               SETB      R_W
32               CLR       RS
33               SETB      E
34               MOV       A,DB0_DB7
35               CLR       E
36               JB        ACC.7,BUSY_LOOP
37               POP       ACC
38               LCALL     DEL
39               RET
40    ;******写指令到 LCM 子程序******
41    WRITE_COM: LCALL     CHECK_BUSY
42               CLR       E
43               CLR       RS
44               CLR       R_W
45               SETB      E
46               MOV       DB0_DB7,A
47               CLR       E
48               RET
49    ;******写数据到 LCM 子程序******
50    WRITE_DATA: LCALL    CHECK_BUSY
```

51	CLR	E
52	SETB	RS
53	CLR	R_W
54	SETB	E
55	MOV	DB0_DB7,A
56	CLR	E
57	RET	
58	;******清除LCM子程序********	
59	CLS: MOV	A,#00000001B
60	LCALL	WRITE_COM
61	RET	
62	;*****延时2.7 ms子程序*********	
63	DEL: MOV	R6,#5
64	L1: MOV	R7,#248
65	DJNZ	R7,$
66	DJNZ	R6,L1
67	RET	
68	;******自定义图形写入CGRAM子程序*****	
69	SAVE_CGRAM: MOV	A,#01000000B
70	LCALL	WRITE_COM
71	MOV	DPTR,#TAB
72	CGRAM_LOOP: CLR	A
73	MOVC	A,@A+DPTR
74	LCALL	WRITE_DATA
75	INC	DPTR
76	DJNZ	R4,CGRAM_LOOP
77	RET	
78	;******字符串************	
79	TAB: DB	04H,04H,1FH,15H,1FH,04H,04H,00H
80	END	

编译通过后,将S19-4文件夹中的hex文件通过TOP851编程器烧录到89C51芯片中,将芯片插入数码管试验板上,试验板上标识LCD1的排针通过14芯排线与液晶显示模组(LCM)正确连接。将TOP851编程器的9 V直流电源插到试验板上通电运行后,屏幕的第2行第0列显示汉字"中"。

19.4.3 程序分析解释

序号1:程序分隔及说明。
序号2:定义LCM的RS引脚由89C51的P3.3引脚控制。
序号3:定义LCM的R_W引脚由89C51的P3.4引脚控制。
序号4:定义LCM的E引脚由89C51的P3.5引脚控制。
序号5:定义LCM的数据口DB0_DB7由89C51的P1口控制。

第 19 章 简单的液晶显示型自动化仪器的设计学习及实验

序号 6：程序分隔及说明。
序号 7：程序从地址 0000H 开始。
序号 8：跳转到 MAIN 主程序处。
序号 9：主程序 MAIN 从地址 0030H 开始。
序号 10：堆栈指针指向 60H。
序号 11：调用启动 LCM 子程序进行初始化。
序号 12：调用清除 LCM 子程序。
序号 13：寄存器 R4 置立即数 8（此为图形数据的长度，一个 5×7 点阵图形需 8 字节）。
序号 14：调用写入 CGRAM 子程序。
序号 15：指向显示屏第 2 行第 0 列。
序号 16：调用写指令到 LCM 子程序。
序号 17：累加器置立即数 0（CGRAM 内的第 0 号图形）。
序号 18：调用写数据到 LCM 子程序（将 CGRAM 内的第 0 号图形显示于屏幕上）。
序号 19：动态停机。
序号 20：程序分隔及说明。
序号 21～27：启动 LCM 子程序。
序号 20：程序分隔及说明。
序号 29～39：查询忙碌标志信号子程序。
序号 40：程序分隔及说明。
序号 41～48：写指令到 LCM 子程序。
序号 49：程序分隔及说明。
序号 50～57：写数据到 LCM 子程序。
序号 58：程序分隔及说明。
序号 59～61：清除 LCM 子程序。
序号 62：程序分隔及说明。
序号 67～67：延时 2.7 ms 子程序。
序号 68：程序分隔及说明。
序号 69～77：自定义图形写入 CGRAM 子程序。
序号 69：指向 CGRAM 首地址。
序号 70：调用写指令到 LCM 子程序。
序号 71：将图形数据表格首地址送 DPTR。
序号 72：清除累加器。
序号 73：查表。
序号 74：调用写数据到 LCM 子程序。
序号 75：DPTR 加 1。
序号 76：图形数据的长度减 1 后，若不为 0，则转标号 CGRAM_LOOP 继续写入。
序号 77：子程序返回。
序号 78：程序分隔及说明。
序号 79：图形数据表。
序号 80：程序结束。

19.5 液晶显示屏显示复杂的自制图形

再设计一个复杂些的图形：一个敞开大门的房屋，右侧显示 Welcome to LCD Monitor（欢迎来到液晶显示器）。按照上一个例子介绍的方法，先做出房屋的 5×7 图形数据（十六进制数）。

19.5.1 实现方法

自行编制图形数据（十六进制数）。
以下为第 1 行第 0~3 列图形数据：
03H,04H,08H,10H,1FH,04H,04H,00H
1FH,00H,00H,00H,1FH,00H,00H,00H
1FH,00H,00H,00H,1FH,00H,00H,00H
18H,04H,02H,01H,1FH,04H,04H,00H
以下为第 2 行第 0~3 列图形数据：
04H,04H,04H,04H,04H,07H,00H,00H
0FH,14H,14H,14H,14H,1FH,10H,00H
1EH,05H,05H,05H,05H,1FH,01H,00H
04H,04H,04H,04H,04H,1CH,00H,00H

19.5.2 源程序文件

在"我的文档"中建立一个文件目录 S19-5，然后建立一个 S19-5.uv2 工程项目，最后建立源程序文件 S19-5.asm。输入以下源程序：

```
序号：   1     ;********89C51引脚定义*********
        2           RS      BIT P3.3
        3           R_W     BIT P3.4
        4           E       BIT P3.5
        5           DB0_DB7 EQU P1
        6     ;******程序开始**************
        7           ORG     0000H
        8           LJMP    MAIN
        9           ORG     0030H
       10   MAIN:   MOV     SP,#60H
       11           LCALL   INITIAL
       12           LCALL   CLS
       13           MOV     R4,#64
       14           LCALL   SAVE_CGRAM
       15           MOV     A,#10000000B
```

第19章 简单的液晶显示型自动化仪器的设计学习及实验

```
16              LCALL    WRITE_COM
17              MOV      R1,#4
18              CLR      A
19              LCALL    DIS_MAP
20              MOV      A,#11000000B
21              LCALL    WRITE_COM
22              MOV      R1,#4
23              MOV      A,#4
24              LCALL    DIS_MAP
25              MOV      A,#10000100B
26              LCALL    WRITE_COM
27              MOV      DPTR,#LINE0
28              LCALL    DISP
29              MOV      A,#11000100B
30              LCALL    WRITE_COM
31              MOV      DPTR,#LINE1
32              LCALL    DISP
33              SJMP     $
34      ;*******显示字符串到LCM子程序********
35   DISP:      PUSH     ACC
36   DISP_LOOP: CLR      A
37              MOVC     A,@A+DPTR
38              JZ       END_DISP
39              LCALL    WRITE_DATA
40              INC      DPTR
41              SJMP     DISP_LOOP
42   END_DISP:  POP      ACC
43              RET
44      ;*******显示图形子程序***********
45   DIS_MAP:   LCALL    WRITE_DATA
46              INC      A
47              DJNZ     R1,DIS_MAP
48              RET
49      ;******启动LCM子程序*************
50   INITIAL:   MOV      A,#00111000B
51              LCALL    WRITE_COM
52              MOV      A,#00001100B
53              LCALL    WRITE_COM
54              MOV      A,#00000110B
55              LCALL    WRITE_COM
56              RET
57      ;******查询忙碌标志信号子程序********
58   CHECK_BUSY: PUSH    ACC
```

```
59  BUSY_LOOP:    CLR     E
60                SETB    R_W
61                CLR     RS
62                SETB    E
63                MOV     A,DB0_DB7
64                CLR     E
65                JB      ACC.7,BUSY_LOOP
66                POP     ACC
67                LCALL   DEL
68                RET
69  ;******写指令到LCM子程序*******
70  WRITE_COM:    LCALL   CHECK_BUSY
71                CLR     E
72                CLR     RS
73                CLR     R_W
74                SETB    E
75                MOV     DB0_DB7,A
76                CLR     E
77                RET
78  ;******写数据到LCM子程序******
79  WRITE_DATA:   LCALL   CHECK_BUSY
80                CLR     E
81                SETB    RS
82                CLR     R_W
83                SETB    E
84                MOV     DB0_DB7,A
85                CLR     E
86                RET
87  ;******清除LCM子程序********
88  CLS:          MOV     A,#00000001B
89                LCALL   WRITE_COM
90                RET
91  ;******延时2.7 ms子程序*******
92  DEL:          MOV     R6,#5
93  L1:           MOV     R7,#248
94                DJNZ    R7,$
95                DJNZ    R6,L1
96                RET
97  ;*****自定义图形写入CGRAM子程序****
98  SAVE_CGRAM:   MOV     A,#01000000B
99                LCALL   WRITE_COM
100               MOV     DPTR,#TAB
101 CGRAM_LOOP:   CLR     A
```

第 19 章 简单的液晶显示型自动化仪器的设计学习及实验

```
102              MOVC        A,@A+DPTR
103              LCALL       WRITE_DATA
104              INC         DPTR
105              DJNZ        R4,CGRAM_LOOP
106              RET
107  ;* * * * * * *字符串* * * * * * * * * * * *
108  TAB:        DB          03H,04H,08H,10H,1FH,04H,04H,00H
109              DB          1FH,00H,00H,00H,1FH,00H,00H,00H
110              DB          1FH,00H,00H,00H,1FH,00H,00H,00H
111              DB          18H,04H,02H,01H,1FH,04H,04H,00H
112              DB          04H,04H,04H,04H,04H,07H,00H,00H
113              DB          0FH,14H,14H,14H,14H,1FH,10H,00H
114              DB          1EH,05H,05H,05H,05H,1FH,01H,00H
115              DB          04H,04H,04H,04H,04H,1CH,00H,00H
116  LINE0:      DB          " Welcome to ",00H
117  LINE1:      DB          " LCD Monitor",00H
118              END
```

编译通过后,将 S19-5 文件夹中的 hex 文件通过 TOP851 编程器烧录到 89C51 芯片中,将芯片插入数码管试验板上,试验板上标识 LCD1 的排针通过 14 芯排线与液晶显示模组(LCM)正确连接。将 TOP851 编程器的 9V 直流电源插到试验板上通电运行后,屏幕的左半部分显示出一个敞开大门的房屋,右侧第 1 行显示"Welcome to",第 2 行显示"LCD Monitor"。

19.5.3 程序分析解释

序号 1:程序分隔及说明。
序号 2:定义 LCM 的 RS 引脚由 89C51 的 P3.3 引脚控制。
序号 3:定义 LCM 的 R_W 引脚由 89C51 的 P3.4 引脚控制。
序号 4:定义 LCM 的 E 引脚由 89C51 的 P3.5 引脚控制。
序号 5:定义 LCM 的数据口 DB0~DB7 由 89C51 的 P1 口控制。
序号 6:程序分隔及说明。
序号 7:程序从地址 0000H 开始。
序号 8:跳转到 MAIN 主程序处。
序号 9:主程序 MAIN 从地址 0030H 开始。
序号 10:堆栈指针指向 60H。
序号 11:调用启动 LCM 子程序进行初始化。
序号 12:调用清除 LCM 子程序。
序号 13:寄存器 R4 置立即数 64(此为图形数据的长度,一个 5×7 点阵图形需 8 字节,共有 8 个点阵图形,故需 64 字节)。
序号 14:调用写入 CGRAM 子程序。
序号 15:指向显示屏第 1 行第 0 列。
序号 16:调用写指令到 LCM 子程序。

序号 17：寄存器 R1 置立即数 4(此为第 1 行须显示的 4 个点阵图形长度)。

序号 18：累加器置立即数 0(CGRAM 内的第 0 号图形)。

序号 19：调用写数据到 LCM 子程序(将 CGRAM 内的第 0～4 号图形显示于屏幕上)。

序号 20：指向显示屏第 2 行第 0 列。

序号 21：调用写指令到 LCM 子程序。

序号 22：寄存器 R1 置立即数 4(此为第 2 行须显示的 4 个点阵图形长度)。

序号 23：累加器置立即数 4(CGRAM 内的第 4 号图形)。

序号 24：调用写数据到 LCM 子程序(将 CGRAM 内的第 4～7 号图形显示于屏幕上)。

序号 25：指向显示屏第 1 行第 4 列。

序号 26：调用写指令到 LCM 子程序。

序号 27：将标号 LINE0 处字符串的首地址装入 DPTR。

序号 28：调用显示子程序。

序号 29：指向显示屏第 2 行第 4 列。

序号 30：调用写指令到 LCM 子程序。

序号 31：将标号 LINE1 处字符串的首地址装入 DPTR。

序号 32：调用显示子程序。

序号 33：动态停机。

序号 33：程序分隔及说明。

序号 34～43：显示字符串到 LCM 子程序。

序号 44：程序分隔及说明。

序号 45～48：显示图形子程序

序号 49：程序分隔及说明。

序号 50～56：启动 LCM 子程序。

序号 57：程序分隔及说明。

序号 58～68：查询忙碌标志信号子程序。

序号 69：程序分隔及说明。

序号 70～77：写指令到 LCM 子程序。

序号 78：程序分隔及说明。

序号 79～86：写数据到 LCM 子程序。

序号 87：程序分隔及说明。

序号 88～90：清除 LCM 子程序。

序号 91：程序分隔及说明。

序号 92～96：延时 2.7 ms 子程序。

序号 97：程序分隔及说明。

序号 98～106：自定义图形写入 CGRAM 子程序

序号 107：程序分隔及说明。

序号 108～115：图形数据表。

序号 116～117：须显示字符型。

序号 118：程序结束。

第20章
Keil C51 集成开发环境的设置及调试方法

在第 2 章中,已经简介了单片机软件 Keil C51 的开发过程,即:
① 建立一个工程项目,选择芯片,确定选项。
② 建立汇编源文件或 C 源文件。
③ 用项目管理器生成各种应用文件。
④ 检查并修改源文件中的错误。
⑤ 编译连接通过后,进行软件模拟仿真。
⑥ 编译连接通过后,进行硬件模拟仿真。
⑦ 编程操作。
⑧ 应用。
这里介绍工程的较详细设置及常用调试方法。

20.1 工程项目、源程序文件的建立及加载

Keil C51 软件 μVision 打开后,程序窗口的左边有一个工程管理窗口。该窗口有 3 个标签,分别是 Files、Regs 和 Books。这 3 个标签页分别显示当前项目的文件结构、CPU 的寄存器及部分特殊功能寄存器的值(调试时才出现)和所选 CPU 的附加说明文件。如果是第一次启动 Keil C51,那么这 3 个标签页全是空的,如图 20-1 所示。

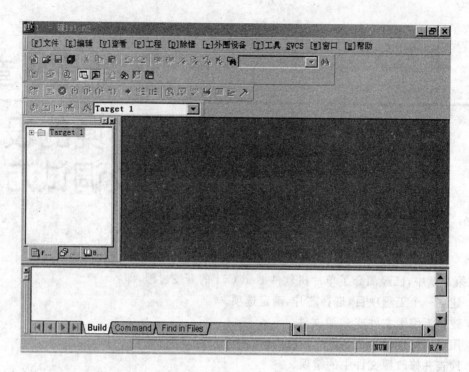

图 20-1　Keil C51 打开后界面

20.1.1　工程文件的建立

在单片机项目开发中,有时有多个源程序文件,并且还要为项目选择 CPU,以确定编译、汇编、连接的参数以及指定调试的方式等。为便于管理,Keil C51 使用工程(Project)的方法,将这些参数的设置和所需的所有文件都放在一个工程中,只能对工程而不能对单一的源程序进行编译(汇编)和连接等操作。

先在硬盘上建立一个须保存工程文件的目录(如在"我的文档"中建立一个 test 文件夹),为便于管理及使用,目录名称可与工程名称一致。

选择"工程→新工程"菜单,如图 20-2 所示。弹出对话框,要求给将要建立的工程起一个名字。可以在编辑框中输入一个名字(如 test),扩展名不必输入(默认的扩展名为.uv2)。单击"保存"按钮,如图 20-3 所示。随后弹出一个"为目标 target 选择设备"(Select Device for Target "Target1")对话框,要求选择目标 CPU,即所用单片机芯片的型号。Keil C51 支持的 CPU 很多,我们选择 Atmel 公司的 AT89C51 芯片,单击 Atmel 前的"＋"号,选择"89C51"单片机后按"确定",如图 20-4 所示。此时,在工程窗口的文件页中,出现了 Target 1,前面有"＋"号,单击"＋"号展开,可以看到下一层的 Source Group1。

第20章 Keil C51 集成开发环境的设置及调试方法

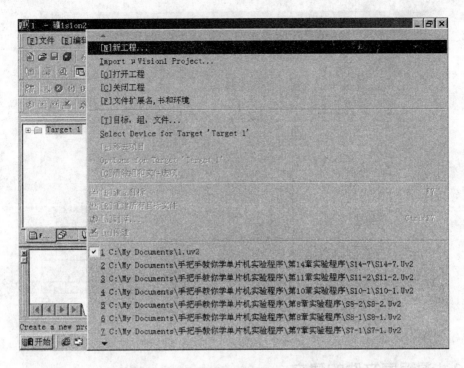

图 20-2 选择"工程→新工程"菜单界面

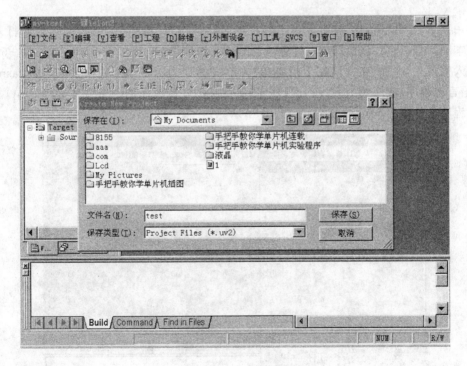

图 20-3 建立新工程界面

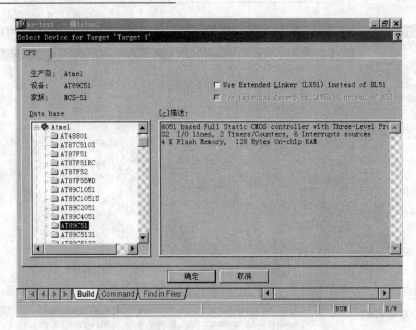

图 20-4 选择单片机型号界面

20.1.2 源程序文件的建立

使用菜单"文件→新建"或者单击工具栏的"新建"按钮(见图 20-5),即在右侧打开一个新的文本编辑窗口。在该窗口中可以输入汇编语言源程序或 C 语言源程序,如图 20-6 所示。程序输入完成后,选择"文件",在下拉菜单中选中"另存为",将该文件以扩展名为.asm 格式(汇编语言源程序)或.c 格式(C 语言源程序)保存在刚才所建立的一个文件夹中(test)。这里假设源程序文件名为 test.asm,如图 20-7 所示。

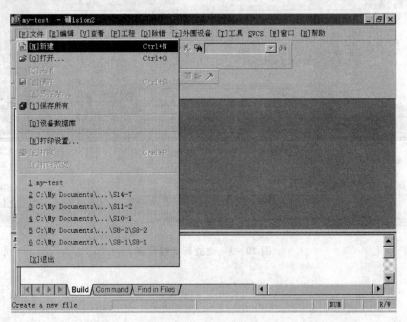

图 20-5 新建源程序文件界面

第 20 章　Keil C51 集成开发环境的设置及调试方法

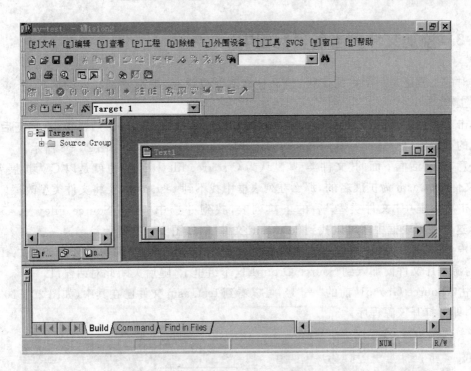

图 20-6　打开新的文本编辑窗口

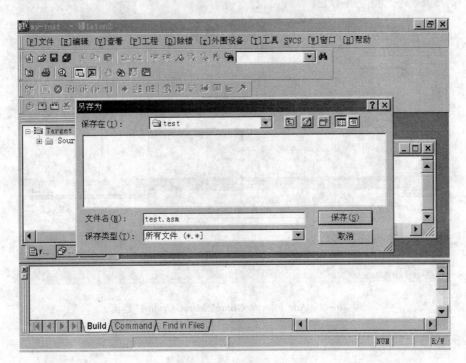

图 20-7　"另存为"对话框

源程序文件也可以使用任意的文本编辑器编写。

20.1.3 添加文件到当前项目组中

这时的工程还是一个空的工程,里面什么文件也没有,把刚才编写好的源程序 test.asm 加载进工程。

单击工程管理器中"Target 1"前的"+"号,出现"Source Group1"后再单击,加亮后右击,在出现的下拉窗口中选择"Add Files to Group'Source Group1'",如图 20-8 所示。

注意,该对话框下面的"文件类型"默认为 C source file(*.c),也就是以 C 为扩展名的文件,若文件是以 asm 为扩展名的,那么在列表框中找不到 test.asm,要将文件类型改掉。

单击对话框中"文件类型"后的下拉列表,找到并选中"Asm Source File(*.a51,*.asm)",这样在列表框中就可以找到 test.asm 文件了,如图 20-9 所示。

用户可以在增加文件窗口中选择刚才以 asm 格式(或 c 格式)编辑的文件,单击"ADD"按钮,这时源程序文件便加入到 Source Group1 这个组里了,随后关闭此对话窗口。

单击"Source Group1"前的"+"号,可以看到 test.asm 文件已在其中,如图 20-10 所示。双击后,即可打开该源程序。

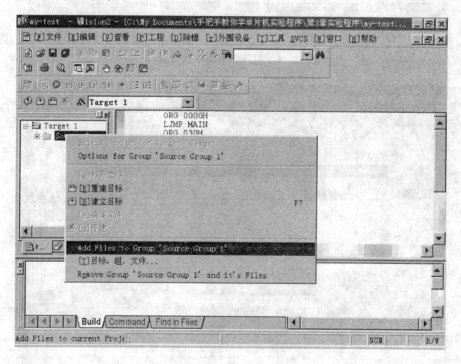

图 20-8 Add Files to Group'Source Group1'界面

第 20 章　Keil C51 集成开发环境的设置及调试方法

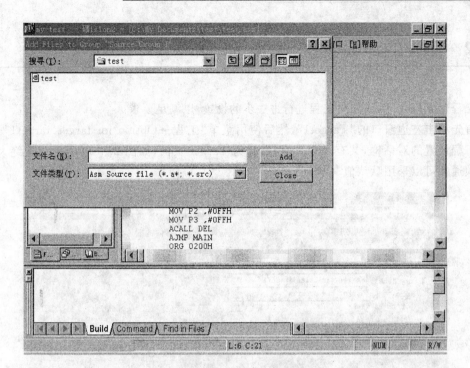

图 20-9　Add Files to Group 'Source Group1' 对话框

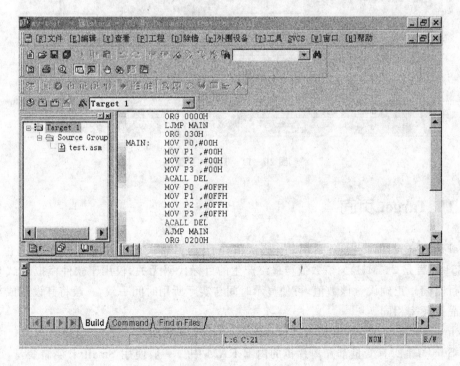

图 20-10　test.asm 文件

20.2 工程的详细设置

工程建立好以后,还要对工程进行进一步的设置,以满足要求。

首先单击左边窗口的"Target1",然后使用菜单"工程→Option for target'target1'"即出现对工程设置的对话框,共有 8 个页面,默认为 Target 页面,如图 20-11 所示。其绝大部分设置项通常可以采用默认值。

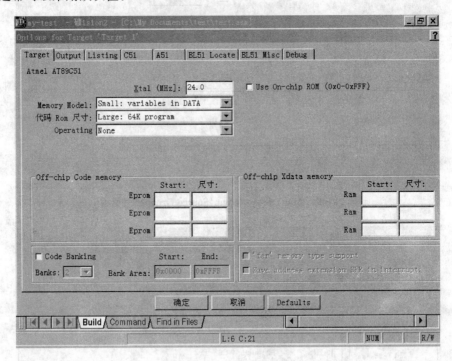

图 20-11 Target 页面

20.2.1 Target 页面

Xtal 后面的数值是晶振频率值,默认值是所选目标 CPU 的最高可用频率值,对于 AT89C51 而言是 24 MHz。该数值与最终产生的目标代码无关,仅用于软件模拟调试时显示程序执行时间。正确设置该数值,可使显示时间与实际所用时间一致,一般将其设置成与实际所用的晶振频率相同。

Memory Model 用于设置 RAM 使用情况,有 3 个选择项。

① Small:是所有变量都在单片机的内部 RAM 中。一般使用 Small 来存储变量,此时单片机优先将变量存储在内部 RAM 里,如果内部 RAM 空间不够,才会存到外部 RAM 中。

② Compact:变量存储在外部 RAM 里,使用 8 位间接寻址。Compact 的方式要通过程序来指定页的高位地址,编程较复杂。如果外部 RAM 很少,只有 256 字节,那么对该

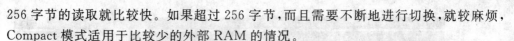

256 字节的读取就比较快。如果超过 256 字节，而且需要不断地进行切换，就较麻烦，Compact 模式适用于比较少的外部 RAM 的情况。

③ Large：变量存储在外部 RAM 里，使用 16 位间接寻址，可以使用全部外部的扩展 RAM。Large 模式是指变量会优先分配到外部 RAM 里。

需要注意的是，3 种存储方式都支持内部 256 字节和外部 64KB 的 RAM。因为变量存储在内部 RAM 里，运算速度比存储在外部 RAM 要快得多，大部分的应用都是选择 Small 模式。

Code Rom size（代码 Rom 尺寸）用于设置 ROM 空间的使用，也有 3 个选择项。

① Small：只用低于 2KB 的程序空间，适用于 AT89C2051 这些芯片。2051 只有 2 KB 的代码空间，所以跳转地址只有 2 KB。编译的时候会使用 ACALL　AJMP 这些短跳转指令，而不会使用 LCALL　LJMP 指令。如果代码地址跳转超过 2 KB，那么会出错。

② Compact：单个函数的代码量不能超过 2KB，整个程序可以使用 64KB 程序空间。

③ Large：可用全部 64 KB 空间，表示程序或子函数代码都可以大到 64KB，使用 code bank 还可以更大。通常都选用该方式。选择 Large 方式速度不会比 Small 慢很多，所以一般没有必要选择 Compact 和 Small 方式。

Operating 项是操作系统选择，Keil C51 提供了两种操作系统：Rtx tiny 和 Rtx full。通常不使用任何操作系统，用该项的默认值：None（不使用任何操作系统）。

Use on-chip ROM(0x0 - 0xFFF)选择项，表示使用片上的 ROM（选中该项并不会影响最终生成的目标代码量）。该选项取决于单片机应用系统，如果单片机的 EA 接高电平，则选中这个选项，表示使用内部 ROM；如果单片机的 EA 接低电平，则不选中该选项，表示使用外部 ROM。

Off-chip Code memory：表示片外 ROM 的开始地址和大小。如果没有外接程序存储器，那么不需要填任何数据。这里假设使用一个片外 ROM，地址从 0x7000 开始，一般填十六进制的数，Size(尺寸)为片外 ROM 的大小。假设外接 ROM 的大小为 0x2000 字节，则最多可以外接 3 块片外 ROM。

Off-chip Xdata memory：用于确定系统扩展 RAM 的地址范围，可以填上外接 Xdata 外部数据存储器的起始地址和大小。这些选择项必须根据所用硬件来决定。如果仅仅是 89C51 单片应用，未进行任何扩展，那么无需设置。

Code Banking：使用 Code Banking 技术。Keil C51 可以支持程序代码超过 64KB 的情况，最大可以有 2MB 的程序代码。如果代码超过 64 KB，那么就要使用 Code Banking 技术，以支持更多的程序空间。

20.2.2　Output 页面

在 Output 页面中，按钮"选择目标文件目录"(Select Folder for objects)是用来选择最终的目标文件所在的文件夹，默认则表示与工程文件在同一个文件夹中，如图 20-12 所示。

"可执行文件名称"(Name of Executable)：设置生成的目标文件的名字，默认情况下与项目的名字一样。

Create Executable：如果要生成 OMF 以及 HEX 文件，一般选中"Debug 信息"(Debug In-

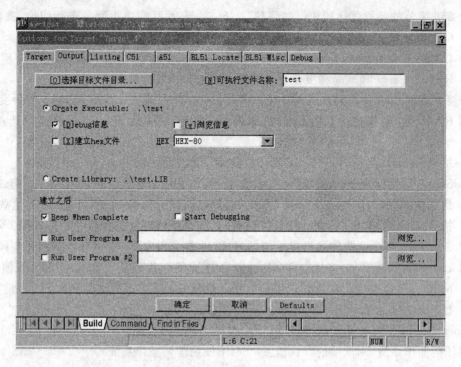

图 20-12 Output 页面

formation)和"浏览信息"(Browse Information)。选中"Debug 信息"将会产生调试信息,这些信息用于调试,如果需要对程序进行调试,应当选中该项。"浏览信息"是产生各种信息,该信息可以用菜单"查看"进行浏览,一般取默认值。"建立 hex 文件"用于生成可执行代码文件,默认情况下该项未被选中,如果要烧录芯片做硬件实验,就必须选中该项。

Create Library:选中该项时将生成 lib 库文件,一般的应用是不生成库文件的。

After Mark(建立之后)栏中有以下几个设置。

① Beep when complete:编译完成之后发出"咚"的声音。

② Start Debugging:立即启动调试(软件仿真或硬件仿真),根据需要来设置,一般是不选中。

③ Run User Program #1、Run User Program #2:这个选项可以设置编译完之后所要运行的其他应用程序(如有些用户自己编写了烧写芯片的程序,编译完便执行该程序,将 Hex 文件写入芯片),或者调用外部的仿真程序。可根据自己的需要设置。

20.2.3 Listing 页面

Listing 页面用于调整生成的列表文件选项。在汇编或编译完成后将产生(*.lst)的列表文件,在连接完成后也将产生(*.m51)的列表文件。该页用于对列表文件的内容和形式进行细致的调节,其中比较常用的选项是"C Compile Listing"下的"Assamble Code"项,选中该项可以在列表文件中生成 C 语言源程序所对应的汇编代码,如图 20-13 所示。

第 20 章 Keil C51 集成开发环境的设置及调试方法

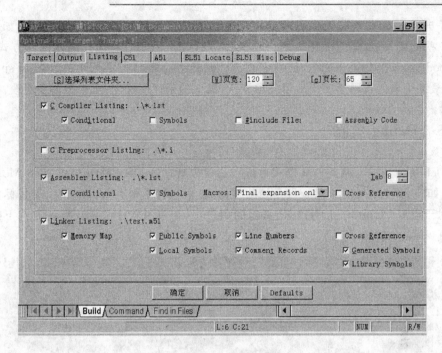

图 20-13 Listing 页面

20.2.4 C51 页面

C51 页面用于对 Keil C51 软件的 C51 编译器的编译过程进行控制,如图 20-14 所示,其中比较常用的是"代码最优化"(Code Optimization)组。在该组中 Level 是优化等级,C51 在

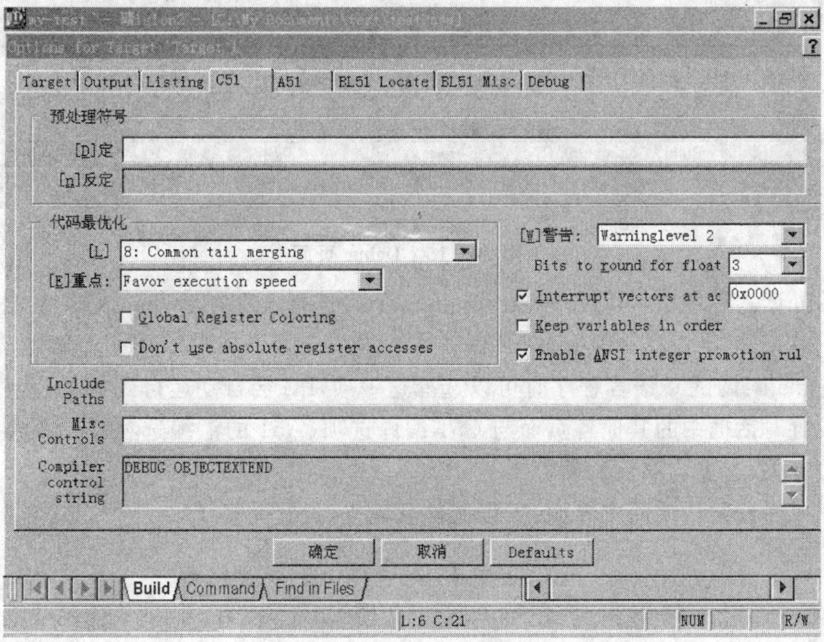

图 20-14 C51 页面

对源程序进行编译时,可以对代码多至 9 级优化,默认使用第 8 级;一般不必修改,如果在编译中出现一些问题,可以降低优化级别再试。"重点"(Emphasis)是选择编译优先方式,第一项"Favor code size"是代码量优化(最终生成的代码量小),第二项"Favor execution speed"是速度优先(最终生成的代码速度快),第三项默认,默认的是速度优先,可根据需要更改。

20.2.5 Debug 页面

在 Debug 页面中有两类仿真形式可选:"用模拟器"(Use Simulator)和"Keil Monitor-51 Driver",如图 20-15 所示。前一种是纯软件仿真,后一种是带有 Monitor-51 目标仿真器的仿真。对于没有 Monitor-51 目标仿真器的用户,只有采用软件仿真。默认方式下的仿真是软件仿真(Use Simulator)。

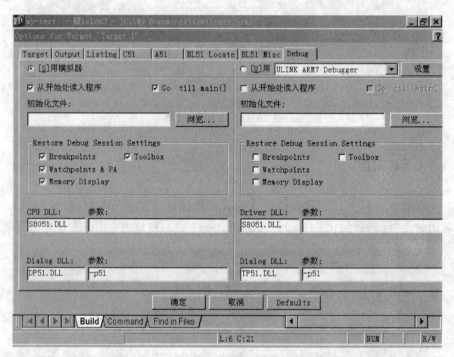

图 20-15 Debug 页面

从开始处读入程序(Load Application at Start):选择这项之后,Keil C51 会自动装载程序代码。

Go till main:调试 C 语言程序时可以选择这一项,PC 会自动运行到 main 程序处。

工程设置对话框中的其他各页面与 C51 编译选项、A51 的汇编选项、BL51 连接器的连接选项等用法有关,这里均取默认值。

设置完成后按确认返回主界面,工程文件就建立、设置完毕了。

20.3 编译、连接

在设置好工程后,即可进行编译和连接。选择主菜单栏中的"工程",在下拉菜单中选中"建立目标"(见图20-16),对当前工程进行编译和连接,这时输出窗口出现源程序的编译结果。如果选择"重建所有目标文件",将会对当前工程中的所有文件重新进行编译,然后再连接,这样最终产生的目标代码是最新的。

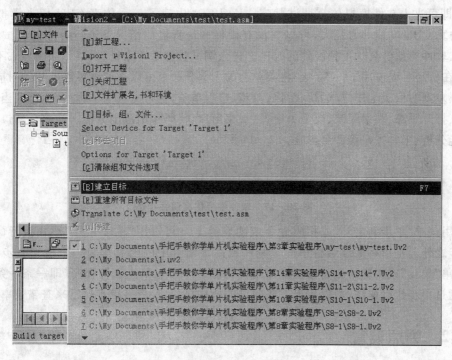

图 20-16 编译和连接操作

以上操作也可以通过工具栏按钮直接进行。

编译过程中的信息将出现在输出窗口中的 Build 页中。如果源程序中有语法错误,将提示错误 ERROR(S) 的类型和行号。双击该行,可以定位到出错的位置。对源程序进行修改没有语法错误后,重新进行编译和连接。编译成功后,最终可得到 hex 格式的文件(如 test.hex),该文件可被编程器读入并写到芯片中,同时还会产生一些其他相关的文件,可被用于 Keil C51 的仿真与调试。

20.4　Keil C51 集成开发环境软件的调试方法

20.4.1　常用调试命令

在对工程成功地进行编译(汇编)和连接以后,在主菜单中打开"除错"栏,单击"开/关 DEBUG",即可进入软件模拟仿真调试状态。Keil C51 内建了一个仿真 CPU 用来模拟执行程序,该仿真 CPU 功能非常强大,可以在没有硬件和仿真器的情况下进行程序的调试,但是在时序上,软件模拟仿真达不到硬件的时序。进入调试状态后,"除错"栏菜单项中原来不能用的命令现在已经可以使用了。"除错"栏菜单上的大部分命令可以在调试界面上找到对应的快捷按钮,从左到右依次是复位、运行、暂停、单步、过程单步、执行完当前子程序、运行到当前行、下一状态、打开跟踪、观察跟踪、反汇编窗口、观察窗口、代码作用范围分析、1♯串行窗口、内存窗口、性能分析、工具按钮等命令,如图 20-17 所示。

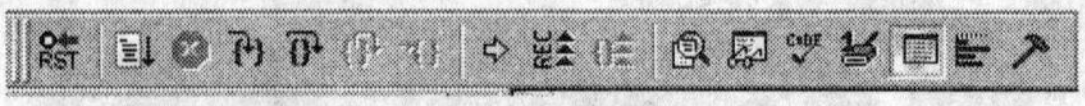

图 20-17　软件模拟仿真调试状态

使用菜单"单步到之外"或相应命令或功能键 F10 可以用"单步之外"形式执行命令。所谓"单步之外",是指将汇编语言中的子程序或高级语言中的函数作为一个语句一步执行完。使用菜单"单步"或相应的命令按钮或使用快捷键 F11 可以单步执行程序(即一条一条语句执行)。通过单步执行程序,可以找出一些问题的所在,但是仅依靠单步执行来查错效率较低。

20.4.2　断点设置

在调试程序时,一些程序行必须满足一定的条件才能被执行到(如程序中某变量达到一定的值、按键被按下、串口接收到数据、有中断产生等)。这些条件往往是异步发生或难以预先设定的,同时这类问题使用单步执行的方法是很难调试的,这时就要使用到程序调试中的另一种非常重要的方法:断点设置。断点设置的方法有多种,常用的是在某一程序行设置断点(见图 20-18),设置好断点后可以全速运行程序,一旦执行到该程序行即停止,可在此时观察有关变量值,以确定问题所在。在程序行设置/移除断点的方法是将光标定位于需要设置断点的程序行,使用菜单:"除错→插入/删除断点"(Debug→Insert/Remove BreakPoint)设置或移除断点,也可以用鼠标在该行双击实现同样的功能;另外"使用/关闭断点"(Debug→Enable/Disable BreakPoint)用来开启或暂停光标所在行的断点功能;其他还有"关闭所有断点"(Debug→Disable All BreakPoint)、"删除所有断点"(Debug＞ Kill All BreakPoint)等设置。这些功能也可以用工具条上的快捷按钮进行设置。

第 20 章 Keil C51 集成开发环境的设置及调试方法

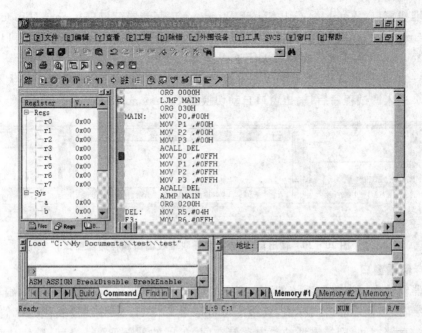

图 20 - 18 断点设置

20.4.3 在线汇编

在进入 Keil C51 的调试环境以后,若发现程序有错,可以直接对源程序进行修改。但是要使修改后的代码起作用,必须先退出调试环境,重新进行编译和连接后再次进入调试。如果调试时只需对某些程序行进行临时的试验修改(如修改参数,以得到所需的延时时间),那么这样的重复过程显得太麻烦,为此 Keil C51 软件提供了在线汇编的功能。将光标定位于需要修改的程序行上,用菜单"除错→内部汇编"即可出现如图 20 - 19 所示的对话框,在"输入新的指令"(Enter New)后面的编辑框内直接输入需更改的程序语句,输入完后键入回车将自动指向下一条语句,可以继续修改。如果不再需要修改,可以单击右上角的关闭按钮关闭窗口。

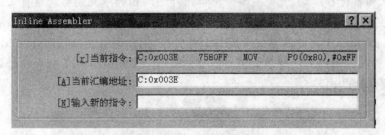

图 20 - 19 在线汇编对话框

20.4.4 程序调试时的常用窗口

Keil C51 软件在调试程序时提供了多个窗口,主要包括输出窗口(Output Windows)、查看和呼叫堆栈窗口(Watch & Call Statck Windows)、存储器窗口(Memory Window)、反汇编窗口(Dissambly Window)和串行窗口(Serial Window)等。进入调试模式后，可以通过菜单"查看"(View)下的相应命令打开或关闭这些窗口。

图 20-20 是输出窗口、查看和呼叫堆栈观察窗口和存储器窗口，各窗口的大小可以使用鼠标调整。进入调试程序后，输出窗口自动切换到 Command 页。

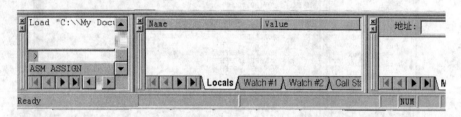

图 20-20　输出窗口、查看和呼叫堆栈窗口和存储器窗口

(1) 存储器窗口

存储器窗口中可以显示系统各种内存中的值，通过在"地址"(Address)后的编辑框内输入"字母:数字"即可显示相应内存值，其中字母可以是 C、D、I、X，分别代表代码存储空间、直接寻址的片内存储空间、间接寻址的片内存储空间、扩展的外部 RAM 空间，数字代表想要查看的地址。例如输入"D:0x20"即可观察到地址 20H 开始的片内 RAM 单元值；键入"C:0x100"即可显示从 100H 开始的 ROM 单元中的值，即查看程序的二进制代码。该窗口的显示值可以各种形式显示，如十进制、十六进制、字符型等。改变显示方式的方法是右击鼠标，在弹出的快捷菜单中选择，该菜单用分隔条分成三部分，其中第一部分与第二部分的三个选项为同一级别，选中第一部分的任一选项，内容将以整数形式显示，而选中第二部分的 ASCII 项则将以字符型式显示；选中 Float 项将以相邻 4 字节组成的浮点数形式显示；选中 Double 项则将相邻 8 字节组成双精度形式显示。第一部分又有多个选择项，其中 Decimal 项是一个开关，如果选中该项，则窗口中的值将以十进制的形式显示，否则按默认的十六进制方式显示。Unsigned 和 Signed 后分别有 3 个选项：Char、Int、Long 分别代表以单字节方式显示、将相邻双字节组成整型数方式显示、将相邻 4 字节组成长整型方式显示，而 Unsigned 和 Signed 则分别代表无符号形式和有符号形式，究竟从哪一个单元开始的相邻单元则与设置有关。以整型为例，如果输入的是"I:0"，那么 00H 和 01H 单元的内容将会组成一个整型数，而如果输入的是"I:1"，那么 01H 和 02H 单元的内容会组成一个整型数，依此类推。第三部分的 Modify Memory at X:xx 用于更改鼠标处的内存单元值，选中该项即出现如图 20-21 所示的对话框，可以在对话框内输入要修改的内容。

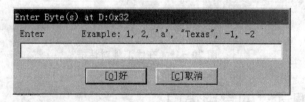

图 20-21　更改内存单元值

第 20 章 Keil C51 集成开发环境的设置及调试方法

(2) 工程窗口寄存器页

图 20-22 是工程窗口寄存器页的内容。寄存器页包括了当前的工作寄存器组和系统寄存器组。系统寄存器组有一些是实际存在的寄存器，如 A、B、DPTR、SP、PSW 等；有一些是实际中并不存在或虽然存在却不能对其操作的，如 PC、States 等。每当程序中执行到对其寄存器的操作时，该寄存器会以反色（蓝底白字）显示，用鼠标单击然后按下 F2 键，即可修改该值。

(3) 查看和呼叫堆栈观察窗口

这也是很重要的一个窗口，工程窗口中不仅可以观察到工作寄存器和有限的寄存器如 A、B、DPTR 等，而且在需要观察其他寄存器的值时或者在高级语言编程时需要直接观察变量，还要借助于这个窗口。

在一般情况下，仅在单步执行时才对变量值的变化感兴趣；在全速运行时，变量的值是不变的，只有在程序停下来之后，才会将这些值的最新变化反映出来。但是，在一些特殊场合用户也可能需要在全速运行时观察变量的变化，此时可以点击查看→定期窗口更新，确认该项处于被选中状态，即可在全速运行时动态地观察有关值的变化。但是，选中该项，将会使程序模拟执行的速度变慢。

图 20-22 工程窗口寄存器页

Keil C51 提供了串行窗口，用户可以直接在串行窗口中键入字符，该字符虽不会被显示出来，但却能传递到仿真 CPU 中。如果仿真 CPU 通过串行口发送字符，那么这些字符会在串行窗口显示出来。用该窗口可以在没有硬件的情况下用键盘模拟串口通信。由于该项涉及到高级语言编程，这里就不具体介绍了。

20.5 外围接口工具

图 20-23 外围设备菜单

为了能够比较直观地了解单片机中定时器、中断、并行端口、串行端门等常用外设的使用情况，Keil C51 提供了一些外围接口对话框，通过"外围设备"菜单选择。"外围设备"的下拉菜单内容与用户建立项目时所选的 CPU 有关。如果选择的是 89C51 这一类单片机，那么将会有 Interrupt(中断)、I/O Ports(并行 I/O 口)、Serial(串行口)、Timer(定时/计数器)这 4 个外围设备菜单，如图 20-23 所示。打开这些对话框，列出了外围设备的当前使用情况，各标志位的情况等，可以在这些对话框中直观地观察和更改各外围设备的运行情况。

20.5.1 P1 口作为输入端口

程序每执行一个循环之前，修改一次 P1 端口的值（见图 20-24），观察变量的值是直接观察屏幕右下角的变量表；另外的方法是将鼠标移动到源程序的变量处，等待大约 1 s，屏幕上即可弹出该变量的相关信息。

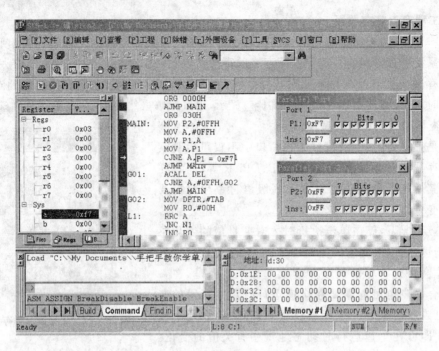

图 20-24　P1 口作为输入端口

20.5.2　P1 口作为输出端口

执行循环时观察 P1 口的输出。由于 P1 口只用于输出,故无须修改端口值,如图 20-25 所示。

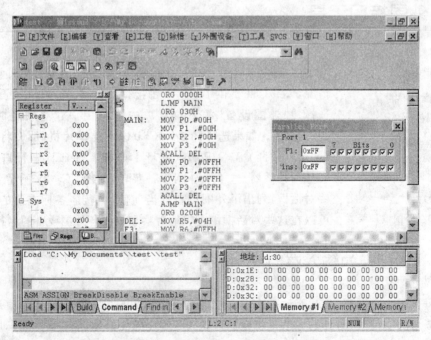

图 20-25　P1 口作为输出端口

20.5.3 外部中断 INT0

外部中断 INT0 对应于 P3.2 口线,因此,单击"外围设备→Port3"窗口从右向左数第 3 位 (P3.2 口线对应的位),每单击一下,即产生一次中断,原因是外部中断是下降沿或低电平有效,如图 20-26 所示。

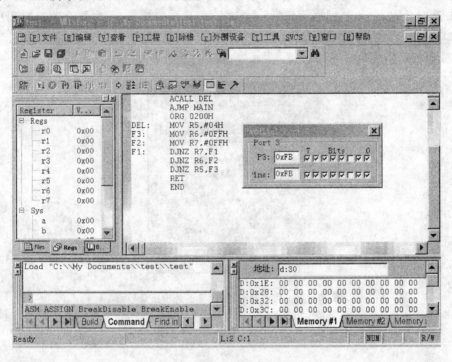

图 20-26 外部中断 INT0

另外,也可以单击"外围设备→Interrupt",在出现如图 20-27 所示中断对话界面后,进行设置。

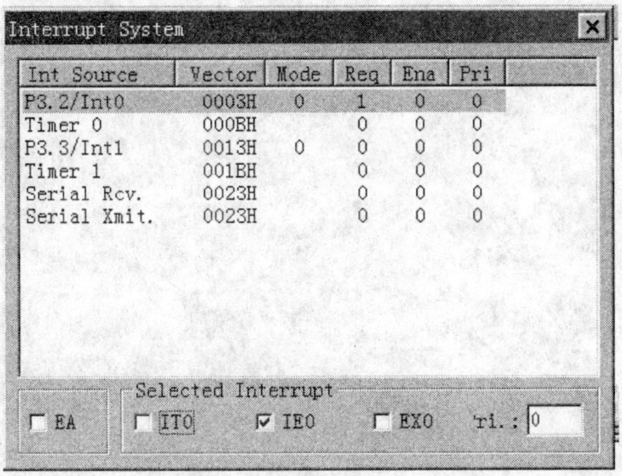

图 20-27 中断对话界面

20.5.4 定时器/计数器 0

8051 系列单片机有 2~3 个定时器/计数器,均可作为定时器或计数器使用。单击"外围设备→Timer0",即出现如图 20-28 所示的定时器/计数器 0 的外围接口界面,可以直接选择 Mode 组中的下拉列表以确定定时器/计数器工作方式(0~3 四种工作方式,设定定时初值等),单击选中 TR0,status 后的 stop(停止)就变成了 run(运行)。如果全速运行程序,此时 TH0、TL0 后的值也快速地开始变化(要求"定期窗口更新"处于选中状态),直观地演示了定时器/计数器的工作情况。

图 20-28 定时器/计数器 0 的外围接口界面

第 21 章
看门狗定时器使用及简单的接口扩展

21.1 看门狗定时器的使用

单片机应用系统受到干扰而导致死机出错后,都要进行复位,因此一定要有一个可靠的复位电路,以使单片机重新启动工作。

现在已经有专用的复位电路芯片可供选用,专用的复位芯片具有快速上电复位、欠压复位等功能。

图 21-1 为看门狗电路的工作原理。如果单片机工作正常,会经常地将看门狗定时器 WDT 清除,那么看门狗定时器就不会溢出复位信号,应用系统正常工作;反之,如果单片机工作不正常,程序跑飞或进入死循环,那么它不会清除看门狗定时器,一段时间后,WDT 溢出,输出复位信号给单片机,单片机重新启动工作。

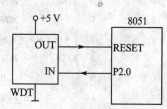

图 21-1 看门狗电路的工作原理

AT89C51 没有内置的看门狗定时器,在干扰严重的场合工作时,需要外部的看门狗定时器配合工作。而新型的 AT89S51 已经在内部集成了看门狗定时器,无需再外添元件,使用方便可靠。下面通过实例介绍其使用方法。

AT89S51 的看门狗定时器实际上是一个 14 位的计数器,其地址位于 A6H,第一次激活(启动)时,需依次向其写入 01EH、0E1H。以后每次写入 01EH、0E1H 是将看门狗定时器清除。如不及时清除(例如单片机受干扰影响死机后),则在 16383 个机器周期后将溢出,从而复位单片机令它重新启动。

21.2 P0~P3 口的 32 个 LED(发光管)依次流水点亮,形成 "流水灯"

这个实验是在看门狗启动的情况下做的,为了缩短程序长度,使用移位指令进行循环。

21.2.1 实现方法

根据 LED 输出试验板上的 P0～P3 口排列,确定流水灯点亮顺序:P1.0→P1.7→P3.0→P3.7→P2.0→P2.7→P0.7→P0.0,反复循环。每个口只有 8 位,4 个口共有 32 个流水灯移位。在寄存器 R0 中存入一个口流水灯长度(8 位),再取点亮一个流水灯的立即数(如 FEH)送累加器 A 中。累加器 A 采用左循环或右循环移位,每移一次,送对应口显示,同时 R0 中长度减 1,……,等到 R0 中内容为 0 后,说明这个口的流水动作已结束,再转到下一个口进行。

21.2.2 源程序文件

在"我的文档"中建立一个文件目录(S21-1),然后建立一个 S21-1.uv2 的工程项目,最后建立源程序文件(S21-1.asm)。输入下面的程序:

序号			
1		WDTRST	EQU 0A6H
2		ORG	0000H
3		LJMP	START
4		ORG	030H
5	START:	MOV	WDTRST,#01EH
6		MOV	WDTRST,#0E1H
7	;*****************		
8	MAIN:	MOV	R0,#08H
9		CLR	C
10		MOV	A,#0FFH
11	PLAYP1:	RLC	A
12		MOV	P1,A
13		ACALL	D10MS
14		MOV	WDTRST,#01EH
15		MOV	WDTRST,#0E1H
16		CLR	C
17		DJNZ	R0,PLAYP1
18	;*****************		
19		MOV	R0,#08H
20		CLR	C
21		MOV	A,#0FFH
22	PLAYP3:	RLC	A
23		MOV	P3,A
24		ACALL	D10MS
25		MOV	WDTRST,#01EH
26		MOV	WDTRST,#0E1H
27		CLR	C
28		DJNZ	R0,PLAYP3

第 21 章　看门狗定时器使用及简单的接口扩展

```
29              ;****************
30              MOV     R0,#08H
31              CLR     C
32              MOV     A,#0FFH
33  PLAYP2:     RLC     A
34              MOV     P2,A
35              ACALL   D10MS
36              MOV     WDTRST,#01EH
37              MOV     WDTRST,#0E1H
38              CLR     C
39              DJNZ    R0,PLAYP2
40              ;****************
41              MOV     R0,#08H
42              CLR     C
43              MOV     A,#0FFH
44  PLAYP0:     RRC     A
45              MOV     P0,A
46              ACALL   D10MS
47              MOV     WDTRST,#01EH
48              MOV     WDTRST,#0E1H
49              CLR     C
50              DJNZ    R0,PLAYP0
51              ;****************
52              MOV     P0,#0FFH
53              MOV     P1,#0FFH
54              MOV     P2,#0FFH
55              MOV     P3,#0FFH
56              AJMP    MAIN
57              ;****************
58  D10MS:      MOV     R7,#18
59  DEL1:       MOV     R6,#255
60  DEL2:       DJNZ    R6,DEL2
61              DJNZ    R7,DEL1
62              RET
63              END
```

编译通过后,将其烧录到 AT89S51(注意:这次一定要用 AT89S51)芯片中,将芯片插入到 LED 输出试验板上,试验板通电运行后,32 个发光二极管呈流水灯点亮,反复循环。其中每个灯的点亮时间仅为 10 ms。

21.2.3　程序分析解释

序号 1:定义看门狗定时器为 WDTRST。

序号 2：程序开始。
序号 3：跳转到 START 处。
序号 4：START 从地址 0030H 开始。
序号 5、6：启动看门狗定时器。
序号 7：程序分隔。
序号 8：主程序 MAIN 开始，将立即数 08H 送入寄存器 R0 中。
序号 9：清除进位 CY。
序号 10：将立即数 FFH 送入累加器 A 中。
序号 11：累加器 A 中内容通过进位位后左移一位。
序号 12：将 A 中内容送 P1 口显示。
序号 13：调用 10 ms 延时子程序，维持发光管点亮。
序号 14、15：清除看门狗定时器。
序号 16：清除进位 CY。
序号 17：R0 中内容减 1 后，再判断是否为 0。若不为 0，则跳转至标号 PLAYP1 处；若为 0，则向下执行。
序号 18：程序分隔。
序号 19：将立即数 08H 送入寄存器 R0 中。
序号 20：清除进位 CY。
序号 21：将立即数 FFH 送入累加器 A 中。
序号 22：累加器 A 中内容通过进位位后左移一位。
序号 23：将 A 中内容送 P3 口显示。
序号 24：调用 10 ms 延时子程序，维持发光管点亮。
序号 25、26：清除看门狗定时器。
序号 27：清除进位 CY。
序号 28：R0 中内容减 1 后，再判断是否为 0。若不为 0，则跳转至标号 PLAYP3 处；若为 0，则向下执行。
序号 29：程序分隔。
序号 30：将立即数 08H 送入寄存器 R0 中。
序号 31：清除进位 CY。
序号 32：将立即数 FFH 送入累加器 A 中。
序号 33：累加器 A 中内容通过进位位后左移一位。
序号 34：将 A 中内容送 P2 口显示。
序号 35：调用 10 ms 延时子程序，维持发光管点亮。
序号 36、37：清除看门狗定时器。
序号 38：清除进位 CY。
序号 39：R0 中内容减 1 后，再判断是否为 0。若不为 0，则跳转至标号 PLAYP2 处；若为 0，则向下执行。
序号 40：程序分隔。
序号 41：将立即数 08H 送入寄存器 R0 中。
序号 42：清除进位 CY。
序号 43：将立即数 FFH 送入累加器 A 中。
序号 44：累加器 A 中内容通过进位位后左移一位。
序号 45：将 A 中内容送 P0 口显示。
序号 46：调用 10 ms 延时子程序，维持发光管点亮。
序号 47、48：清除看门狗定时器。
序号 49：清除进位 CY。

第 21 章　看门狗定时器使用及简单的接口扩展

序号 50：R0 中内容减 1 后,再判断是否为 0。若不为 0,则跳转至标号 PLAYP0 处;若为 0,则向下执行。

序号 51：程序分隔。

序号 52～55：P0～P3 四个口全部置高电平,熄灭所有灯光。

序号 56：跳转到标号 MAIN 处进行循环运行。

序号 57：程序分隔。

序号 58～62：延时子程序。

序号 63：程序结束。

为了对比,再做一遍实验,这次看门狗定时器启动后,在程序中不再清除它(模拟程序失控的情况),观察看门狗定时器起作用了吗?

21.3　模拟程序失控情况的"流水灯"实验

21.3.1　源程序文件

在"我的文档"中建立一个文件目录(S21-2),然后建立一个 S21-2.uv2 的工程项目,最后建立源程序文件(S21-2.asm)。输入下面的程序:

```
序号：   1              WDTRST EQU 0A6H
        2              ORG    0000H
        3              LJMP   START
        4              ORG    030H
        5    START:    MOV    WDTRST,#01EH
        6              MOV    WDTRST,#0E1H
        7    ;****************
        8    MAIN:     MOV    R0,#08H
        9              CLR    C
       10              MOV    A,#0FFH
       11    PLAYP1:   RLC    A
       12              MOV    P1,A
       13              ACALL  D10MS
       14              CLR    C
       15              DJNZ   R0,PLAYP1
       16    ;****************
       17              MOV    R0,#08H
       18              CLR    C
       19              MOV    A,#0FFH
       20    PLAYP3:   RLC    A
       21              MOV    P3,A
       22              ACALL  D10MS
       23              CLR    C
```

```
24              DJNZ    R0,PLAYP3
25      ;******************
26              MOV     R0,#08H
27              CLR     C
28              MOV     A,#0FFH
29      PLAYP2: RLC     A
30              MOV     P2,A
31              ACALL   D10MS
32              CLR     C
33              DJNZ    R0,PLAYP2
34      ;******************
35              MOV     R0,#08H
36              CLR     C
37              MOV     A,#0FFH
38      PLAYP0: RRC     A
39              MOV     P0,A
40              ACALL   D10MS
41              CLR     C
42              DJNZ    R0,PLAYP0
43      ;******************
44              MOV     P0,#0FFH
45              MOV     P1,#0FFH
46              MOV     P2,#0FFH
47              MOV     P3,#0FFH
48              AJMP    MAIN
49      ;******************
50      D10MS:  MOV     R7,#18
51      DEL1:   MOV     R6,#255
52      DEL2:   DJNZ    R6,DEL2
53              DJNZ    R7,DEL1
54              RET
        END
```

编译通过后,将其烧录到 AT89S51(注意:一定要用 AT89S51)芯片中,将芯片插入到 LED 输出试验板上,试验板通电运行后,32 个发光二极管中只有 2 个点亮,其他全部熄灭,说明看门狗定时器起作用。由于看门狗定时器启动后,未在程序中清除它,因此每过 16 ms 后即溢出,致使单片机复位。16 ms 的时间仅能点亮 2 个灯。

21.3.2 程序分析解释

序号 1:定义看门狗定时器为 WDTRST。

序号 2:程序开始。

序号 3:跳转到 START 处。

第21章 看门狗定时器使用及简单的接口扩展

序号4：START从地址0030H开始。

序号5、6：启动看门狗定时器。

序号7：程序分隔。

序号8：主程序MAIN开始,将立即数08H送入寄存器R0中。

序号9：清除进位CY。

序号10：将立即数FFH送入累加器A中。

序号11：累加器A中内容通过进位位后左移一位。

序号12：将A中内容送P1口显示。

序号13：调用10 ms延时子程序,维持发光管点亮。

序号14：清除进位CY。

序号15：R0中内容减1后,再判断是否为0。若不为0,则跳转至标号PLAYP1处;若为0,则向下执行。

序号16：程序分隔。

序号17：将立即数08H送入寄存器R0中。

序号18：清除进位CY。

序号19：将立即数FFH送入累加器A中。

序号20：累加器A中内容通过进位位后左移一位。

序号21：将A中内容送P3口显示。

序号22：调用10 ms延时子程序,维持发光管点亮。

序号23：清除进位CY。

序号24：R0中内容减1后,再判断是否为0。若不为0,则跳转至标号PLAYP3处;若为0,则向下执行。

序号25：程序分隔。

序号26：将立即数08H送入寄存器R0中。

序号27：清除进位CY。

序号28：将立即数FFH送入累加器A中。

序号29：累加器A中内容通过进位位后左移一位。

序号30：将A中内容送P2口显示。

序号31：调用10 ms延时子程序,维持发光管点亮。

序号32：清除进位CY。

序号33：R0中内容减1后,再判断是否为0。若不为0,则跳转至标号PLAYP2处;若为0,则向下执行。

序号34：程序分隔。

序号35：将立即数08H送入寄存器R0中。

序号36：清除进位CY。

序号37：将立即数FFH送入累加器A中。

序号38：累加器A中内容通过进位位后左移一位。

序号39：将A中内容送P0口显示。

序号40：调用10 ms延时子程序,维持发光管点亮。

序号41：清除进位CY。

序号42：R0中内容减1后,再判断是否为0。若不为0,则跳转至标号PLAYP0处;若为0,则向下执行。

序号43：程序分隔。

序号44~47：P0~P3四个口全部置高电平,熄灭所有灯光。

序号48：跳转到标号MAIN处进行循环运行。

序号49：程序分隔。

序号50~54：延时子程序。

序号 55：程序结束。

21.4 简单的接口功率扩展

  8051 单片机的输出口是灌电流（低电平输出，可达 20 mA）的能力强，拉电流（高电平输出，仅几十到几百 μA）能力弱。因此，一般将低电平的灌电流输出作为功率输出。
  AT89C51 或 AT89S51 单片机每条口线的灌电流输出可达 20 mA，因此对于工作电流小于 20 mA 的发光二极管、高灵敏继电器等，可直接驱动，如图 21-2 所示。图 21-3 为单片机直接驱动共阳型的 LED 数码管电路。

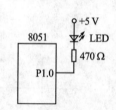

图 21-2 直接驱动发光二极管

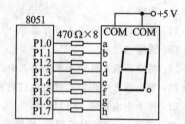

图 21-3 单片机直接驱动共阳型的 LED 数码管

  很多场合的负载需用高电平驱动，例如，工作电流小于 20 mA，可以采用图 21-4 的方法，在单片机的口线上，进行外部上拉电阻。当 P1.0 脚输出低电平时，LED 熄灭；P1.0 脚输出高电平时，LED 由 470 Ω 电阻供电点亮，这样可省去外接功率反相电路。图 21-5 为用类似的方法驱动共阴型的 LED 数码管电路。

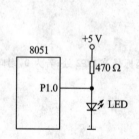

图 21-4 高电平驱动发光二极管

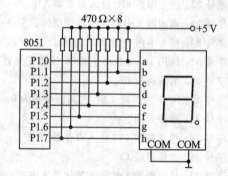

图 21-5 单片机直接驱动共阴型的 LED 数码管

  当负载的工作电流大于 20 mA 时，就不能直接由单片机驱动了，这时可以采用电流放大的方法，经三极管或 VMOS 功率场效应管放大后再去驱动负载。图 21-6 为单片机的输出信号经三极管 8550 放大后，驱动 5 V 继电器工作的实例。
  当需功率扩展的口线较多时，若大量使用三极管，电路会变得臃肿，给 PCB 布线造成困难。这时也可以选用集成的功率驱动电路。如图 21-7 所示，使用一片功率放大电路 ULN2003A 来驱动三相步进电机工作。

第 21 章 看门狗定时器使用及简单的接口扩展

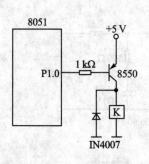

图 21-6 单片机经三极管放大驱动 5 V 继电器

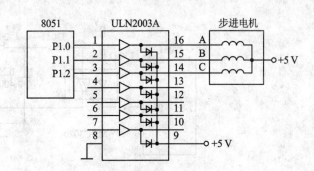

图 21-7 单片机经 ULN2003A 驱动三相步进电机

如果负载的工作电压与单片机工作电压不一致时,就要用到电平转换电路或光电隔离电路。一般情况下,为了达到良好的抗干扰效果,现在大多使用光电隔离电路。图 21-8 就是单片机的输出信号经光电耦合器 PC817 隔离后,再经三极管 8050 放大,然后推动 12 V 继电器工作。

输出部分使用光隔后可以大大降低后向通道的干扰反串,同理,对于处于输入部位的前向通道更要引起重视。当单片机的信号输入线较长或输入电压与单片机工作电压不一致时,较好的方法也是通过光电隔离后才取得输入信号。现在工业控制上大量使用的可编程逻辑控制器 PLC,具有高可靠性与高稳定性,其核心部分也为单片机,它的输入/输出部分全部实行隔离,具有极强的抗干扰能力。图 21-9 为单片机通过光耦取得输入信号的一种连接方式。

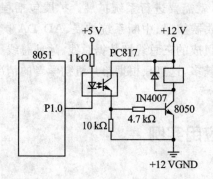

图 21-8 单片机经光电耦合器隔离后推动 12 V 继电器工作

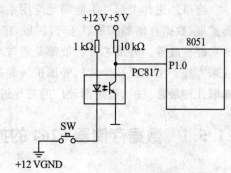

图 21-9 单片机通过光耦输入信号

单片机的输出信号要是控制 220 V 负载工作,涉及到强电/弱电的隔离控制。一种方法是使用继电器控制,因为继电器的线包与触点是完全隔离的,但继电器响应速度较慢,有几十毫秒的延时。要实现快速响应控制,可以使用晶闸管或固态继电器 SSR。图 21-10 是单片机使用晶闸管控制 220 V 负载工作的一种方案。图 21-11 是单片机经固态继电器控制 220 V 负载工作的电路。

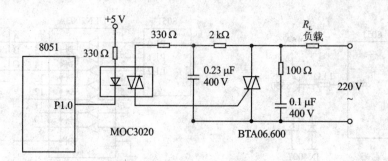

图 21-10　单片机使用晶闸管控制 220 V 负载工作

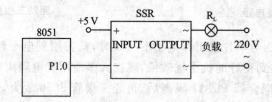

图 21-11　单片机经固态继电器控制 220 V 负载工作

21.5　常用的外部芯片扩展

当单片机片上部件不能满足应用系统要求时,就需要进行系统扩展。扩展包括程序存储器扩展、数据存储器扩展、I/O 口扩展、定时器/计数器扩展、中断系统扩展、AD/DA 扩展及其他功能扩展等。外部芯片扩展都是通过片外引脚组成的三总线即数据总线、地址总线、控制总线来实现。由于现在单片机外围扩展的芯片种类繁多,这里只根据单片机初学者的情况,集中选取几种最常见的、应用面较广的芯片进行介绍。

21.5.1　数据存储器 6264 的扩展及应用实例

1. 扩展方法

MCS-51 单片机内部有 128 字节的 RAM,可用作工作寄存器、堆栈、数据缓冲器及软件标志等。对于一般简单的应用场合,片内 RAM 用于暂存数据处理过程中的中间结果等等,已完全够用了,无需扩展外部数据存储器。但是,在诸如实时数据采集器和大屏幕汉字显示屏等需处理成批数据的系统中,仅靠片内的 128 字节 RAM 就不够了,在这种情况下,可利用单片机的扩展功能,外接 RAM 作为外部数据存储器。

常用于 MCS-51 系列单片机外部数据存储器的典型 RAM 芯片有 6116(2 KB)、6264(8 KB)、62256(32 KB)等。这里介绍使用 6264 的扩展方法(电路见图 21-12),P0 口输出作为低 8 位地址(A0~A7)线及数据总线。为了使低 8 位地址和数据分离,加入一片地址锁存器 74LS373。P2 口用作高 8 位地址总线。控制总线有 $\overline{WR}$、$\overline{RD}$、ALE 等。$\overline{WR}$、$\overline{RD}$ 用于片外数据存储器(RAM)的读/写控制。ALE 是锁存 P0 口输出的低 8 位地址数据的控制线。P0、P2 口作为地址线时,就不能作为 I/O 口使用。

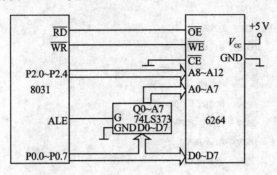

图 21-12　数据存储器 6264 的扩展

由于只有一片 6264,故片选端 CE 直接接地,地址线 A0~A12 共有 13 条,地址范围为 0000H~1FFFH。读 6264 时,P2 口输出高 5 位地址,P0 口先输出低 8 位地址,然后 ALE 输出锁存脉冲令 74LS373 将低 8 位地址锁存,最后在 RD 信号作用下,从 6264 中读取数据;写 6264 时,P2 口输出高 5 位地址,P0 口先输出低 8 位地址,然后 ALE 输出锁存脉冲令 74LS373 将低 8 位地址锁存,随后 P0 口输出数据,最后在 WR 信号作用下,P0 口上的数据写入 6264 中。

2. 将单片机内部 RAM 的数据块传送到外部 RAM6264 中

(1) 实现方法

在单片机内部 RAM 20H~4FH 中置初值 10H~3FH,然后传送到外部 RAM6264 的 0000H~002FH 单元,再将 RAM 6264 中 0000H~001FH 单元内容传送到单片机内部一段连续 30H~4FH 单元。

(2) 源程序文件

在"我的文档"中建立一个文件目录(S21-3),然后建立一个 S21-3.uv2 的工程项目,最后建立源程序文件(S21-3.asm)。输入下面的程序:

```
序号:   1              ORG   0000H
        2              AJMP  MAIN
        3              ORG   0030H
        4   MAIN:      MOV   R0,#20H
        5              MOV   R1,#30H
        6              MOV   A,#10H
        7   HERE1:     MOV   @R0,A
        8              INC   R0
        9              INC   A
        10             DJNZ  R1,HERE1
        11             MOV   R0,#20H
        12             ;******************
        13             MOV   DPTR,#0000H
        14             MOV   R1,#30H
        15   HERE2:    MOV   A,@R0
```

```
16          MOVX  @DPTR,A
17          INC   R0
18          INC   DPTR
19          DJNZ  R1,HERE2
20          MOV   R0,#30H
21       ;****************
22          MOV   DPTR,#0000H
23          MOV   R1,#20H
24  HERE3:  MOVX  A,@DPTR
25          MOV   @R0,A
26          INC   R0
27          INC   DPTR
28          DJNZ  R1,HERE3
29          SJMP  $
         END
```

编译通过后，可以打开软件仿真界面观察。

打开存储器窗口，切换到 Memory #1 页，地址栏输入"D:0x20"，然后按回车键。在程序的第 11 行设立 1 个断点。按 F5 键运行程序，程序运行到断点处停止。在 Memory #1 页可看到片上 RAM 中 20H~4FH 单元中已写入数据 10H~3FH（图 21-13）。

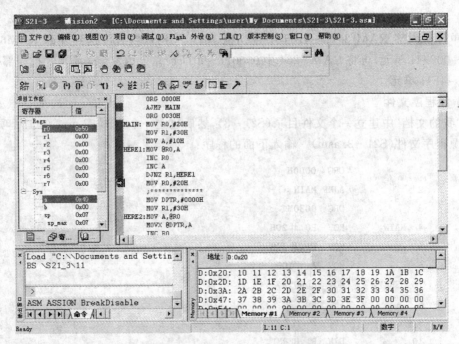

图 21-13　片上 RAM 20H~4FH 单元中写入数据 10H~3FH

切换到 Memory #2 页，地址栏输入"X:0x0000"，然后按回车键。在程序的第 20 行又设立 1 个断点。按 F5 键运行程序，程序运行到第 2 个断点处停止。在 Memory #2 页可看到片外 RAM6264 中 0000H~002FH 单元中已写入数据 10H~3FH（图 21-14）。

第 21 章 看门狗定时器使用及简单的接口扩展

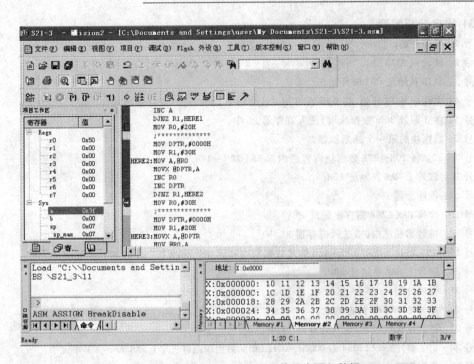

图 21-14 片外 RAM6264 0000H~4FH 单元中写入数据 10H~3FH

切换到 Memory #1 页。在程序的第 29 行设立第 3 个断点。按 F5 键运行程序,程序运行到第 3 个断点处停止。在 Memory #1 页可看到片上 RAM 中 30H~4FH 单元中已写入数据 10H~2FH(图 21-15)。

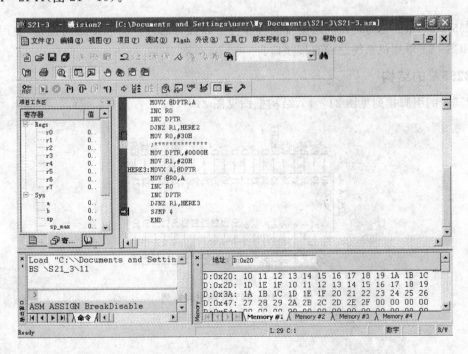

图 21-15 片上 RAM 20H~4FH 单元中写入数据 10H~3FH

(3) 程序分析解释

序号 1：程序开始。

序号 2：跳转到 MAIN 处。

序号 3：MAIN 从地址 0030H 开始。

序号 4：主程序 MAIN 开始，将立即数 20H(片上 RAM 首地址)送入寄存器 R0 中。

序号 5：将立即数 30H(数据长度)送入寄存器 R1 中。

序号 6：数据块的第一个送累加器。

序号 7~10：将 10H~2FH 数据块内容送内部 RAM 20H~4FH。

序号 11：取片上 RAM 首地址 20H。

序号 12：程序分隔。

序号 13：片外 RAM 6264 的首地址。

序号 14：将数据长度(30H)送入寄存器 R1 中。

序号 15~19：将片上 RAM 20H~4FH 单元数据块内容送片外 RAM6264 的 0000H~002FH 单元中。

序号 20：取片上 RAM 首地址 30H。

序号 21：程序分隔。

序号 22：片外 RAM 6264 的首地址。

序号 23：将数据长度(20H)送入寄存器 R1 中。

序号 24~28：将片外 RAM 6264 的 0000H~001FH 单元数据块内容送片上 RAM 30H~4FH 单元中。

序号 29：动态停机。

序号 30：程序结束。

21.5.2 用 8255A 可编程并行接口芯片扩展 I/O 口及应用实例

8255A 是 Intel 公司设计的通用可编程并行 I/O 接口芯片。8255A 通用性强，使用灵活，可与 MCS-51 单片机系统总线直接接口。

1. 8255A 的结构

8255A 的引脚排列见图 21-16，结构框图见图 21-17。

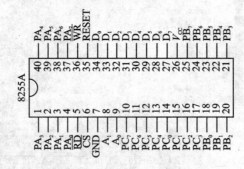

图 21-16 8255A 的引脚排列

第 21 章 看门狗定时器使用及简单的接口扩展

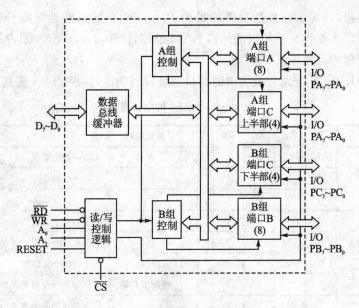

图 21-17 8255A 的结构框图

8255A 由以下几部分组成：

(1) I/O 端口 A、B、C

8255A 有三个 8 位并行口，端口 A、端口 B 和端口 C。它们都可以选择为输入/输出工作方式，但功能和结构上略有差别。

- A 口：一个 8 位数据输出锁存和缓冲器，一个 8 位数据输入锁存器。
- B 口：一个 8 位数据输入/输出的锁存器和缓冲器，一个 8 位数据输入缓冲器。
- C 口：一个 8 位数据输出锁存/缓冲器，一个 8 位数据输入缓冲器（输入无锁存）。

通常把 A 口、B 口作为输入输出的数据端口，而 C 口既可作为输入/输出口，也可作为 A 口、B 口的状态和控制口。

(2) A 组和 B 组控制电路

这是两组根据 CPU 命令控制 8255A 工作方式的控制电路。A 组控制 A 口和 C 口的高 4 位 $PC_4 \sim PC_7$；B 组控制 B 口和 C 口的低 4 位 $PC_0 \sim PC_3$。

(3) 数据总线缓冲器

这是一个三态双向 8 位缓冲器，它是 8255A 与系统数据总线的接口。CPU 与 8255A 之间传送的命令、数据以及状态信息都要通过这个缓冲器。

(4) 读/写和控制逻辑

这部分电路与 CPU 地址总线中的 A_0、A_1 以及有关的控制信号（$\overline{RD}$、$\overline{WR}$、$\overline{RESET}$）相连，由它控制把 CPU 的控制命令或输出数据送至相应的端口；也由它控制把外设的状态信息或输入数据通过相应的端口送入 CPU 中。

各控制信号功能如下：

CS　　　　片选信号，低电平有效。

A_1、A_0　　端口选择信号。8255A 中有 3 个 I/O 口，另外还有 1 个控制寄存器（称为控制端口），共有 4 个端口。A_1、A_0 就用于选择这 4 个端口。8255A 在和单片机相连接时，A_1、A_0 总是和单片机的 P0.1、P0.0 输出的地址线分别相连，又由于 8255A 是作为单片机的外部 RAM 处理，这样，1 片 8255A 要占用 4 个外部数据存储空间地址。

A_1、A_0 和 $\overline{RD}$、$\overline{WR}$ 及 $\overline{CS}$ 组合所实现的端口寻址控制功能，如表 21-1 所列。

表 21-1 8255A 的端口寻址

操作	$\overline{CS}$	A1	A0	$\overline{RD}$	$\overline{WR}$	所选端口	功能
输入操作（读）	0	0	0	0	1	A 口	A 口→数据总线
	0	1	1	0	1	B 口	B 口→数据总线
	0	0	0	0	1	C 口	C 口→数据总线
输出操作（读）	0	0	0	1	0	A 口	数据总线→A 口
	0	1	1	1	0	B 口	数据总线→B 口
	0	0	0	1	0	C 口	数据总线→C 口
	0	1	1	1	0	控制寄存器	数据总线→控制寄存器
禁止功能	1	X	X	X	X		数据总线为高阻态
	0	1	1	0	0		非法条件
	0	X	X	1	1		数据总线为高阻态

2. 8255A 的工作方式

8255A 有三种基本工作方式：方式 0（基本输入输出）、方式 1（选通输入输出）和方式 2（双向传送，仅为 A 口）。

方式 0 为基本输入输出方式。在这种方式下，A、B、C 三个端口都可设置成输入或输出，但不能既作输入又作输出。另外，C 口还可分为上半部和下半部两部分来设置传送方向，每部分为 4 位。

方式 1 为选通输入输出方式（具有握手信号的 I/O 方式），在这种工作方式下，A 口和 B 口仍作为数据输入/输出口，而 C 口则规定某些位为 A 口或 B 口的联络信号。

方式 2 为双向数据传送方式（既可发送数据又可接收数据），只有 A 口可以选择这种方式。A 口工作于方式 2 时，其输入或输出都有独立的状态信息，且反映在 C 口的某些位上。这样，C 口的状态联络线此时被 A 口占用了 5 根，所以 A 口工作在方式 2 时，B 口不能工作于方式 2，但可以工作于方式 0 或方式 1。

3. 8255A 的控制字

8255A 作为可编程器件，其工作方式可由软件来选择，并且对 C 口的每一位都可以通过软件实现置位或复位，以便更好地发挥控制功能。8255A 有两种控制字：工作方式控制字（8 位）和端口 C 置位复位控制字（8 位）。这两种控制字都是写入 8255A 的控制寄存器（$A_1A_0=11$）中。为了使 8255A 能识别是何种控制字，规定了控制字格式中最高位 D_7 作为特征位。若 $D_7=1$，则表示是工作方式控制字；若 $D_7=0$，则表示是 C 口置位复位控制字。

8255A 工作方式控制字的格式见图 21-18。

8255A 工作方式控制字用于选择各端口的工作方式。A 口有方式 0、1 和 2 三种，B 口只

第 21 章 看门狗定时器使用及简单的接口扩展

有方式 0 和 1 两种。而 C 口分成两部分,上半部($PC_4 \sim PC_7$)随 A 口,下半部($PC_0 \sim PC_3$)随 B 口。

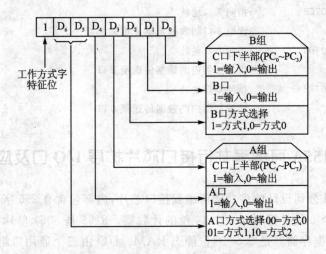

图 21-18 8255A 工作方式控制字的格式

4. 8255A 的应用例举

图 21-19 为 8051 单片机与 8255A 的典型连接方式。8255A 的 A、B、C 口及控制口地址分别为 XX7CH(X 代表取十六进制的任意值,这里取 007CH)、XX7DH(这里取 007DH)、XX7EH(这里取 007EH)、XX7FH(这里取 007FH)。

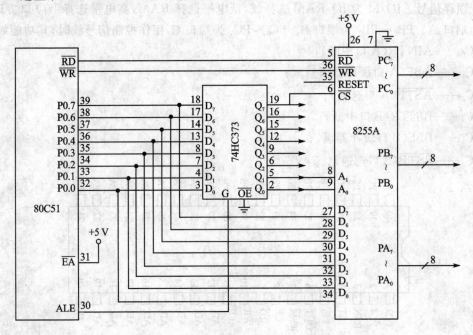

图 21-19 8051 单片机与 8255A 的连接

假定要求 8255A 以方式 0 工作,A 口作输入,B 口作输出,C 口作输出,则可编程如下:

```
MOV    DPTRB,#007FH        ;指向控制口地址
```

```
MOV     A,#90H              ;设置控制字
MOVX    @DPTR,A             ;控制字送入控制口
MOV     DPTRB,#007CH        ;指向 A 口地址
MOVX    A,@DPTR             ;读取 A 口的数据至单片机累加器
MOV     DPTRB,#007DH        ;指向 B 口地址
MOVX    @DPTR,A             ;将累加器内的数据传送至 B 口
MOV     DPTRB,#007EH        ;指向 C 口地址
MOVX    @DPTR,A             ;将累加器内的数据传送至 C 口
```

21.5.3　用 8155A 可编程并行接口芯片扩展 I/O 口及应用实例

8155A 是 Intel 公司设计的多功能可编程接口芯片,内部包含有 256 字节 RAM,两个可编程 8 位并行口、一个 6 位并行口和一个 14 位的计数器。8155 是 8051 单片机应用系统中最适用的外围器件。数据存储器是 256×8 位静态 RAM。I/O 由三个通用口组成,其中的 6 位口可编程为状态控制信号。可编程的 14 位计数器/定时器用于给单片机系统提供方波或计数脉冲。

1. 8155A 的结构及工作方式

8155A 的引脚排列和结构框图如图 21-20 和图 21-21 所示。RESET 为复位端,高电平有效。$AD_0 \sim AD_7$ 为三态地址/数据线。CE 为芯片片选端。$\overline{RD}$、$\overline{WR}$ 为读/写信号端。ALE 为地址锁存信号。$IO/\overline{M}$ 为 IO/RAM 选择线,低电平选择 RAM,高电平选择 I/O 口。$PA_0 \sim PA_7$ 为端口 A。$PB_0 \sim PB_7$ 为端口 B。$PC_0 \sim PC_5$ 为端口 C,用作控制信号线时,其功能如下:

PC_0——AINTR（A 口中断）;
PC_1——ABF（A 口缓冲器满）;
PC_2——$\overline{ASTB}$（A 口选通）;
PC_3——BINTR（B 口中断）;
PC_4——BBF（B 口缓冲器满）;
PC_5——$\overline{BSTB}$（B 口选通）。

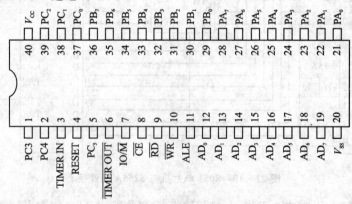

图 21-20　8155A 的引脚排列

TIMER IN 为计数器/定时器输入端。TIMER OUT 为定时器输出端,可以是方波或脉冲波形。V_{CC} 为 +5 V 电源。V_{SS} 为接地端。

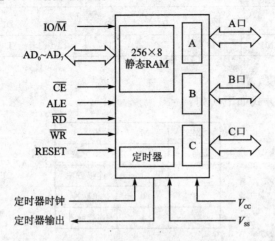

图 21-21 8155A 的结构框图

8155 的 A 口、B 口可工作于基本 I/O 方式或选通 I/O 方式,C 口可作为输入/输出线,也可作为 A 口、B 口选通方式时的状态控制信号线。具体选择由写入命令寄存器的命令字决定。命令字如下:

D7	D6	D5	D4	D3	D2	D1	D0
TM2	TM1	IEB	IEA	PC2	PC1	PB	PA

PA、PB:定义 A 口、B 口,0 为输入,1 为输出。

IEA、IEB:A 口、B 口中断控制,1 为允许,0 为禁止。

PC1、PC2:定义口的工作方式,如下所列:

PC2	PC1	方 式
0	0	A 口、B 口为基本输入输出,C 口输入
0	1	A 口、B 口为基本输入输出,C 口输出
1	0	A 口选通输入输出,B 口基本输入输出,C 口控制信号
1	1	A 口、B 口都为选通输入输出,C 口控制信号

TM1、TM2:定时器命令,如下所列:

TM2	TM1	命 令
0	0	空操作,不影响计数器操作
0	1	停止定时器操作
1	0	若定时器正在计数,计数器计满后立即停止计数
1	1	启动,装入定时器方式和长度后立即启动计数

8155 的定时器为 14 位的减法计数器,对输入脉冲进行减法计数,定时器由两个字节组成,其格式如下:

D7	D6	D5	D4	D3	D2	D1	D0
T7	T6	T5	T4	T3	T2	T1	T0

D7	D6	D5	D4	D3	D2	D1	D0
M2	M1	T13	T12	T11	T10	T9	T8

T13～T0：计数长度。

M2、M1：定时器方式如下所列：

M2	M1	方式
0	0	单方波
0	1	连续方波
1	0	单脉冲
1	1	连续脉冲

2. 8155A 的应用举例

图 21-22 是 8051 单片机与 8155A 的一种实际应用连接。DS12887 为万年历计时专用芯片，该芯片内含锂电池，不怕掉电，可连续工作 10 年。电路中使用 4 个按键作数据输入及调整，输出显示为 13 位共阴 LED 数码管组成的显示屏模块（见图 21-23）。因使用的 I/O 线较多，输出则通过 8155A 可编程输入/输出芯片驱动进行 I/O 扩展显示。

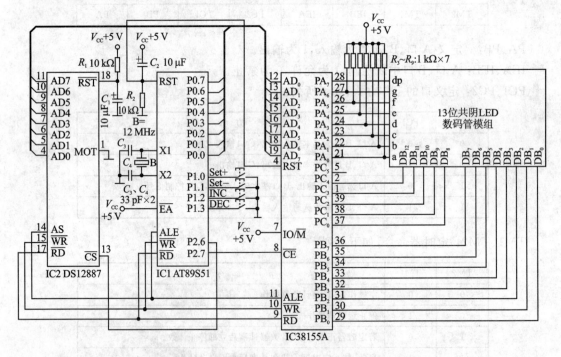

图 21-22　8051 单片机与 8155A、DS12887 组成万年历

第 21 章　看门狗定时器使用及简单的接口扩展

图 21-23　万年历显示屏

该系统中,DS12887 进行时钟计时,而单片机 AT89C51 则完成将数据转换处理并驱动 LED 数码管进行显示。8155 的 A、B、C 口作输出使用,用以驱动 13 位共阴 LED 数码管构成的显示模组,显示屏的组成参见图 21-23。DS12887 的片选地址为 8000H～BFFFH,这里取 8000H。8155 的片选地址为 4000H～7FFFH,这里取 7000H。当 AT89C51 的 P2.6 为低而 P2.7 为高时,选中 DS12887,此时 ALE 脚的下降沿信号将 P0 口送出的低 8 位地址锁存进 DS12887 内部的地址锁存器,在 ALE 恢复高电平时,P0 口向 DS12887 传送数据进行读/写(由 $\overline{RD}$ 或 $\overline{WR}$ 控制)。由于 DS12887 的 MOT 端接地,因此选用 INTEL 总线时序。同理,AT89C51 的 P2.7 为低而 P2.6 为高时,选中的是 8155。8155 的 IO/$\overline{M}$ 脚接高电平,因此 8155 在此作输入/输出使用。

下面列出各口的地址:

8155A 命令口地址	7000H
8155A　A 口地址	7001H
8155A　B 口地址	7002H
8155A　C 口地址	7003H
DS12887 秒单元地址	8000H
DS12887 分单元地址	8002H
DS12887 时单元地址	8004H
DS12887 星期单元地址	8006H
DS12887 日单元地址	8007H
DS12887 月单元地址	8008H
DS12887 年单元地址	8009H
DS12887 世纪单元地址	8032H
DS12887 寄存器 A 地址	800AH
DS12887 寄存器 B 地址	800BH
DS12887 寄存器 C 地址	800CH

这里要求 8155A 的 A、B、C 口均用作输出,则进行如下编程。

① 将累加器的数据输出至 8155A 的 A 口:

```
MOV    DPTRB,#7000H          ;指向控制口地址
```

```
MOV   A,#0FH              ;设置控制字
MOVX  @DPTR,A             ;控制字送入控制口
MOV   DPTRB,#7001H        ;指向 A 口地址
MOV   A,#XXH              ;累加器中送入待显数据
MOVX  @DPTR,A             ;将累加器内的数据传送至 A 口
```

② 从 DS12887 秒单元地址读取数据至累加器的编程如下：

```
MOV   DPTRB,#8000H        ;指向 DS12887 秒单元地址
MOVX  A,@DPTR             ;读取 DS12887 秒单元的数据至单片机累加器
```

21.5.4　扩展 8 位 A/D 转换芯片 ADC0809 及应用实例

单片机应用系统在处理输入信号时离不开数据采集，数据采集时的被检测信号有各种类型，如模拟量、频率量、开关量、数字量等。开关量和数字量可由单片机或其扩展接口电路直接得到。模拟量必须靠 A/D 或 V/F 实现。

1. ADC0809 的构成与工作方式

ADC0809 的引脚排列和结构框图如图 21-24 和图 21-25 所示。ADC0809 是 8 位逐次逼近型 A/D 转换器。带 8 个模拟量输入通道，芯片内带通道地址译码锁存器，输出带三态数据锁存器，启动信号为脉冲启动方式。C、B、A 输入的通道地址在 ALE 有效时被锁存。启动信号 START 启动后开始转换，EOC 信号在 START 的下降沿 10 μs 后才变无效的低电平，这要求查询程序待 EOC 无效后再开始查询，转换结束后由 OE 产生信号输出数据。ADC0809 的内部结构由两大部分组成。一部分为输入通道，包括 8 位模拟开关，三条地址线的锁存器和译码器，可以实现 8 路模拟输入通道的选择；另一部分为一个 8 位逐次逼近型 A/D 转换器。

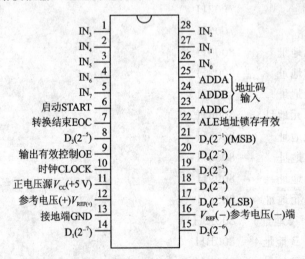

图 21-24　ADC0809 的引脚排列

第 21 章 看门狗定时器使用及简单的接口扩展

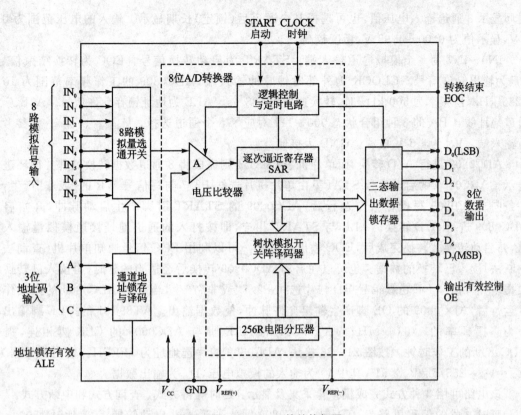

图 21-25 ADC0809 的结构框图

2. ADC0809 的应用举例

图 21-26 是 8051 单片机与 ADC0809 组成的 8 通道模拟量显示器。它可以 1 Hz 的速率

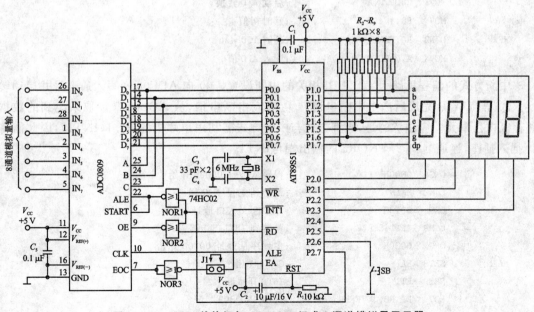

图 21-26 8051 单片机与 ADC0809 组成 8 通道模拟量显示器

循环显示 8 通道输入电压值,也可选择某一通道后(锁定)长期显示。输入的电压范围为 0~5 V,显示值为 0.00~4.99 V,精度较高。

IN0~IN7 为 8 个模拟通道输入端。START 为启动转换信号。EOC 为转换结束信号。OE 为输出允许信号。CLOCK 为外部时钟脉冲输入端,ADC0809 的工作频率范围为 10~1280 kHz,当频率为 500 kHz 时,转换速度为 128 μs。ALE 为地址锁存允许信号。A、B、C 为通道地址线,CBA 的 8 种组合状态 000~111 对应了 8 个通道选择。$V_{REF(+)}$、$V_{REF(-)}$ 为参考电压输入端。V_{CC} 为 +5 V 电源。GND 为接地。

ADC0809 进行 A/D 转换,而单片机 AT89C51 则完成将 8 通道数据转换处理并循环进行显示。ADC0809 的启动信号 START 由单片机片选线 P2.7 与写信号 WR 的"或非"产生,当一条向 ADC0809 写操作指令运行后,ADC0809 的 START 引脚产生启动脉冲,开始启动 ADC0809 进行 A/D 转换。ALE 与 START 相连,即按打入的通道地址接通模拟量输入通道,并启动转换。转换完成后,EOC 输出高电平。可以利用 EOC 信号通知单片机(查询法或中断法)读入已转换的数据。也可以在启动 ADC0809 转换后经适当的延时,再读入已转换的数据。允许信号 OE 由读信号 RD 与片选线 P2.7 "或非"产生,当一条 ADC0809 的读操作指令运行后,ADC0809 的 OE 脚产生输出允许脉冲,使数据输出。AT89C51 的 ALE 脚输出频率为晶振频率的 1/6(1 MHz),AT89C51 的 ALE 脚与 ADC0809 的 CLK 脚相连,提供 ADC0809 的工作时钟。按图 21-26 接法,ADC0809 的片选地址为 7FFFH。输出的数据为:$D_{out}=V_{in}\times 255/5=V_{in}\times 51$,其中 V_{in} 为输入的模拟电压,D_{out} 为输出数据。

该电路可用 3 种方式完成模拟量采集及显示:延时等待方式、查询方式和中断方式。

延时方式的编程思路为:① 向 ADC0809 写入通道号并启动转换。② 延时 150 μs 待 ADC0809 转换完毕。③ 从 ADC0809 读取采集到的数据并存入内存单元。

```
        MOV    DPTRB,#7FFFH    ;选中 ADC0809
        MOV    A,#00H          ;选择通道 IN0
        MOVX   @DPTR,A         ;启动 A/D 转换
        MOV    R0,#40H         ;延时初值
HERE:   DJNZ   R0,HERE         ;延时 150 μs
        MOVX   A,@DPTR         ;读入 A/D 值
```

中断方式的编程思路为:① 打开相关的中断设置。② 向 ADC0809 写入通道号并启动转换。③ 等待 A/D 完成后产生中断申请。④ 响应中断申请,从 ADC0809 读取采集到的数据并存入内存单元。应注意的是,查询方式与中断方式需利用单片机的 P3.1($\overline{INT1}$),因此需将 J1 插入插座,连通"或非"门 NOR3 的输出端与 $\overline{INT1}$。

```
        ORG    0000H           ;程序从地址 0000H 开始
        LJMP   MAIN            ;跳转到主程序 MAIN
        ORG    0013H           ;外中断 1 入口地址
        LJMP   INT1_SERVE      ;跳转到 INT1_SERVE
        ORG    0030H           ;主程序从地址 0030H 开始
MAIN:   SETB   EA              ;CPU 开中断
        SETB   ET1             ;INT1 开中断
        MOV    DPTRB,#7FFFH    ;选中 ADC0809
        MOV    A,#00H          ;选择通道 IN0
```

```
                MOVX   @DPTR,A         ;启动 A/D 转换
                SJMP   $               ;待中断发生
INT1_SERVE:     MOVX   A,@DPTR         ;读入 A/D 值
                CLR    EA              ;CPU 关中断
                RETI                   ;中断返回
                END                    ;程序结束
```

21.5.5 扩展 8 位 D/A 转换芯片 DAC0832 及应用实例

单片机主要输出三种形态的信号：数字量、开关量、频率量。但实际上，被控对象的信号除上述三种可直接由单片机产生的信号外，更多的为模拟量控制信号。D/A 转换即是将数字信号转换为模拟信号的过程。

1. DAC0832 的构成与工作方式

DAC0832 的引脚排列见图 21-27，结构框图见图 21-28。DAC0832 为 8 位并行 D/A 转换器，由 8 位输入寄存器、8 位 DAC 寄存器、8 位 D/A 转换器所构成。DAC0832 中有两级锁存器，第一级即输入寄存器，第二级即 DAC 寄存器。由于有两级锁存器，DAC0832 可以工作在双缓冲方式下，这样在输出模拟信号的同时可以采集下一个数字量，可以有效地提高转换速度。另外，有了两级锁存器，可以在多个 D/A 转换器同时工作时，利用第二级锁存信号实现多路 D/A 的同时输出。

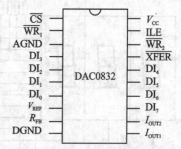

图 21-27　DAC0832 的引脚排列

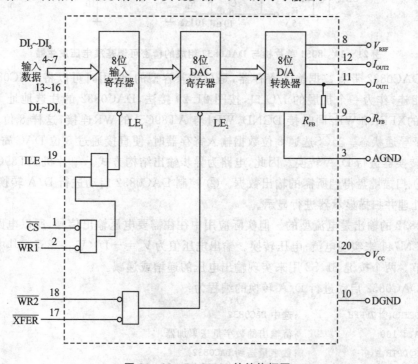

图 21-28　DAC0832 的结构框图

DAC0832 的引脚功能说明：DI0～DI7 为 8 位数据输入端。ILE 为输入寄存器的数据允许锁存信号。CS 为输入寄存器选择信号。$\overline{WR1}$ 为输入寄存器的数据写信号。$\overline{XFER}$ 为数据向 DAC 寄存器传送信号，传送后即启动转换。$\overline{WR2}$ 为 DAC 寄存器写信号，并启动转换。I_{OUT1}、I_{OUT2} 为电流输出端。V_{REF} 为参考电压输入端。RFB 为反馈信号输入端。V_{CC} 为电源电压。AGND 为模拟地。DGND 为数字地。

2. DAC0832 的应用举例

图 21-29 是 8051 单片机与 DAC0832 组成的精密可调基准电压发生器。可实现 0～5 V 共 256 级的精密可调电压输出，级差优于或等于 20 mV。显示屏的同步显示为 0.00～4.99 V。

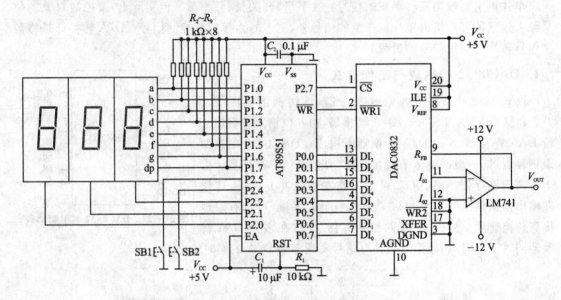

图 21-29　8051 单片机与 DAC0832 组成的精密可调基准电压发生器

由于 DAC0832 带有数据输入寄存器，是总线兼容型的，使用时可以将 DAC0832 直接和数据总线相连，作为一个扩展的 I/O 口，按图 21.29 接法，DAC0832 的片选地址为 7FFFH。DAC0832 的 $\overline{XFER}$ 和 $\overline{WR2}$ 同时接 DGND，$\overline{WR1}$ 与 AT89C51 的 $\overline{WR}$ 连接，这样 8 位 DAC 寄存器始终处于导通状态。当 $\overline{CS}$ 选通 8 位数据输入寄存器时，便直接通过 8 位 DAC 寄存器，并由 8 位 D/A 转换器进行 D/A 转换。因此，电路为异步输出结构方式。单片机 AT89C51 完成的任务为：① 扫描键盘得到所需的输出数据。② 控制 DAC0832 启动进行 D/A 转换。③ 进行数据转换处理并扫描显示器进行显示。

DAC0832 的输出是电流型的。但实际应用中往往需要电压输出信号，所以电路中采用运算放大器 LM741 来实现电流-电压转换。输出电压值为 $V_o = -D \times V_{REF}/255$。其中 D 为输出的数据字节。两个按键 S1、S2 用来实现输出电压的递增或递减。

控制 DAC0832 启动进行 D/A 转换的编程为：

```
MOV   DPTRB,#7FFFH     ;选中DAC0832
MOV   A,#100           ;待输出的数字量送累加器
MOVX  @DPTR,A          ;数字量送到DAC0832
```

参考文献

[1] 中国计算机学会. DP-851单片机普及函授班教材. 北京:北京市单片机应用技术协会，1993.
[2] 杨文龙. 单片机原理及应用[M]. 西安:西安电子科技大学出版社,2000.
[3] 何立民. 单片机实验与实践教程(二)[M]. 北京:北京航空航天大学出版社,2001.
[4] 肖洪兵. 跟我学用单片机[M]. 北京:北京航空航天大学出版社,2002.
[5] 张迎新. 单片机初级教程(第2版)[M]. 北京:北京航空航天大学出版社,2006.